↑ 参见 第 3 章 \3.2.1

↑ 参见 第 3 章 \3.5.6

↑ 参见 第 5 章 \5.2.1

↑ 参见 第 6 章 \6.3.4

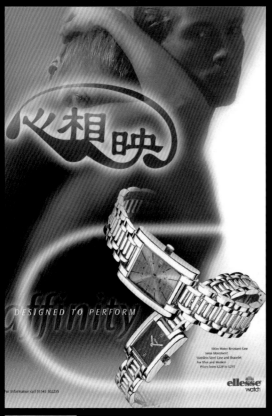

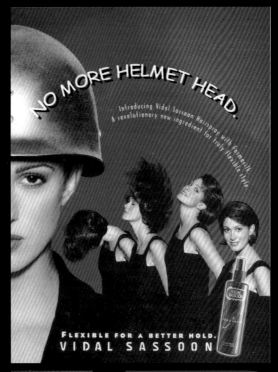

↑ 参见 第 7 章 \7.5.1

↑ 参见 第 7 章 \7.6.2

← 参见 第 7 章 \7.1.2

↑ 参见 第 8 章 \8.12.3

↑ 参见 第 8 章 \8.2.2

↑ 参见 第 9 章 \9.2.5

↑ 参见 第 10 章 \10.2.3

← 参见 第 10 章 \10.4

← 参见 第 12 章 \12.1

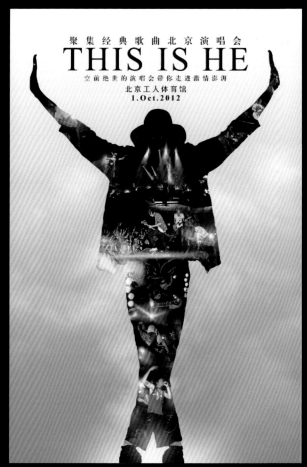

← 参见 第 12 章 \12.5

↑ 参见 第 12 章 \12.7

← 参见 第 12 章 \12.2

↑ 参见 第 12 章 \12.3

← 参见 第 12 章 \12.4

中文版

Photoshop CS6

标准教程

雷 波 编著

中国电力出版社
CHINA ELECTRIC POWER PRESS

内 容 提 要

本书定位于高职高专教育，以理论知识、实例操作、课后练习为主体结构，以从易到难讲解 Photoshop 技术为依据，依托笔者十余年的丰富教学经验，讲解了 Photoshop CS6 的基础知识与操作技能。尤其对于 Photoshop 的重点知识，如图层、通道、蒙版等重要概念进行了深入分析，以帮助读者全方位的学好 Photoshop 的各项基础关键技术。

本书的光盘中附送了所有本书讲解过程中运用到的素材及效果文件，而且笔者还精心整理了一些常用的画笔、样式以及 PSD 分层图片等资源，放在光盘中供读者学习和工作之用。

此外，笔者针对本书中的理论知识，录制了多媒体视频教学课件，如果在学习中遇到问题可以通过观看这些多媒体视频解释疑惑，提高学习效率。

本书适合于高等职业学校、高等专科学校、成人高等院校和本科院校举办的职业技术学院电子信息类专业教学使用，也可供示范性软件职业技术学院、继续教育学院、民办高校以及技能型紧缺人才培养用。

本书除了作为平面设计人员和数码摄影爱好者学习图像处理的自学用书外，还可以作为高等院校艺术设计等相关专业和各类社会培训班的教材。

图书在版编目（CIP）数据

中文版Photoshop CS6标准教程 / 雷波编著. —北京：中国电力出版社，2014.1（2019.9重印）

ISBN 978-7-5123-5186-8

Ⅰ.①中… Ⅱ.①雷… Ⅲ.①图像处理软件-教材

Ⅳ.①TP391.41

中国版本图书馆CIP数据核字（2013）第268801号

中国电力出版社出版、发行

（北京市东城区北京站西街 19 号　100005　http://www.cepp.sgcc.com.cn）

北京天宇星印刷厂印刷

各地新华书店经售

*

2014 年 1 月第一版　　2019 年 9 月北京第九次印刷

787 毫米×1092 毫米　16 开本　23.5 印张　576 千字　4 彩页

印数 18001—20000 册　定价 **45.00** 元（含 1DVD）

前　言

笔者曾经写过几本关于 Photoshop 的图书，在这些图书中自认为最难写的还是类似于本书的"标准教程"之类的，原因有两点：

第一，此类图书属于入门级图书，这一图书的读者群体对 Photoshop 这个软件几乎完全不了解，这就要求图书的结构绝对是按循序渐进的顺序安排的，否则，读者在阅读后会感觉到云里雾里不知所措。所幸，笔者由于长期从事 Photoshop 教学工作，对初学者的认知过程有较深入的认识，因此无论是从章节的结构还是从知识的讲解方面都有一些心得，从而保证了本书作为培训教材在使用时，读者能够按部就班地进行学习，并最终掌握这个软件。

第二，对于"标准"的评定，目前市场上有许多带有"标准"字眼的书籍，但什么是标准呢？

笔者认为"标准"除了应该有简洁流畅的语言、循序渐进的结构外，还应该具有以下几个特点：

示例新颖　在讲解软件及示例的同时，应该将平面构成的理论或其他方面实用的理论融入到实例讲解中，从而使读者在阅读本书时能够对平面设计中非常重要的构成理论有一定的了解。

内容实用　详细讲解如何用 Photoshop 进行绘画、图像混合、数码照片修饰、图像调色、特效制作等常用、实用的功能，从而使读者在学习后能够具有从事相关领域工作的能力。

认证功能　许多读者在学习后都需要考这样或那样的证书，因此在学习教程类图书后，读者能否在教师的指导下参加并通过相关软件的资格考试也是一个绕不开的条件。

本书在这些方面都花费了一定的时间与心血，许多小的示例都包含了设计的概念，在内容的设计方面也尽量做到从多个方面展现 Photoshop 功能的应用的目标。

笔者不敢承诺在学完本书后，各位读者能够成为一个 Photoshop 高手，但读者如果能够花一定的时间与精力，按部就班地完成整本书的学习，笔者相信各位一定能够从一个"门外汉"变成一个具有一定技术水平的中级操作者。

需要指出的是，Photoshop 是一个强调创意与设计的软件，因此在学完本书后，如果读者希望进入平面设计行业，学习将仅仅是一个开始而不是结束。

本书的光盘中附送了所有本书讲解过程中运用到的素材及效果文件，而且笔者还精心整理了一些常用的画笔、样式以及 PSD 分层图片等资源，放在光盘中供读者学习和工作之用。

此外，笔者针对本书中的理论知识，录制了多媒体视频教学课件，如果在学习中遇到问题可以通过观看这些多媒体视频解释疑惑，提高学习效率。

笔者的邮箱是 Lb26@263.net 及 Lbuser@126.com，QQ 交流群为 91335958 及 105841561，希望各位读者来信就本书的问题或更广泛的 Photoshop 技术问题进行沟通。

本书除了封面署名作者外，以下人员也付出了大量努力，左福、刘志伟、李美、詹曼雪、黄正、孙美娜、刑海杰、刘小松、陈红艳、徐克沛、吴晴、李洪泽、漠然、佟晓旭、江海艳、董文杰、张来勤、边艳蕊、马俊南、姜玉双、李敏、邰琳琳、卢金凤、李静、寿鹏程、管亮、马牧阳、张奇、陈志新、孙雅丽、孟祥印、李倪、潘陈锡、姚天亮等，在此表示感谢。

本书光盘中所有文件仅供学习使用，不可用于商业用途，特此声明！

作　者
2013 年 10 月

目 录

前言

第 1 章 走进 Photoshop ············· 1

1.1 Photoshop 的应用 ··················· 2
  1.1.1 CG 绘画 ······················· 2
  1.1.2 创意合成 ······················ 3
  1.1.3 视觉创意 ······················ 3
  1.1.4 制作平面广告 ·················· 3
  1.1.5 包装与封面设计 ··············· 4
  1.1.6 网页设计 ······················ 5
  1.1.7 界面设计领域 ·················· 5
1.2 Photoshop 操作基础 ··············· 6
  1.2.1 认识工作界面 ·················· 6
  1.2.2 使用工具箱 ···················· 7
  1.2.3 使用面板 ····················· 11
1.3 自定义快捷键 ····················· 13
1.4 显示/隐藏菜单命令 ··············· 15
1.5 突出显示菜单命令 ················ 16
习题 ······································· 17

第 2 章 学习 Photoshop 的基础知识 ····· 18

2.1 新建图像文件 ····················· 19
2.2 打开图像文件 ····················· 19
2.3 保存图像文件 ····················· 20
  2.3.1 设置保存时的选项 ············ 21
  2.3.2 以 JPEG 格式保存文件 ········ 21
  2.3.3 以 TIFF 格式保存文件 ········ 22
  2.3.4 以 GIF 格式保存文件 ········· 22
  2.3.5 以 Photoshop PDF 格式保存
        文件 ······················· 23
2.4 改变图像画布尺寸 ················ 23
  2.4.1 裁剪工具 ····················· 23
  2.4.2 透视裁剪工具 ················· 25
  2.4.3 精确改变画布尺寸 ············ 27
2.5 辅助功能 ·························· 28
  2.5.1 单位与标尺 ··················· 28
  2.5.2 参考线、网格和切片 ·········· 29
2.6 分辨率 ···························· 29
  2.6.1 图像分辨率 ··················· 29
  2.6.2 显示分辨率 ··················· 30

2.6.3 打印分辨率 ··················· 30
2.6.4 图像分辨率与图像大小 ········ 31
2.6.5 理解插值方法 ················· 31
2.7 位图图像与矢量图形 ·············· 32
  2.7.1 位图图像 ····················· 32
  2.7.2 矢量图形 ····················· 32
2.8 掌握颜色模式 ····················· 33
  2.8.1 位图模式 ····················· 33
  2.8.2 灰度模式 ····················· 33
  2.8.3 Lab 模式 ····················· 33
  2.8.4 RGB 模式 ····················· 34
  2.8.5 CMYK 模式 ···················· 34
  2.8.6 双色调模式 ··················· 35
  2.8.7 索引色模式 ··················· 35
  2.8.8 多通道模式 ··················· 36
  2.8.9 制作单色照片 ················· 36
2.9 使用 Adobe Bridge CS6 管理图像 ····· 37
  2.9.1 选择文件夹进行浏览 ·········· 37
  2.9.2 改变窗口显示颜色 ············ 40
  2.9.3 组合面板 ····················· 41
  2.9.4 改变图片预览模式 ············ 42
  2.9.5 指定显示文件和文件夹的方法 ·· 43
  2.9.6 对文件进行排序显示的方法 ···· 43
  2.9.7 查看照片元数据 ·············· 43
  2.9.8 管理文件 ····················· 44
  2.9.9 旋转图片 ····················· 44
  2.9.10 标记文件 ···················· 45
  2.9.11 为文件标星级 ··············· 45
  2.9.12 筛选文件 ···················· 46
  2.9.13 批量重命名文件 ············· 46
  2.9.14 输出照片为 PDF 或照片画廊 ··· 47
习题 ······································· 49

第 3 章 掌握选区的应用 ·············· 51

3.1 制作规则型选区 ··················· 52
  3.1.1 矩形选框工具 ················· 52
  3.1.2 椭圆选框工具 ················· 56
  3.1.3 单行选框工具、单列选框工具 ···· 57
3.2 制作不规则型选区 ················ 57
  3.2.1 使用套索工具 ················· 57

3.2.2 使用魔棒工具 ⋯⋯⋯⋯⋯ 60
3.2.3 快速依据颜色制作选区 ⋯⋯ 61
3.2.4 使用色彩范围命令 ⋯⋯⋯ 62
3.3 编辑与调整选区 ⋯⋯⋯⋯⋯⋯ 65
3.3.1 移动选区 ⋯⋯⋯⋯⋯⋯ 65
3.3.2 取消选择区域 ⋯⋯⋯⋯ 66
3.3.3 再次选择刚刚选取的选区 ⋯ 66
3.3.4 反选 ⋯⋯⋯⋯⋯⋯⋯ 66
3.3.5 收缩 ⋯⋯⋯⋯⋯⋯⋯ 66
3.3.6 扩展 ⋯⋯⋯⋯⋯⋯⋯ 67
3.3.7 平滑 ⋯⋯⋯⋯⋯⋯⋯ 67
3.3.8 边界 ⋯⋯⋯⋯⋯⋯⋯ 68
3.3.9 羽化 ⋯⋯⋯⋯⋯⋯⋯ 68
3.3.10 调整边缘 ⋯⋯⋯⋯⋯ 68
3.4 变换选择区域 ⋯⋯⋯⋯⋯⋯ 71
3.4.1 自由变换 ⋯⋯⋯⋯⋯ 71
3.4.2 精确变换 ⋯⋯⋯⋯⋯ 71
3.5 变换图像 ⋯⋯⋯⋯⋯⋯⋯⋯ 72
3.5.1 缩放 ⋯⋯⋯⋯⋯⋯⋯ 72
3.5.2 旋转 ⋯⋯⋯⋯⋯⋯⋯ 73
3.5.3 斜切 ⋯⋯⋯⋯⋯⋯⋯ 73
3.5.4 扭曲 ⋯⋯⋯⋯⋯⋯⋯ 73
3.5.5 透视 ⋯⋯⋯⋯⋯⋯⋯ 73
3.5.6 变形图像 ⋯⋯⋯⋯⋯ 74
3.5.7 自由变换 ⋯⋯⋯⋯⋯ 76
3.5.8 再次变换 ⋯⋯⋯⋯⋯ 77
3.5.9 翻转操作 ⋯⋯⋯⋯⋯ 78
3.5.10 使用内容识别比例变换 ⋯ 78
3.5.11 操控变形 ⋯⋯⋯⋯⋯ 79
3.6 修剪图像及显示全部图像 ⋯⋯ 81
3.6.1 修剪 ⋯⋯⋯⋯⋯⋯⋯ 81
3.6.2 显示全部 ⋯⋯⋯⋯⋯ 81
习题 ⋯⋯⋯⋯⋯⋯⋯⋯⋯⋯⋯⋯ 82

第4章 掌握绘画及编辑功能 ⋯⋯ 83

4.1 选色与绘图工具 ⋯⋯⋯⋯⋯ 84
4.1.1 选色 ⋯⋯⋯⋯⋯⋯⋯ 84
4.1.2 画笔工具 ⋯⋯⋯⋯⋯ 85
4.1.3 铅笔工具 ⋯⋯⋯⋯⋯ 86
4.1.4 颜色替换工具 ⋯⋯⋯⋯ 87
4.1.5 混合器画笔工具 ⋯⋯⋯ 87
4.2 "画笔"面板 ⋯⋯⋯⋯⋯⋯⋯ 88
4.2.1 认识"画笔"面板 ⋯⋯⋯ 89
4.2.2 选择画笔 ⋯⋯⋯⋯⋯ 89
4.2.3 编辑画笔的常规参数 ⋯⋯ 90
4.2.4 编辑画笔的动态参数 ⋯⋯ 91
4.2.5 分散度属性参数 ⋯⋯⋯ 93
4.2.6 纹理效果 ⋯⋯⋯⋯⋯ 94

4.2.7 画笔笔势 ⋯⋯⋯⋯⋯ 94
4.2.8 硬毛刷画笔 ⋯⋯⋯⋯ 94
4.2.9 新建画笔 ⋯⋯⋯⋯⋯ 95
4.2.10 "画笔预设"面板 ⋯⋯⋯ 96
4.3 渐变工具 ⋯⋯⋯⋯⋯⋯⋯⋯ 96
4.3.1 创建实色渐变 ⋯⋯⋯⋯ 98
4.3.2 创建透明渐变 ⋯⋯⋯⋯ 99
4.4 用选区作图 ⋯⋯⋯⋯⋯⋯⋯ 101
4.4.1 填充操作 ⋯⋯⋯⋯⋯ 101
4.4.2 描边操作 ⋯⋯⋯⋯⋯ 102
4.4.3 自定义图案 ⋯⋯⋯⋯ 103
4.5 仿制图章工具 ⋯⋯⋯⋯⋯⋯ 104
4.6 使用"仿制源"面板 ⋯⋯⋯⋯ 105
4.6.1 认识"仿制源"面板 ⋯⋯ 105
4.6.2 定义多个仿制源 ⋯⋯⋯ 105
4.6.3 变换仿制效果 ⋯⋯⋯⋯ 106
4.6.4 定义显示效果 ⋯⋯⋯⋯ 107
4.6.5 使用多个仿制源点 ⋯⋯ 108
4.7 模糊、锐化工具 ⋯⋯⋯⋯⋯ 110
4.7.1 模糊工具 ⋯⋯⋯⋯⋯ 110
4.7.2 锐化工具 ⋯⋯⋯⋯⋯ 110
4.8 擦除图像 ⋯⋯⋯⋯⋯⋯⋯⋯ 111
4.8.1 橡皮擦工具 ⋯⋯⋯⋯ 111
4.8.2 背景橡皮擦工具 ⋯⋯⋯ 112
4.8.3 魔术橡皮擦工具 ⋯⋯⋯ 113
4.9 纠正错误 ⋯⋯⋯⋯⋯⋯⋯⋯ 114
4.9.1 纠错功能 ⋯⋯⋯⋯⋯ 114
4.9.2 "历史记录"面板 ⋯⋯⋯ 114
4.9.3 历史记录画笔工具 ⋯⋯ 115
4.10 修复工具 ⋯⋯⋯⋯⋯⋯⋯ 117
4.10.1 污点修复画笔工具 ⋯⋯ 117
4.10.2 使用修复画笔工具 ⋯⋯ 118
4.10.3 使用修补工具 ⋯⋯⋯ 118
4.10.4 内容感知移动工具 ⋯⋯ 119
习题 ⋯⋯⋯⋯⋯⋯⋯⋯⋯⋯⋯ 120

第5章 掌握调整图像颜色命令 ⋯ 122

5.1 使用调整工具 ⋯⋯⋯⋯⋯⋯ 123
5.1.1 减淡工具 ⋯⋯⋯⋯⋯ 123
5.1.2 加深工具 ⋯⋯⋯⋯⋯ 123
5.2 色彩调整的基本方法 ⋯⋯⋯ 124
5.2.1 为图像去色 ⋯⋯⋯⋯ 124
5.2.2 反相图像 ⋯⋯⋯⋯⋯ 124
5.2.3 均化图像的色调 ⋯⋯⋯ 125
5.2.4 制作黑白图像 ⋯⋯⋯⋯ 125
5.2.5 使用"色调分离"命令 ⋯⋯ 126
5.3 色彩调整的中级方法 ⋯⋯⋯ 127
5.3.1 直接调整图像的亮度与对比度 ⋯ 127

5.3.2 平衡图像的色彩 ……………… 128
5.3.3 通过选择直接调整图像色调…… 129
5.3.4 自然饱和度 …………………… 130
5.4 色彩调整的高级命令 ……………… 131
5.4.1 "色阶"命令 ………………… 131
5.4.2 快速使用调整命令的技巧 1——
使用预设 ……………………… 133
5.4.3 快速使用调整命令的技巧 2——
存储参数 ……………………… 134
5.4.4 "曲线"命令 ………………… 135
5.4.5 使用"黑白"命令 …………… 137
5.4.6 "色相/饱和度"命令 ………… 139
5.4.7 "渐变映射"命令 …………… 140
5.4.8 "照片滤镜"命令 …………… 141
5.4.9 "阴影/高光"命令 …………… 141
5.4.10 HDR 色调 …………………… 142
习题 …………………………………… 145

第 6 章 掌握路径和形状的绘制 ……… 147
6.1 绘制路径 …………………………… 148
6.1.1 钢笔工具 ……………………… 148
6.1.2 自由钢笔工具 ………………… 150
6.1.3 添加锚点工具 ………………… 150
6.1.4 删除锚点工具 ………………… 150
6.1.5 转换点工具 …………………… 151
6.2 选择及变换路径 …………………… 152
6.2.1 选择路径 ……………………… 152
6.2.2 移动节点或路径 ……………… 152
6.2.3 变换路径 ……………………… 153
6.3 "路径"面板 ……………………… 154
6.3.1 新建路径 ……………………… 154
6.3.2 绘制心形路径 ………………… 155
6.3.3 描边路径 ……………………… 156
6.3.4 通过描边路径绘制头发丝 …… 157
6.3.5 删除路径 ……………………… 158
6.3.6 将选区转换为路径 …………… 159
6.3.7 将路径转换为选区 …………… 159
6.4 路径运算 …………………………… 160
6.5 绘制几何形状 ……………………… 162
6.5.1 矩形工具 ……………………… 163
6.5.2 圆角矩形工具 ………………… 164
6.5.3 椭圆工具 ……………………… 164
6.5.4 多边形工具 …………………… 165
6.5.5 直线工具 ……………………… 166
6.5.6 自定形状工具 ………………… 167
6.5.7 精确创建图形 ………………… 168
6.5.8 调整形状大小 ………………… 168
6.5.9 调整路径的上下顺序 ………… 168

6.5.10 创建自定形状 ………………… 168
6.5.11 保存形状 ……………………… 169
6.6 为形状设置填充与描边 …………… 169
习题 …………………………………… 170

第 7 章 掌握文字的编排 ……………… 172
7.1 输入文字 …………………………… 173
7.1.1 输入水平或垂直文字 ………… 173
7.1.2 创建文字型选区 ……………… 174
7.1.3 转换横排文字与直排文字 …… 175
7.1.4 文字图层的特点 ……………… 175
7.2 点文字与段落文字 ………………… 176
7.2.1 点文字 ………………………… 176
7.2.2 编辑点文字 …………………… 177
7.2.3 输入段落文字 ………………… 177
7.2.4 编辑段落定界框 ……………… 178
7.2.5 转换点文本与段落文本 ……… 179
7.3 格式化文字与段落 ………………… 179
7.3.1 格式化文字 …………………… 179
7.3.2 格式化段落 …………………… 181
7.4 设置字符样式与段落样式 ………… 182
7.4.1 设置字符样式 ………………… 182
7.4.2 设置段落样式 ………………… 184
7.5 特效文字 …………………………… 185
7.5.1 扭曲文字 ……………………… 185
7.5.2 沿路径排文 …………………… 186
7.5.3 区域文字 ……………………… 187
7.6 文字转换 …………………………… 189
7.6.1 转换为普通图层 ……………… 189
7.6.2 由文字生成路径 ……………… 189
习题 …………………………………… 191

第 8 章 掌握图层的应用 ……………… 192
8.1 图层概念 …………………………… 193
8.2 图层操作 …………………………… 194
8.2.1 新建普通图层 ………………… 194
8.2.2 新建调整图层 ………………… 196
8.2.3 创建填充图层 ………………… 198
8.2.4 新建形状图层 ………………… 198
8.2.5 选择图层 ……………………… 200
8.2.6 复制图层 ……………………… 200
8.2.7 删除图层 ……………………… 201
8.2.8 锁定图层 ……………………… 201
8.2.9 链接图层 ……………………… 202
8.2.10 设置图层不透明度属性 ……… 203
8.2.11 图层过滤 ……………………… 203
8.3 对齐或分布图层 …………………… 204
8.3.1 对齐图层 ……………………… 204

8.3.2 分布图层 ……………… 205
8.3.3 合并图层 ……………… 205
8.4 图层组及嵌套图层组 ……… 206
8.4.1 新建图层组 …………… 206
8.4.2 复制与删除图层组 …… 206
8.4.3 嵌套图层组 …………… 206
8.5 调整图层 …………………… 207
8.5.1 调整图层的优点 ……… 207
8.5.2 了解"调整"面板 …… 208
8.5.3 创建调整图层 ………… 209
8.5.4 重新设置调整参数 …… 209
8.6 剪贴蒙版 …………………… 210
8.6.1 创建剪贴蒙版 ………… 211
8.6.2 取消剪贴蒙版 ………… 211
8.7 图层样式 …………………… 211
8.7.1 "斜面和浮雕"图层样式 … 212
8.7.2 "描边"图层样式 …… 212
8.7.3 "内阴影"图层样式 … 213
8.7.4 "内发光"图层样式 … 213
8.7.5 "光泽"图层样式 …… 215
8.7.6 "颜色叠加"图层样式 … 215
8.7.7 "渐变叠加"图层样式 … 215
8.7.8 "图案叠加"图层样式 … 216
8.7.9 "外发光"图层样式 … 216
8.7.10 "投影"图层样式 …… 217
8.7.11 复制、粘贴、删除图层样式 … 218
8.7.12 为图层组设置图层样式 … 218
8.8 设置填充透明度 …………… 218
8.9 图层的混合模式 …………… 220
8.10 智能对象 ………………… 222
8.10.1 创建智能对象 ……… 223
8.10.2 复制智能对象 ……… 224
8.10.3 编辑智能对象 ……… 224
8.10.4 编辑智能对象源文件 … 224
8.10.5 导出智能对象 ……… 225
8.10.6 栅格化智能对象 …… 225
8.11 3D 功能概述 …………… 225
8.11.1 了解 3D 功能 ……… 225
8.11.2 使用"3D"面板 …… 225
8.11.3 启用图形处理器 …… 226
8.11.4 栅格化 3D 模型 …… 226
8.11.5 导入 3D 模型 ……… 226
8.11.6 认识 3D 图层 ……… 227
8.12 3D 模型操作基础 ……… 227
8.12.1 创建 3D 明信片 …… 227
8.12.2 创建预设 3D 形状 … 228
8.12.3 创建凸出模型 ……… 228
8.12.4 创建 3D 体积网格 … 230

8.13 调整 3D 模型 …………… 231
8.13.1 使用 3D 轴编辑模型 … 231
8.13.2 使用工具调整模型 … 232
8.13.3 使用参数精确设置模型 … 232
8.14 3D 模型纹理操作详解 …… 233
8.14.1 材质、纹理及纹理贴图 … 233
8.14.2 12 种纹理属性 ……… 234
8.14.3 创建及打开纹理 …… 235
8.14.4 载入及删除纹理贴图文件 … 236
8.15 3D 模型光源操作 ……… 236
8.15.1 了解光源类型 ……… 236
8.15.2 添加光源 …………… 237
8.15.3 删除光源 …………… 237
8.15.4 改变光源类型 ……… 237
8.15.5 调整光源位置 ……… 237
8.15.6 调整光源属性 ……… 238
8.16 更改 3D 模型的渲染设置 … 240
8.16.1 选择渲染预设 ……… 240
8.16.2 自定渲染设置 ……… 240
8.16.3 渲染横截面效果 …… 241
习题 ……………………………… 241

第9章 掌握通道与图层蒙版 …… 243
9.1 关于通道 …………………… 244
9.2 Alpha 通道 ………………… 244
9.2.1 通过操作认识 Alpha 通道 … 245
9.2.2 将选区保存为通道 …… 247
9.2.3 编辑 Alpha 通道 ……… 249
9.2.4 将通道作为选区载入 … 251
9.2.5 Alpha 通道运用实例——选择
纱质图像 ……………… 251
9.3 专色通道 …………………… 254
9.3.1 什么是专色和专色印刷 … 254
9.3.2 Photoshop 中制作专色通道 … 254
9.3.3 指定专色选项 ………… 255
9.3.4 专色图像文件保存格式 … 255
9.4 复制与删除通道 …………… 255
9.5 图层蒙版 …………………… 256
9.5.1 "属性"面板 ………… 257
9.5.2 创建或删除图层蒙版 … 257
9.5.3 编辑图层蒙版 ………… 258
9.5.4 更改图层蒙版的浓度 … 258
9.5.5 羽化蒙版边缘 ………… 259
9.5.6 调整蒙版边缘及色彩范围 … 260
9.5.7 图层蒙版与通道的关系 … 260
9.5.8 删除与应用图层蒙版 … 260
9.5.9 显示与屏蔽图层蒙版 … 261

习题 ···················· 261

第 10 章　掌握滤镜的用法 ··········· 263

10.1　滤镜库 ·············· 264
　10.1.1　认识滤镜库 ········ 264
　10.1.2　滤镜库的应用 ······· 265
10.2　特殊滤镜 ·············· 268
　10.2.1　液化 ············ 268
　10.2.2　"消失点"命令 ······· 269
　10.2.3　镜头校正 ········· 275
　10.2.4　自适应广角 ········ 278
　10.2.5　油画 ············ 279
10.3　重要内置滤镜讲解 ········ 280
　10.3.1　马赛克 ·········· 280
　10.3.2　置换 ············ 280
　10.3.3　极坐标 ·········· 281
　10.3.4　高斯模糊 ········· 281
　10.3.5　动感模糊 ········· 282
　10.3.6　径向模糊 ········· 282
　10.3.7　镜头模糊 ········· 283
　10.3.8　场景模糊 ········· 284
　10.3.9　光圈模糊 ········· 284
　10.3.10　倾斜偏移 ········· 285
　10.3.11　云彩 ············ 286
　10.3.12　镜头光晕 ········· 286
　10.3.13　锐化 ············ 286
10.4　智能滤镜 ·············· 287
　10.4.1　添加智能滤镜 ······ 288
　10.4.2　编辑智能滤镜蒙版 ···· 289
　10.4.3　编辑智能滤镜 ······ 290
　10.4.4　编辑智能滤镜混合选项 ·· 290
　10.4.5　删除智能滤镜 ······ 291
习题 ···················· 291

第 11 章　掌握动作和自动化的应用 ····· 292

11.1　"动作"面板 ············ 293
11.2　创建录制并编辑动作 ······· 294
　11.2.1　创建并记录动作 ····· 294
　11.2.2　改变某命令参数 ····· 294
　11.2.3　插入停止 ········· 294
　11.2.4　存储和载入动作集 ···· 295
11.3　设置选项 ·············· 295
11.4　使用自动命令 ··········· 296
　11.4.1　使用"批处理"成批处理
　　　　　文件 ············ 296
　11.4.2　使用批处理命令修改图像
　　　　　模式 ············ 297
　11.4.3　使用批处理命令重命名图像 ··· 299
　11.4.4　制作全景图像 ······ 300
　11.4.5　合并到 HDR Pro ····· 303
　11.4.6　镜头校正 ········· 305
　11.4.7　PDF 演示文稿 ······ 305
11.5　图像处理器 ············ 306
11.6　将图层复合导出到 PDF ····· 307
习题 ···················· 308

第 12 章　综合案例 ·············· 309

12.1　"一帘幽梦"视觉表现 ······ 310
12.2　古典视觉艺术图像处理 ····· 319
12.3　动感特效表现 ··········· 324
12.4　吉普车广告 ············ 332
12.5　演唱会海报设计 ········· 341
12.6　黑芝麻糊包装设计 ······· 347
12.7　健康生活 2001 书封设计 ···· 354
12.8　爱情如空气 ············ 360

第 1 章

走进 Photoshop

本章主要讲解在深入学习 Photoshop 之前应该掌握的预备性知识，例如 Photoshop 的应用领域、Photoshop CS6 的新功能、软件的应用界面等。

学习本章的目的是让读者初步了解 Photoshop CS6 的应用以及此版本的新增功能，并认识其工作界面。

 学 习 重 点

- 认识 Photoshop 的应用领域
- 认识工作界面
- 自定义快捷键
- 突出显示菜单命令
- 面板的拆分与组合

随着 Photoshop 的应用领域越来越广，Adobe 公司在对其版本进行不断升级后，其功能也越来越丰富、强大，使用方式也越来越趋向人性化。

Adobe 公司最新发布的是 Photoshop CS6 中文版，其功能更为强大、概念更为先进，但这并没有提高 Photoshop 的学习门槛，对于 Photoshop 的初级用户来说，掌握起来仍然与以往一样容易，但丰富的功能设置，却给广大 Photoshop 商业用户开拓了更为广泛的设计领域。

1.1 Photoshop的应用

不管是公司还是个人用户，只要你打开一台电脑，几乎都可以看到 Photoshop 的影子。Photoshop 软件的应用之所以能如此普及，在于其具有强大的功能和与其他软件良好的兼容性，下面简单地讲解 Photoshop 的几大应用领域。

1.1.1 CG绘画

人们都说 Photoshop 是强大的图像处理软件，但是随着版本的升级，Photoshop 在绘画方面的功能也越来越强大，如图 1.1 所示是艺术家使用 Photoshop 绘制的作品，这些作品都是通过如图 1.2 所示的手绘板完成的。

图1.1　艺术家绘画作品

图1.2　手绘板

1.1.2 创意合成

Photoshop 对图像的颜色处理和图像合成的功能是其他任何软件无法比拟的，如图 1.3 所示为使用 Photoshop 对图像合成的作品。

图1.3 艺术合成的作品

1.1.3 视觉创意

视觉创意与设计是设计艺术的一个分支，此类设计没有非常明显的商业目的，但由于为广大设计爱好者提供了广阔的设计空间，因此越来越多的设计爱好者开始学习 Photoshop，并进行具有个人特色与风格的视觉创意设计，如图 1.4 所示为几幅视觉创意作品。

图1.4 视觉创意作品

可以看出，Photoshop 的应用领域非常广泛。实际上，上面所介绍的应用领域与作品也仅是管中窥豹，随着学习的渐渐深入，各位读者将发现此软件还可以应用于其他许多领域，例如界面设计、数码照片修饰与处理、效果图修饰等。

1.1.4 制作平面广告

毫无疑问，平面设计是 Photoshop 应用最为广泛的领域，无论是书籍的封面，还是大街上看到的招贴广告、海报，这些具有丰富图像的印刷品，基本上都需要使用 Photoshop 对图像进行处理，如图 1.5 所示的是使用 Photoshop 制作的平面广告作品。

图1.5　广告

图 1.6 所示是使用 Photoshop 制作的电影海报。其他平面设计领域也大量使用此软件进行设计，图 1.7 所示是使用 Photoshop 制作的书籍封面。

图1.6　电影海报　　　　　　　　　　　　　图1.7　书籍封面

>> 1.1.5　包装与封面设计

包装与封面承载了突出产品特征及装饰美化的作用，以达到宣传促销的目的。在包装与封面设计领域，Photoshop 是当之无愧的主角。

图 1.8 为几款优秀的封面设计作品；图 1.9 为几款优秀的包装设计作品。

图1.8　封面设计作品

图1.9　包装设计作品

▶▶1.1.6　网页设计

网络的普及是更多人需要掌握 Photoshop 的一个重要原因，在制作网页时 Photoshop 是必不可少的网页图像处理软件，如图 1.10 所示是使用 Photoshop 制作的两个网页效果。

图1.10　网页制作示例

▶▶1.1.7　界面设计领域

计算机的普及和个性化，使人们对界面的审美要求不断提高，界面也逐渐成为个人风格和商业形象的一个重要展示部分。一个网页、一个应用软件或者一款游戏的界面设计得优秀与否，已经成为人们对它进行衡量的标准之一，在此领域 Photoshop 也扮演着非常重要的角色。目前在界面设计领域，90% 以上的设计师都在使用 Photoshop 进行设计，如图 1.11 所示为几款优秀的界面设计作品。

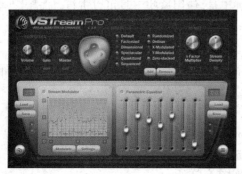

图1.11　界面设计作品

1.2　Photoshop操作基础

▶▶1.2.1　认识工作界面

启动 Photoshop CS6 后，将可以看到类似图 1.12 所示的界面。

菜单栏　　　　　　　　　　　　　　　　　　　　　　　　工具选项条

工具箱　　　　　　　　　　　　　　　　　　　　　　　　文件窗口

操作文件　　　　　　　　　　　　　　　　　　　　　　　面板

图1.12　完整的操作界面

通过图 1.12 可以看出，完整的操作界面由菜单命令、工具选项条、工具箱、面板、操作文件与文件窗口组成。在实际工作当中，工具箱与面板使用较为频繁，因此下面重点讲解各工具与面板的功能及基本操作。

1．菜单栏

菜单栏包含执行任务的菜单。Photoshop 共有 11 个菜单，每个菜单又有数十个命令，因此 11 个菜单包含了上百个命令。虽然命令如此之多，但这些菜单命令是按主题进行组合的，例如，"选择"菜单中包含的是用于选择的命令，"滤镜"菜单中包含的是所有的滤镜命令。

2．工具选项条

工具选项条提供了相关工具的选项，当选择不同的工具时，工具选项条中将会显示与工具相应的参数。利用工具选项条，可以完成对各工具的参数设置。

3．工具箱

工具箱中存放着用于创建和编辑图像的各种工具，使用这些工具可以进行"选择""绘制""编辑""观察""测量""注释""取样"等操作。

4．面板

Photoshop CS6 的面板有 26 个，每个面板都可以根据需要将其显示或隐藏。这些面板的功能各异，其中较为常用的是"图层""通道""路径""动作"等面板。

5．操作文件

操作文件即当前工作的图像文件。在 Photoshop 中，可以同时打开多个操作文件。

如果打开了多个图像文件，可以通过单击选项卡式文档窗口右上方的展开按钮，在弹出的文件名称选择列表中选择要操作的文件，如图 1.13 所示。

图1.13 在列表菜单中选择要操作的图像文件

技巧 　　按 Ctrl+Tab 键，可以在当前打开的所有图像文件中，从左向右依次进行切换，如果按 Ctrl+Shift+Tab 键，可以逆向切换这些图像文件。

　　使用这种选项卡式文档窗口管理图像文件，可以对图像文件进行如下各类操作，更加快捷、方便地对图像文件进行管理。

- 改变图像的顺序：单击某图像文件的选项卡不放，将其拖至一个新的位置再释放后，可以改变该图像文件在选项卡中的顺序。
- 取消图像文件的叠放状态：单击某图像文件的选项卡不放，将其从选项卡中拖出来，如图 1.14 所示，可以取消该图像文件的叠放状态，使其成为一个独立的窗口，如图 1.15 所示。再次单击图像文件的名称标题，将其拖回选项卡组，可以使其重回叠放状态。

图1.14 从选项卡中拖出来

图1.15 成为独立的窗口

1.2.2 使用工具箱

　　形象一点的比喻，工具箱类似于一个文具盒，里面放的铅笔、钢笔、橡皮擦、颜料等是用于写字、绘画的必需品。

　　工具箱和其他各面板一样，浮动在工作界面中，可以对其进行移动、隐藏等操作。

Photoshop CS6 工具箱中的工具比以前版本更为人性化，当光标放于某个工具图标上时，该工具将呈高亮显示，工具箱的完整状态如图 1.16 所示。

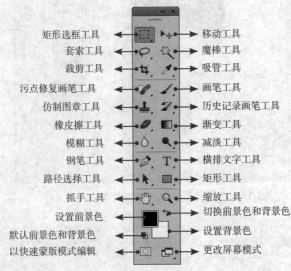

矩形选框工具 ← → 移动工具
套索工具 ← → 魔棒工具
裁剪工具 ← → 吸管工具
污点修复画笔工具 ← → 画笔工具
仿制图章工具 ← → 历史记录画笔工具
橡皮擦工具 ← → 渐变工具
模糊工具 ← → 减淡工具
钢笔工具 ← → 横排文字工具
路径选择工具 ← → 矩形工具
抓手工具 ← → 缩放工具
设置前景色 ← → 切换前景色和背景色
默认前景色和背景色 ← → 设置背景色
以快速蒙版模式编辑 ← → 更改屏幕模式

图1.16　Photoshop CS6的工具箱

1. 显示隐藏工具

隐藏工具是 Photoshop CS6 工具箱的一大特色，由于工具箱的面积有限，而工具数量又很多，因此 Photoshop CS6 采用了隐藏工具的方式来构成工具箱。

仔细观察工具箱可以看到，许多工具图标的右下角有一个黑色小三角，这表示该工具属于一个工具组且有隐藏工具未显示。

在带有黑色小三角的工具图标上单击右键，即可弹出被隐藏的工具，移动鼠标在某工具上单击，该工具即被激活为当前选择工具，如图 1.17 所示为处于显示状态的隐藏工具。

2. 热敏菜单

Photoshop CS6 的工具箱中的每一个工具都有热敏菜单，将光标放在工具图标上，将出现此工具名称和操作快捷键的热敏菜单，如图 1.18 所示。

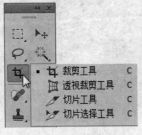

图1.17　显示隐藏工具

图1.18　显示热敏菜单

表 1.1 给出了 Photoshop 工具的名称、快捷键及其作用。

表 1.1　　　　　　　　　　　　Photoshop 工具列表

图　标	工具名称	快捷键	功　能
[▣]	矩形选框工具	M	创建矩形选择范围
[◯]	椭圆选框工具	M	创建圆形和椭圆形选择范围

图 标	工具名称	快捷键	功 能
	单行选框工具	无	选择一行像素
	单列选框工具	无	选择一列像素
	移动工具	V	移动图像像素
	套索工具	L	创建不规则选择范围
	多边形套索工具	L	创建多边形选择范围
	磁性套索工具	L	选择轮廓对比明显的图像
	魔棒工具	W	选择颜色相同或相近的像素
	快速选择工具	W	可以像画笔一样操作来选择相同或相近的像素
	裁剪工具	C	裁切图像
	透视裁剪工具	C	裁剪透视的图像
	切片工具	C	将图像分割成多个切片
	切片选择工具	C	选择图像中已分割的切片
	吸管工具	I	选择颜色
	3D材质吸管工具	I	选择3D材质颜色
	颜色取样器工具	I	用于取样颜色
	标尺工具	I	测量距离或角度
	注释工具	I	添加文字注释
	计数工具	I	添加具有序号的标签
	修复画笔工具	J	对图像的细节进行修复
	污点修复画笔工具	J	对照片中的污点进行修复
	修补工具	J	用图像的某个区域进行修补
	内容感知移动工具	J	可以将选中的图像移至其他位置
	红眼工具	J	去除照片中人物的红眼
	颜色替换工具	B	替换图像中某一种颜色
	混合器画笔工具	B	模拟绘画的笔触进行艺术创作
	画笔工具	B	绘制较柔和的笔触
	铅笔工具	B	绘制硬边笔触
	仿制图章工具	S	以克隆的方式复制图像
	图案图章工具	S	以图案的方式绘制图像
	历史记录画笔工具	Y	以历史的某一状态绘图
	历史记录艺术画笔工具	Y	用艺术方式绘图
	橡皮擦工具	E	擦除图像
	背景色橡皮擦工具	E	擦除图像背景
	魔术橡皮擦工具	E	擦除指定范围的颜色
	渐变工具	G	填充渐变
	油漆桶工具	G	填充颜色或图案

续表

图 标	工具名称	快捷键	功 能
	3D材质拖放工具	G	为3D材质填充颜色或图案
	模糊工具	无	模糊图像
	锐化工具	无	锐化图像
	涂抹工具	无	以涂抹的方式编辑图像
	减淡工具	O	使图像变亮
	加深工具	O	使图像变暗
	海绵工具	O	调整图像饱和度
	钢笔工具	P	绘制路径
	自由钢笔工具	P	以自由方式绘制路径
	增加锚点工具	无	增加路径节点
	删除锚点工具	无	删除路径节点
	转换点工具	无	转换节点类型
	横排文字工具	T	输入横排文字
	直排文字工具	T	输入直排文字
	横排文字蒙版工具	T	用蒙版输入横排文字选区
	直排文字蒙版工具	T	用蒙版输入直排文字选区
	路径选择工具	A	选择路径的工具
	直接选择工具	A	选择、编辑节点的工具
	矩形工具	U	绘制矩形
	圆角矩形工具	U	绘制圆角矩形
	椭圆工具	U	绘制椭圆形
	多边形工具	U	绘制多边形
	直线工具	U	绘制直线
	自定形状工具	U	绘制自定形状
	抓手工具	H	移动图像显示区
	旋转视图工具	R	调整当前视图的角度
	缩放工具	Z	缩放图像观察比例
	前景色，背景色	无	选择前景色和背景色
	以快速蒙版模式编辑	Q	切换至标准编辑模式
	标准屏幕模式	F	以标准模式显示
	带有菜单栏的全屏模式	F	带有菜单栏且以全屏模式显示
	全屏模式	F	全屏显示

3. 伸缩工具箱

Photoshop CS6 的工具箱具备了很强的伸缩性，即可以根据需要，在单栏与双栏状态之间进行切换。

只需单击伸缩栏上的两个小三角按钮 即可完成对于工具箱的伸缩，如图 1.19 所示。

当它显示为双栏时，单击顶部的伸缩栏即可将其改变为单栏状态，如图 1.20 所示，这样可以更好地节省工作区中的空间，以利于进行图像处理；反之，也可以将其恢复至早期的双栏状态，如图 1.21 所示，这些设置完全可以根据个人的喜好进行。

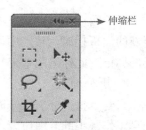

图1.19　工具箱的伸缩栏

图1.20　单栏工具箱状态

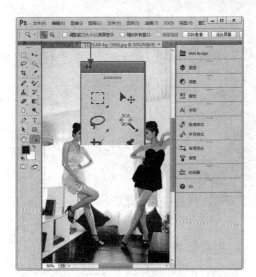

图1.21　双栏工具箱状态

1.2.3　使用面板

1. 伸缩面板

除了工具箱外，面板同样可以进行伸缩。对于已展开的一栏面板，单击其顶部的伸缩栏，可以将其收缩成为图标状态，如图 1.22 所示。反之，如果单击未展开的伸缩栏，则可以将该栏中的全部面板都展开，如图 1.23 所示。

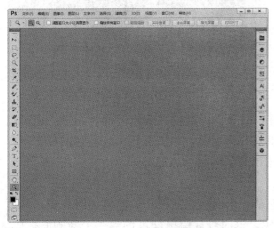

图1.22　收缩所有面板栏时的状态

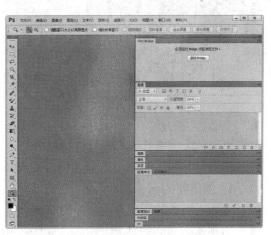

图1.23　展开所有面板栏时的状态

对于面板还可以通过将其拆分、组合及创建新的面板栏来满足不同的要求，在组合及创建新的面板栏时，从图中可以看出，在将面板移动到另一个面板的位置时会产生一个蓝色反光的标记，此标记用来定义面板生成的位置，在调整时可认真体会。

2. 拆分面板

当要单独拆分出一个面板时，可以直接按住鼠标左键选中对应的图标或标签，然后将其拖至工作区中的空白位置，如图 1.24 所示，图 1.25 就是被单独拆分出来的面板。

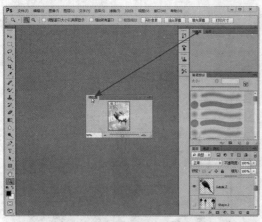
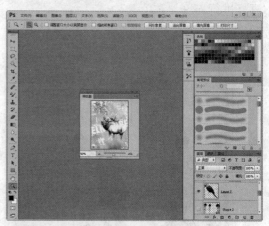

图1.24　向空白区域拖动面板　　　　　　　　图1.25　拖出后的面板状态

3. 组合面板

要组合面板，可以按住鼠标左键拖动位于外部的面板标签至想要的位置，直至该位置出现蓝色反光时，如图 1.26 所示，释放鼠标左键，即可完成面板的组合操作，如图 1.27 所示。

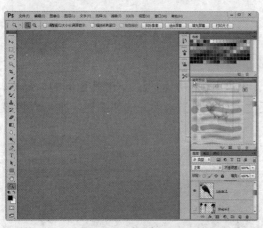

图1.26　拖动位置　　　　　　　　　　　　图1.27　合并面板后的状态

上面所说的是向已经展开的面板中进行合并，对于侧面被合并起来的面板图标，也可以按照类似的方法进行操作将其组合至侧栏中。如图 1.28 所示，当该位置出现蓝色的反光时释放鼠标即可，图 1.29 就是组合了面板并将其显示出来后的状态。

4. 创建新的面板栏

增加面板栏的操作方法也非常简单，可以拖动一个面板至面板栏的左侧边缘位置，其边缘会出现灰蓝相间的高光显示条，如图 1.30 所示，这时释放鼠标即可创建一个新的面板栏，如图 1.31 所示。

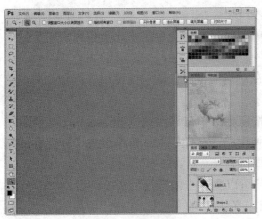

图1.28 拖动面板

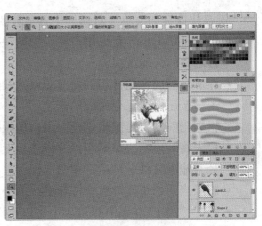

图1.29 组合后的状态

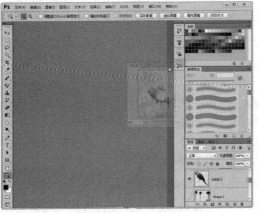

图1.30 拖动面板

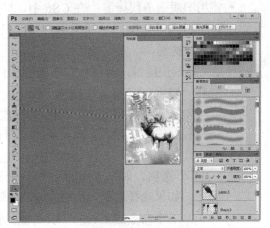

图1.31 增加面板栏后的状态

1.3 自定义快捷键

在 Photoshop 中可以根据需要和使用习惯来重新定义每个命令的快捷键。选择"编辑"|"键盘快捷键"命令，就会弹出如图 1.32 所示的对话框。

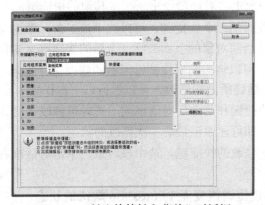

图1.32 "键盘快捷键和菜单"对话框

"键盘快捷键和菜单"对话框中各参数的含义如下：

- 组：Photoshop 允许用户将设置的快捷键单独保存成为一个组，此下拉列表用于显示自定义的快捷键组。
- 存储对当前快捷键组的所有更改按钮■：在对当前自定义的快捷键组进行修改后，单击该按钮可以保存所做的修改。
- 根据当前的快捷键组创建一组新的快捷键按钮■：单击该按钮则 Photoshop 会要求用户先将新建的快捷键组保存到磁盘上，在弹出的"存储"对话框中设置文件保存的路径并输入文件名称后，单击"保存"按钮即可。
- 删除当前的快捷键组合按钮■：单击该按钮可以删除当前选择的快捷键组。
- 快捷键用于：在该下拉列表中可以选择要自定义快捷键的范围，包括"应用程序菜单"、"面板菜单"及"工具"3 个选项，不同的选项定义了对话框中菜单的显示范围。
- 使用旧版通道快捷键：在 CS6 中，提供的通道切换快捷键与 CS4 及以前的版本不同，对于习惯过往操作习惯的用户，可以选中此选项，并在重新启动 CS6 软件后使用旧版的快捷键。

要定义新的快捷键，可以按以下步骤操作：

① 选择"编辑"|"键盘快捷键"命令。

② 在"键盘快捷键和菜单"对话框中单击"■"按钮，在弹出的对话框中设置文件保存的路径并输入文件名称后，单击"保存"按钮即可创建一个新的快捷键组。

③ 从"快捷键用于"下拉列表中选择快捷键类型，例如要为某一工具定义快捷键则选中"工具"选项。如果选择的是"应用程序菜单"，则需要单击选择要设置快捷键的具体命令，如果选择的是"面板菜单"，则应单击选择具体的面板命令。

④ 单击某一个命令或工具后，其右侧的快捷键文本框将被激活，在此直接按要定义的新快捷键，例如，按 Ctrl+A 键则该快捷键显示于此文本框中。如果该键盘快捷键已分配给组中的另一个命令或工具，则对话框下方显示如图 1.33 所示警告，此时可以执行下列操作之一：

- 单击对话框右侧的"接受"按钮，则强制完成自定义快捷键，而原来与之冲突的命令将不再拥有该快捷键。
- 单击对话框右侧的"还原"按钮，可撤消当前输入的快捷键，重新定义其他快捷键。
- 单击对话框底部的"接受并转到冲突处"按钮，则在强制完成自定义快捷键的同时，转到与之冲突的命令上，对该命令重新指定其他的快捷键。

⑤ 如果要为一个对象添加多个快捷键，可以选中该对象，单击对话框右侧的"添加快捷键"按钮，即可在当前对象的下面激活一个新的快捷键文本框，如图 1.34 所示。

⑥ 单击"■"按钮，可以将当前对快捷键所做的修改保存起来。

如果要撤消当前对快捷键所做的修改，可以执行以下操作之一。

- 在未退出"键盘快捷键和菜单"对话框前，选择被修改了的快捷键，单击对话框右侧的"还原"按钮，即可还原至最后一次修改的状态。
- 如果希望还原以前修改的快捷键，选中该对象，单击对话框右侧的"使用默认值"按钮即可。
- 如果希望将所有快捷键恢复至 Photoshop 默认的状态，在"组"下拉列表中选择"Photoshop 默认值"选项即可。

 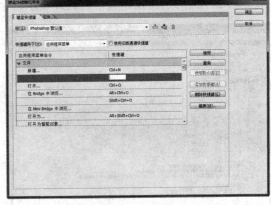

图1.33　显示警告信息　　　　　　　　　　图1.34　添加新快捷键

提示

在为面板菜单或应用程序菜单中的命令定义快捷键时，这些快捷键必须包括 Ctrl 键或一个功能键。为工具箱中的工具定义快捷键时必须使用 A ～ Z 的字母。

1.4　显示/隐藏菜单命令

在 Photoshop CS6 中保留了 CS2 版本中的显示或隐藏菜单功能，可根据需要显示或隐藏指定的菜单命令，以使每一位设计者自定义自己最常用的菜单命令显示方案，方便设计工作。

显示或隐藏菜单的具体操作步骤如下：

① 选择"编辑"|"键盘快捷键"命令或按 Shift+Ctrl+Alt+K 键调出"键盘快捷键和菜单"对话框，如图 1.35 所示。

② 可以在某一种菜单显示类型的基础上增加或减少菜单命令的显示，单击"组"下拉表列框，弹出如图 1.36 所示的下拉列表，在该下拉列表中选择一种工作类型。

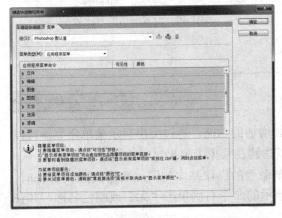

图1.35　"键盘快捷键和菜单"对话框

图1.36　下拉列表

③ 在"菜单类型"下拉列表框中选择要显示或隐藏的菜单命令所在的菜单类型，这里选择"应用程序菜单"选项，如图 1.37 所示。单击"应用程序菜单命令"栏下方的命

令左侧的三角按钮 ▶，可展开显示各个详细菜单命令，如图 1.38 所示。

图1.37　选择"应用程序菜单"时的对话框

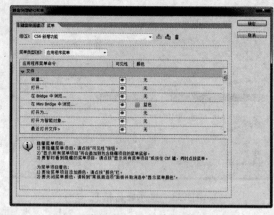

图1.38　展开的选项

④ 单击"可视性"下方的眼睛图标 ◉ 即可显示或隐藏该菜单命令，图 1.39 隐藏了若干个命令，隐藏前后的菜单显示如图 1.40 所示。

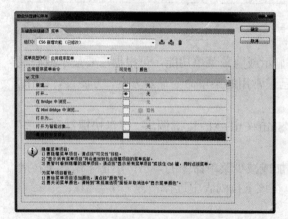

图1.39　隐藏了若干个命令后的对话框设置

图1.40　设置前后的对比效果

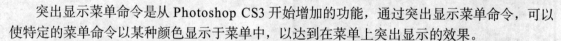

1.5　突出显示菜单命令

突出显示菜单命令是从 Photoshop CS3 开始增加的功能，通过突出显示菜单命令，可以使特定的菜单命令以某种颜色显示于菜单中，以达到在菜单上突出显示的效果。

突出显示菜单命令的操作与显示或隐藏菜单命令的操作基本相同，只是执行 ④ 操作时，需要在"键盘快捷键和菜单"对话框中要突出显示的命令右侧单击"无"或颜色名称，并在颜色下拉列表中选择需要的颜色。

图 1.41 为突出显示示例，图 1.42 为按此设置突出显示的菜单命令。

图1.41　突出显示菜单命令的对话框设置　　　图1.42　突出显示的菜单效果

习　题

一、选择题

1. 在下列选项中，可以用 Photoshop 来制作的有（　　）。

A. 网页效果　　　　B. 平面广告　　　　C. 视觉创意　　　　D. 绘制矢量图形

2. 要隐藏所有的面板应该按（　　）键。

A. Shift　　　　B. Tab　　　　C. Alt+Tab　　　　D. Ctrl+Tab

3. 如果只需要工具箱显示而其他面板隐藏应按（　　）键。

A. Shift　　　　B. Tab　　　　C. Alt+Tab　　　　D. Shift+Tab

4. 在同一组内的工具按（　　）键进行切换。

A. Shift+Tab　　B. Tab+ 工具热键　　C. Alt+Tab　　D. Shift+ 工具热键

二、填空题

1. Photoshop CS6 是一个功能强大的 ____ 处理软件。

2. Photoshop CS6 是由 ____ 大部分组成的。

3. 单击工具图标中的 ____，可以显示隐藏状态的工具。

三、简答题

1. 如何显示或隐藏工具箱及所有显示的面板？

2. Photoshop CS6 的工作界面由哪几部分组成？

3. 在 Photoshop CS6 中共有几个菜单？它们分别是什么？

4. 如何为自己定义一组与众不同的快捷键？

5. 要突出显示与滤镜相关的菜单命令应该如何操作？

6. 要查看某一个工具的快捷键有几种方法？应该如何操作？

7. 显示或隐藏菜单命令与突出显示菜单命令的操作有什么不同？

8. 什么是工具热敏菜单？它在工具使用过程中有什么优势？

第 2 章

学习 Photoshop 的基础知识

Photoshop 是一个图像处理软件，本章将讲解最基础的新建、打开、保存图像等操作，以及可以将图片保存为哪种文件格式、怎样去改变目前图像的尺寸大小等基础操作，作图时可以使用哪些辅助功能，什么是图像的分辨率，图像分辨率与图像有什么关系，什么是矢量图和位图，图像的颜色模式有哪几种等基本概念，以及如何使用 Adobe Bridge 管理图像文件。

理解并掌握这些知识，能够帮助操作者快速掌握有关图像文件方面的基础操作，从而为以后深入学习 Photoshop 打下基础。

 学 习 重 点

- 新建图像文件
- 打开图像文件
- 保存图像文件
- 改变图像画布尺寸
- 辅助功能
- 分辨率
- 位图图像与矢量图形
- 掌握颜色模式
- 使用 Adobe Bridge 查看及管理图像

2.1　新建图像文件

选择"文件"|"新建"命令，弹出如图 2.1（a）所示的对话框。在此对话框内，可以设置新建文件的名称、宽度、高度、分辨率、颜色模式和背景颜色等属性。

如果需要创建的文件尺寸属于常见的尺寸，可以在对话框的"预设"下拉列表框中选择相应的选项，并在"大小"下拉列表菜单中选择相对应的尺寸，如图 2.1（b）所示，从而简化新建文件操作。

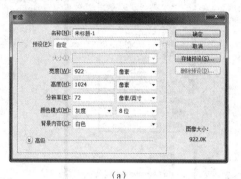
（a）
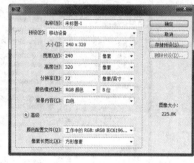
（b）

图2.1　"新建"对话框

如果在新建文件之前曾执行"复制"操作，则对话框的宽度及高度数值自动匹配所复制的图像的高度与宽度尺寸。

2.2　打开图像文件

选择"文件"|"打开"命令，弹出如图 2.2 所示的对话框，在其中选择要打开的图像文件，然后单击"打开"按钮即可。

提示

也可以直接双击 Photoshop 的灰色工作空间，如图 2.3 所示。

图2.2　"打开"对话框

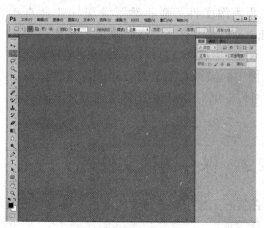

图2.3　灰色工作空间

如果希望通过双击图像文件直接运行 Photoshop CS6 并打开该图像文件，可以按下述方法操作。

① 在文件浏览器中右键单击希望直接在 Photoshop CS6 中打开的图像文件，在弹出的右键菜单中选择"打开方式"命令，在弹出的菜单中选择 Photoshop CS6，如图 2.4 所示。

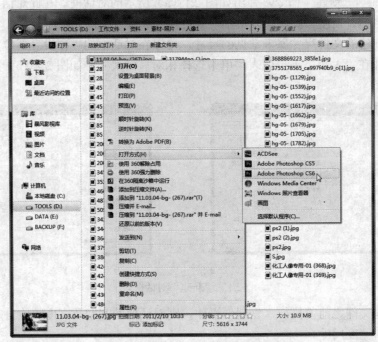

图2.4 文件浏览器

② 如果在上一步展开的菜单中没有 Photoshop CS6，可以再另外选择菜单中的"选择默认程序"，在弹出的对话框中选择 Photoshop CS6，并选中"始终使用选择的程序打开这种文件"复选框，如图 2.5 所示。

按上面的方法操作后，只要在操作系统中双击此图像文件，则此类图像文件就会直接在 Photoshop 中打开，从而避免了需要每次在 Photoshop 中选择"打开"命令的烦琐操作。上面示例中的操作对象是 JPG 类图像文件，各位读者可以尝试对 BMP 类图像文件进行上述操作。

图2.5 "打开方式"对话框

2.3 保存图像文件

在实际工作中对于新建的图像文件或更改后的图像文件，需要保存以便在以后的工作中输出或编辑。

- 选择"文件"|"存储"命令，可以保存对当前文件所做的更改，或以某种格式保存一个新文件。
- 选择"文件"|"存储为"命令，可以在不同的位置保存图像，或用不同的文件名称、文件格式、对话框选项保存图像。
- 选择"文件"|"存储为 Web 所用格式"命令，可将图像保存为适合于网页使用的文件格式。

2.3.1　设置保存时的选项

选择"文件"|"存储为"命令保存文件时，将弹出如图 2.6 所示的对话框，在此对话框中可设置各种文件保存的选项，其选项显示状态取决于保存的图像和所选的文件格式。

此对话框的重要参数说明如下：

- 保存在：在"保存在"下拉列表框中选择存放文件的路径（即文件夹、硬盘驱动器、软盘驱动器或网络驱动器），选定后的路径将显示在文件或文件夹列表中。
- 文件名：在该文本框中可以为当前保存的文件输入名称。文件名称可以是英文、数字或中文，但不可以输入特殊符号如星号（＊）、点号（.）、问号（？）等。
- 格式：在"格式"下拉列表框中可以为图像选择一种需要的文件格式。默认为

图2.6　"存储为"对话框

PSD 格式，即 Photoshop 的文件格式。如果图像中含有图层且要保存图层内容，则只能使用 Photoshop 自身的格式（即 PSD 格式）进行保存。若以其他格式保存，则在保存时 Photoshop 会自动合并层，这样将失去可反复修改的特性。

通常在"格式"下拉菜单中选择"Photoshop（*.PSD;*.PDD）"选项，以将当前的图像文件存储为保存 Photoshop 信息最完整的 PSD 文件格式。

2.3.2　以JPEG格式保存文件

使用"存储为"命令可以以 JPEG 格式保存 CMYK、RGB 和灰度图像，JPEG 格式的文件将在保留图像绝大部分信息的同时，有选择地删除数据来压缩文件大小。

在"存储为"对话框中选择此格式保存文件后，单击"保存"按钮，将弹出如图 2.7 所示的"JPEG 选项"对话框。

在此对话框中最重要的选项是"品质"，在此下拉菜单中可以选择"低、中、高、最佳" 4 种压缩方式中的一种。品质要求越高，图像的压缩量就越小，文件也会相应越大。

如图 2.8 为品质最佳的 JPEG 图像效果，如图 2.9 为压

图2.7　"JPEG选项"对话框

缩率较大品质较差的 JPEG 图像效果。

图2.8 品质较好的JPEG图像

图2.9 品质较差的JPEG图像

▶▶2.3.3 以TIFF格式保存文件

在 Photoshop 中还可以将图像保存为 TIFF 格式。在"存储为"对话框的"格式"下拉菜单中选择 TIFF 选项后，单击"保存"按钮，将弹出如图 2.10 所示的对话框。

此对话框的重要参数说明如下。

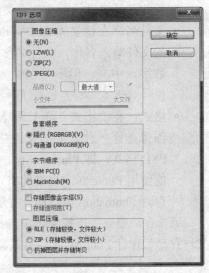
图2.10 "TIFF选项"对话框

- 图像压缩：指定压缩复合图像数据的方法，选择"无"则保存文件时不会对图像进行压缩，反之，选择其他选项都会对图像进行压缩，以降低图像文件的大小。
- 字节顺序：在此选择一种选项，以确定图像是与 IBM PC 还是 Macintosh 计算机的文件系统兼容。
- 存储图像金字塔：保留多分辨率信息。Photoshop 不提供打开多分辨率文件的选项，图像只以最高的分辨率打开。但 InDesign 及某些图像软件支持多分辨率格式的图像文件。
- 存储透明度：在其他应用程序中打开文件时，将透明度保留为附加 Alpha 通道，当在 Photoshop 或 ImageReady 中重新打开文件时总是保留透明度。

提示　如果希望保存后的 TIFF 文件较小，就应该选择 ZIP 选项，但经过压缩后的图像可能在资源浏览器中显示不正常，而且在某些排版软件中也需要对这些图像进行压缩，从而导致输出时间变长。

▶▶2.3.4 以GIF格式保存文件

使用"存储为"命令可以直接以 GIF 格式保存 RGB、索引颜色、灰度或位图模式的图像。

如果当前图像是 RGB 模式，Photoshop 将显示如图 2.11 所示的"索引颜色"对话框，在此对话框中可设置将图像保存为 GIF 时的选项。

如果当前编辑的图像需要发布在互联网上，而且图像中有大面积纯色或图像细节较少，甚至有些类似于卡通图像，建议使用此格式保存图像，以降低文件的大小，提高其传输速度。

图2.11 "索引颜色"对话框

2.3.5 以Photoshop PDF格式保存文件

要用 PDF 格式保存图像，在"存储为"对话框中的"格式"下拉列表框中选择 Photoshop PDF，弹出如图 2.12 所示的对话框。

第 1 栏是 PDF 的预设选项，单击右边的下拉菜单按钮▼可弹出设置选项，选择后下面的参数设置也相应地变化。如果对默认的参数进行了修改，在 PDF 预设选项上会显示一个"修改"的字样，对于修改的预设也可以保存单击对话框右下角的"存储预设…"按钮来进行保存。

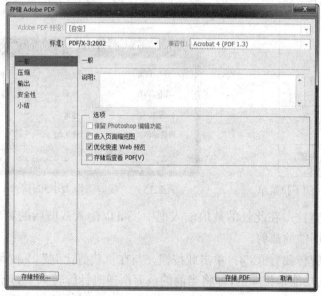

图2.12 "PDF选项"对话框

2.4 改变图像画布尺寸

在 Photoshop 中改变画布大小的方法有两种，即使用裁剪工具 ⛏ 和选择"图像"|"画布大小"命令。

2.4.1 裁剪工具

在 Photoshop CS6 中，裁剪工具 ⛏ 有了很大的变化，用户除了可以根据需要裁掉不需要的像素外，还可以使用多种网络线进行辅助裁剪，在裁剪过程中进行拉直处理以及决定是否删除被裁剪掉的像素等，其工具选项如图 2.13 所示。下面讲解其中各选项的使用方法。

图2.13　裁剪工具工具选项条

- 裁剪比例：在此下拉菜单中，可以选择裁剪工具在裁剪时的比例，如图 2.14 所示。另外，若是选择"存储预设"命令，在弹出的对话框中可以将当前所设置的裁剪比例、像素数值及其他选项保存成为一个预设，以便于以后使用；若是选择"删除预设"命令，在弹出的对话框中可以将用户存储的预设删除；若是选择"大小和分辨率"选项，将弹出如图 2.15 所示的对话框，在其中可以详细设置要裁剪的图像宽度、高度以及分辨率等参数；若选择"旋转裁剪框"命令，则可以将当前的裁剪框逆时针旋转 90°，或恢复为原始的状态。

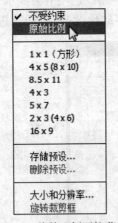

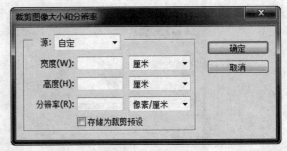

图2.14　裁剪比例下拉菜单　　　　图2.15　"裁剪图像大小和分辨率"对话框

- 设置自定长宽比：在此处的数值输入框中，可以输入裁剪后的宽度及高度像素数值，以精确控制图像的裁剪。
- 纵向与横向旋转裁剪框：单击此按钮，与在"裁剪比例"下拉菜单中选择"旋转裁剪框"命令的功能是相同的，即将当前的裁剪框逆时针旋转 90°，或恢复为原始的状态。
- 拉直：单击此按钮后，可以在裁剪框内进行拉直校正处理，特别适合裁剪并校正倾斜的画面。在使用时，可以将光标置于裁剪框内，然后沿着要校正的图像拉出一条直线，如图 2.16 所示，释放鼠标后，即可自动进行图像旋转，以校正画面中的倾斜，如图 2.17 所示；图 2.18 所示是按 Enter 键确认变换后的效果。
- 视图：在此下拉菜单中，可以选择裁剪图像时的显示设置，该菜单共分为 3 栏，如图 2.19 所示。第一栏用于设置裁剪框中辅助框的形态，在 Photoshop CS6 中，提供了更多的辅助裁剪线，如对角、三角形、黄金比例以及金色螺线等；在第二栏中，可以设置是否在裁剪时显示辅助线；在第三栏中，若选择"循环切换叠加"命令或按"O"键，则可以在不同的裁剪辅助线之间进行切换，若选择"循环切换叠加取向"命令或按 Shift+O 键，则可以切换裁剪辅助线的方向。

图2.16 绘制拉直直线

图2.17 拉直后的状态

图2.18 确认变换后的效果

- 裁剪选项 ⚙：单击此按钮，将弹出如图 2.20 所示的下拉菜单。在其中可以设置一些裁剪图像时的选项；选择"使用经典模式"模式，则使用 Photoshop CS5 及更旧版本中的裁剪预览方式，在选中此选项后，下面的两个选项将变为不可用状态；若选择"自动居中预览"选项，则在裁剪的过程中，裁剪后的图像会自动置于画面的中央位置，以便于观看裁剪后的效果；若是选择"显示裁剪区域"选项，则在裁剪过程中，会显示被裁剪掉的区域。反之，若是取消选中该选项，则隐藏被裁剪掉的图像；选中"启用裁剪屏蔽"选项时，可以在裁剪过程中对裁剪掉的图像进行一定的屏蔽显示，在其下面的区域中可以设置屏蔽时的选项。

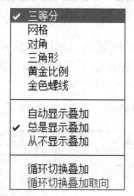

图2.19 "视图"下拉菜单

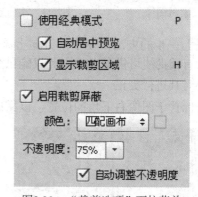

图2.20 "裁剪选项"下拉菜单

- 删除裁剪像素：选择此选项时，在确认裁剪后，会将裁剪框以外的像素删除。反之，若是未选中此选项，则可以保留所有被裁剪掉的像素。当再次选择裁剪工具时，只需要单击裁剪控制框上任意一个控制句柄，或执行任意的编辑裁剪框操作，即可显示被裁剪掉的像素，以便于重新编辑。

▶▶ 2.4.2　透视裁剪工具

在 Photoshop CS6 中，过往版本中裁剪工具 🔲 上的"透视"选项被独立出来，形成一个新的透视裁剪工具 🔲，并提供了更为便捷的操控方式及相关选项设置，其工具选项条如图 2.21 所示。

图2.21　透视裁剪工具选项条

下面通过一个简单的实例讲解此工具的使用方法。

① 打开随书所附光盘中的文件"d2z\2-4-2-素材.jpg"，如图 2.22 所示。在本例中，将针对其中变形的图像进行校正处理。

② 选择透视裁剪工具 回，将光标置于建筑的左下角位置，如图 2.23 所示。

③ 单击左键添加一个透视控制柄，然后向上移动鼠标至下一个点，并配合两点之间的辅助线，使之与左侧的建筑透视相符，如图 2.24 所示。

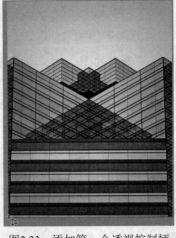

图2.22　素材图像　　　　图2.23　添加第一个透视控制柄　　　图2.24　添加第二个透视控制柄

④ 按照上一步的方法，在水平方向上添加第三个变形控制柄，如图 2.25 所示。由于此处没有辅助线可供参考，因此只能目测其倾斜的位置添加变形控制柄，在后面的操作中再对其进行更正。

⑤ 将光标置于图像右下角的位置，以完成一个透视裁剪框，如图 2.26 所示。

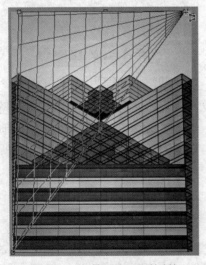
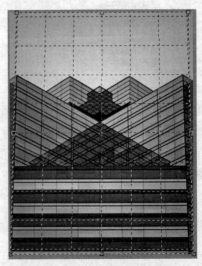

图2.25　添加第三个透视控制柄　　　　图2.26　完成透视裁剪框

⑥ 对右侧的透视裁剪框进行编辑，使之更符合右侧的透视校正需要，如图 2.27 所示。

⑦ 确认裁剪完毕后，按 Enter 键确认变换，得到如图 2.28 所示的最终效果。

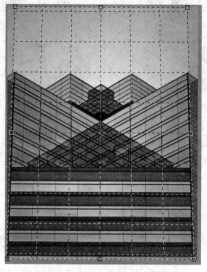

图2.27 编辑透视裁剪框

图2.28 最终效果

提示

本例最终效果为随书所附光盘中的文件"d2z\2-4-2.psd"。

▶▶2.4.3 精确改变画布尺寸

如果需要在不改变图像效果的情况下改变画布的尺寸，可以选择"图像"|"画布大小"命令，弹出如图 2.29 所示的对话框。

直接在"宽度"和"高度"文本框中输入数值，即可改变图像画布的尺寸。

如果在此输入的数值大于原图像文件，则在图像边缘将出现空白区域，多出来的区域所填充的颜色取决于对话框"画布扩展颜色"选项右侧的色块颜色。

图2.29 "画布大小"对话框

如果输入的数值小于原图像文件，Photoshop 将弹出如图 2.30 所示的提示对话框，提示用户将进行裁剪，单击"继续"按钮，即剪切图像文件得到新画布的尺寸。

- 相对：选中此选项，则"宽度"、"高度"文本框中的数值归"0"，在此输入的数值将是新尺寸与原尺寸的差值。输入正数可以扩大画布，输入负数可以缩小画布的尺寸。
- 定位：单击该选项下的控制块，可以确定新画布与原图像文件的相对位置关系。

例如单击中下方定位块，可以向图像的上方和左右两侧扩展画面，如图 2.31 所示。单击中上方定位块，可以向图像的下方及两侧扩展画面，如图 2.32 所示。

图2.30　裁剪提示对话框　　　　图2.31　中下方定位块　　　　图2.32　中上方定位块

2.5　辅助功能

在使用 Photoshop 绘图的过程中，标尺、参考线和网格线是非常重要的辅助工具，它们能为图像精确定位。

2.5.1　单位与标尺

选择"编辑"|"首选项"|"单位与标尺"命令，打开相应的对话框，如图 2.33 所示。

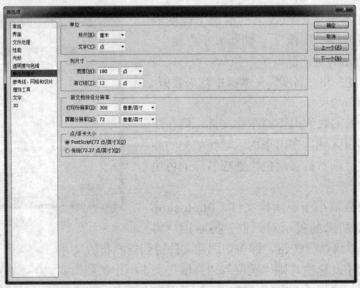

图2.33　"单位与标尺"对话框

此对话框中重要参数说明如下：

- 标尺：在此下拉列表菜单中，可以选择标尺的单位。
- 文字：选择此下拉列表菜单中的选项，可以设置文字的度量单位。
- 新文档预设分辨率：在此可以设置打印分辨率及屏幕分辨率。

2.5.2 参考线、网格和切片

选择"编辑" | "首选项" | "参考线、网格和切片"命令,打开相应的对话框,如图 2.34 所示。

- 参考线:在"颜色"下拉列表框中可以选择预设的参考线颜色,在"样式"下拉列表框中可以定义参考线的类型。
- 智能参考线:在"颜色"下拉列表框中可以选择智能参考线在显示时的颜色。
- 网格:在"网格线间隔"文本框中输入数值,可以设置主网络线(即图 2.35 中较粗的线)间的距离。在"子网格"文本框中输入数值,可以设置子网格线(即图 2.35 中网格线中较细的线)间距。

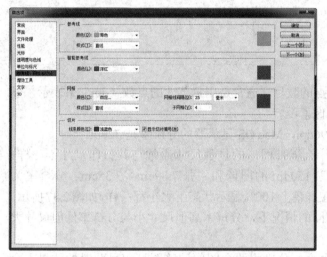

图2.34 "考线、网格与切片"对话框   图2.35 线示意图

- 切片:在此选项控制区域,可以从"线条颜色"下拉列表框中选择一种颜色以定义切片的线条颜色。

2.6 分辨率

要制作高质量的图像,一定要理解图像尺寸及分辨率的概念。图像分辨率(dpi)是图像中每英寸像素点的数目,通常用像素 / 英寸来表示。

2.6.1 图像分辨率

图像分辨率常以"宽 × 高"的形式来表示,例如一幅 2 英寸 ×3 英寸的图像的分辨率是 300 dpi,则在此图像中宽度方向上有 600px,在高度方向上有 900px,图像的像素总量是 600px×900px。

高分辨率的图像比相同打印尺寸的低分辨率图像包含的像素多,因而图像在打印输出时会更清晰、细腻。

图 2.36 所示为大小相同的情况下不同分辨率图像的显示效果,可以看出分辨率低的图像看上去比较模糊。

（a）分辨率为100px　　　　　　　　　　　（b）分辨率为30px

图2.36　不同分辨率的图片

▶▶ 2.6.2　显示分辨率

显示器上单位长度所显示的像素或点的数目，通常是用每英寸的点数（dpi）来表示，显示器分辨率取决于该显示器的大小及其像素设置。

典型的 PC 显示器的分辨率大约是 96dpi，Mac OS 显示器的分辨率是 72dpi。

了解显示器分辨率有助于解释为什么屏幕图形的显示尺寸通常与其打印尺寸不一样。例如，一张 5.08cm×5.08cm、分辨率为 150dpi 的图像和一张 7.89cm×7.35cm、分辨率为 100dpi 的图像其像素大小都是 263.7K，在屏幕上 100% 显示状态下大小都一样，如图 2.37 所示。

这个示例表明，当图像在像素量相同的情况下，分辨率高但尺寸小与分辨率低但尺寸大的图像具有相同的显示外观。

但是选择"视图"|"打印尺寸"命令，分别将两个图像调整至打印尺寸时的效果，会发现第一张图像的显示的大小变为 48%，第二张图像的显示大小变为 72%，如图 2.38 所示。这表明在显示图像的打印尺寸时，显示大小与分辨率无关，只与其打印尺寸有关。

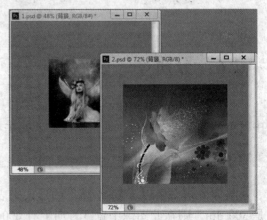

图2.37　两幅图像在100%显示状态下大小都一样　　　　　图2.38　显示不同的大小

▶▶ 2.6.3　打印分辨率

打印机分辨率是指由绘图仪或激光打印机产生的每英寸（dpi）的墨点数。为达到最佳效果，图像分辨率要与打印机分辨率相称，而不是相等。大多数的激光打印机具有 300 ～ 600dpi 的输出分辨率，72 ～ 150dpi 的图像就能够产生很好的效果。

高级绘图仪可打印 1200dpi 或者更高，而 200 ～ 300dpi 的图像就能够产生很好的效果。

2.6.4 图像分辨率与图像大小

要改变图像的打印尺寸或分辨率，可以选择"图像"|"图像大小"命令，弹出如图 2.39 所示的对话框。改变打印尺寸和分辨率的方法如下：

- 如果只更改打印尺寸或只更改分辨率，并且要按比例调整图像中的像素总量，则一定要选择"重定图像像素"，然后选择"插值方法"。
- 如果要更改打印尺寸和分辨率而又不更改图像中的像素总数，则取消选择"重定图像像素"。
- 如果要保持图像当前的宽高比例，则选择"约束比例"。更改高度时，该选项将自动更新宽度，反之，亦然。
- 在"文档大小"下可以输入新的高度值和宽度值。

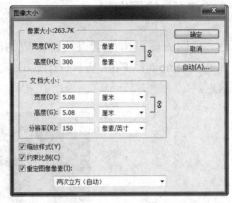

图2.39 "图像大小"对话框

提示

虽然前面提到在相同的打印尺寸下，高分辨率的图像比低分辨率的图像看上去更清晰，但当通过使用"图像"|"图像大小"命令人为地将一幅低分辨率图像的分辨率提高时，其质量不会有质的变化。

2.6.5 理解插值方法

Photoshop CS6 提供了 6 种插值运算方法，可以在"图像大小"对话框中的"重定图像像素"下拉列表框中选择，如图 2.40 所示。

在 6 种插值运算方法中，"两次立方"是最通用的一种，其他方法的特点如下：

- 邻近（保留硬边缘）：此插值运算方法适用于有矢量化特征的位图图像。
- 两次线性：对于要求速度不太注重运算后质量的图像，可以使用此方法。
- 两次立方（适用于平滑渐变）：最通用的一种运算方法，在对其他方法不够了解的情况下，最好选择此种运算方法。
- 两次立方较平滑（适用于扩大）：适用于放大图像时使用的一种插值运算方法。
- 两次立方较锐利（适用于缩小）：适用于缩小图像时使用的一种插值运算方法，但有时可能会使缩小后的图像过于锐利。
- 两次立方（自动）：选择此选项时，Photoshop 会自动根据图像的内容，选择前面讲解的 3 种两次立方运算方式。

图2.40 "图像大小"对话框

2.7　位图图像与矢量图形

2.7.1　位图图像

位图图像是由像素点组合而成的图像，通常 Photoshop 和其他一些图像处理软件，例如 PhotoImpact、Paint 等软件生成的都是位图，如图 2.41 所示为一幅位图被放大后显示出的像素点。

图2.41　位图图像放大后显示出像素点

由于位图图像由像素点组成，因此在像素点足够多的情况下，此类图像能表达色彩丰富、过渡自然的图像效果。但由于在保存位图时，计算机需要记录每个像素点的位置和颜色，所以图像像素点越多（分辨率越高），图像越清晰，文件也就越大，所占硬盘空间也越大，在处理图像时机器运算速度也就越慢。

位图的重要参数是分辨率，无论是在屏幕上观察还是打印，其效果都与分辨率有非常大的关系。

2.7.2　矢量图形

矢量图形是由一系列数学公式表达的线条所构成的图形，在此类图形中构成图像的线条颜色、位置、曲率、粗细等属性都由许多复杂的数学公式表达。

用矢量表达的图形，线条非常光滑、流畅，当我们对矢量图形进行放大时，线条依然可以保持良好的光滑性及比例相似性，从而在整体上保持图形不变形，如图 2.42 所示为矢量图形与其放大后的效果。

图2.42　矢量图形放大后仍清晰

由于矢量图形以数学公式的表达方法保存,通常文件所占空间较小,而且做放大、缩小、旋转等操作时,不会影响图形的质量,此种特性也被称为无级平滑缩放。

矢量图形由矢量软件生成,此类软件所绘制图形的最大优势体现在印刷输出时的平滑度上,特别是文字输出时具有非常平滑的效果。

2.8 掌握颜色模式

Photoshop CS6 提供了数种颜色模式,每一种模式的特点均不相同,应用领域也各有差异,因此了解这些颜色模式对于正确理解图像文件有很重要的意义。

2.8.1 位图模式

位图模式的图像也叫做黑白图像或一位图像,因为它只使用两种颜色值,即黑色和白色来表现图像的轮廓,黑白之间没有灰度过渡色,因此图像占用的内存空间非常少。

如果要将一幅彩色的图像转换为“位图”模式,可以按下述步骤操作。

① 选择“图像”|“模式”|“灰度”命令,将此图像转换为“灰度”模式(此时“图像”|“模式”|“位图”命令才可以被激活)。

② 选择“图像”|“模式”|“位图”命令。在弹出如图 2.43 所示的对话框中,设置转换模式时的分辨率及转换方式。

“位图”对话框中的重要参数说明如下:

- 在“输出”文本框中可以输入转换生成的“位图”模式的图像分辨率。

- 在“使用”下拉列表框中可以选择转换为“位图”模式的方式,每一种方式得到的效果各不相同。

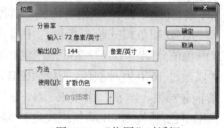

图2.43 “位图”对话框

转换为位图模式的图像可以再次转换为灰度模式,但是图像只有黑、白两种颜色。

2.8.2 灰度模式

灰度模式的图像是由 256 种不同程度明暗的黑白颜色组成,因为每个像素可以用 8 位或 16 位来表示,因此色调表现力比较丰富。将彩色图像转换为“灰度”模式时,所有的颜色信息都将被删除。

虽然 Photoshop 允许将灰度模式的图像再转换为彩色模式,但是原来已丢失的颜色信息不能再返回,因此,在将彩色图像转换为灰度模式之前,应该利用“存储为”命令保存一个备份图像。

2.8.3 Lab模式

Lab 颜色模式是 Photoshop 在不同颜色模式之间转换时使用的内部安全格式。它的色域能包含 RGB 颜色模式和 CMYK 颜色模式的色域，如图 2.44 所示。因此，将 Photoshop 中的 RGB 颜色模式转换为 CMYK 颜色模式时，先要将其转换为 Lab 颜色模式，再从 Lab 颜色模式转换为 CMYK 颜色模式。

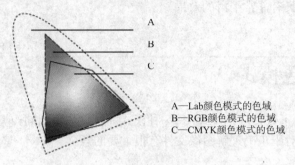

A—Lab颜色模式的色域
B—RGB颜色模式的色域
C—CMYK颜色模式的色域

图2.44 色域相互关系示意图

提示 从色域空间较大的图像模式转换到色域空间较小的图像模式，操作图像会产生颜色丢失现象。

▶▶2.8.4 RGB模式

RGB 颜色模式是 Photoshop 默认的颜色模式，此颜色模式的图像由红（R）、绿（G）和蓝（B） 3 种颜色的不同颜色值组合而成，其原理如图 2.45 所示。

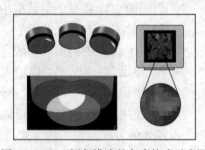

RGB 颜色模式给彩色图像中每个像素的 R、G、B 颜色值分配一个 0 ～ 255 范围的强度值，一共可以生成超过 1670 万种颜色，因此 RGB 颜色模式下的图像非常鲜艳、丰富。由于 R、G、B 三种颜色合成后产生白色，所以 RGB 颜色模式也被称为"加色"模式。

RGB 颜色模式所能够表现的颜色范围非常广，因此将此颜色模式的图像转换为其他包含颜色种类较少的颜色模式时，有可能丢色或偏色。

图2.45 RGB颜色模式的色彩构成示意图

▶▶2.8.5 CMYK模式

CMYK 颜色模式是标准的工业印刷用颜色模式，如果要将 RGB 等其他颜色模式的图像输出并进行彩色印刷，必须要将其颜色模式转换为 CMYK。

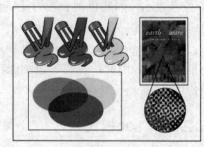

CMYK 颜色模式的图像由 4 种颜色组成，即青（C）、洋红（M）、黄（Y）和黑（K），每一种颜色对应于一个通道及用来生成 4 色分离的原色。根据这 4 个通道，输出中心制作出青色、洋红色、黄色和黑色 4 张胶版。在印刷图像时将每张胶版中的彩色油墨组合起来以产生各种颜色，CMYK 颜色模式的色彩构成原理如图 2.46 所示。

图2.46 CMYK颜色模式的色彩构成示意图

▶▶2.8.6　双色调模式

"双色调"模式是在灰度图像上添加一种或几种彩色的油墨,以达到有彩色的效果,比起常规的 CMYK 四色印刷,其成本大大降低。

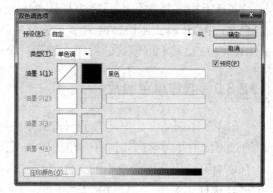

要得到"双色调"模式的图像,应先将其他模式的图像转换为"灰度"模式,然后选择"图像"|"模式"|"双色调"命令,在弹出的如图 2.47 所示的对话框中进行设置即可。

此对话框的重要参数及选项说明如下:

图2.47　"双色调"对话框

* 在"类型"下拉列表框中选择色调的类型,选择"单色调"选项,则只有"油墨 1"被激活,生成仅有一种颜色的图像。单击"油墨 1"右侧的颜色图标,在弹出的对话框中可以选择图像的色彩。
* 在"类型"下拉列表框中选择"双色调"选项,可激活"油墨 1"和"油墨 2"选项,此时可以同时设置两种图像色彩,生成双色调图像。
* 在"类型"下拉列表框中选择"三色调"选项,即激活 3 个"油墨"选项,生成具有 3 种颜色的图像。

▶▶2.8.7　索引色模式

与 RGB 和 CMYK 模式的图像不同,"索引"模式依据一张颜色索引表来控制图像中的颜色,在此颜色模式下图像的颜色种类最高为 256 种,因此图像文件较小,大概只有同条件下 RGB 模式图像的 1/3,大大减少了文件所占用的磁盘空间,缩短了图像文件在网络上传输的时间,因此多用于网络中。

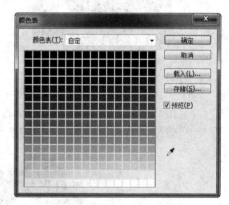

对于任何一个"索引"模式的图像,可以选择"图像"|"模式"|"颜色表"命令,在弹出的"颜色表"对话框中应用系统自带的颜色排列或自定义颜色,如图 2.48 所示。

图2.48　"颜色表"对话框

在"颜色表"下拉列表框中包含有"自定"、"黑体"、"灰度"、"色谱"、"系统（Mac OS）"和"系统（Windows）"6 个选项,除"自定"选项外,其他每一个选项都有相应的颜色排列效果。

将图像转换为"索引"模式后,对于被转换前颜色值多于 256 种的图像,会丢失许多颜色信息。虽然还可以从"索引"模式转换为 RGB、CMYK 的模式,但 Photoshop 无法找回丢失的颜色,所以在转换之前应该备份原始文件。

提示

> 转换为"索引"模式后,Photoshop 的大部分滤镜命令将不可以使用,因此在转换前必须先做好一切相应地操作。

>>>2.8.8 多通道模式

多通道模式是在每个通道中使用 256 级灰度，多通道图像对特殊的打印非常有用。将 CMYK，RGB 模式图像转换为多通道模式后可创建青、洋红、黄和黑专色通道，当用户从 RGB、CMYK 或 Lab 模式的图像中删除一个通道后，该图像将自动转换为多通道模式。

>>>2.8.9 制作单色照片

在许多印刷品设计中，为了节省成本，印刷品中的图像需要设计成单色或双色效果，可以通过下面的练习掌握如何将一幅图像改变为单色或双色效果，其操作步骤如下：

① 打开随书所附光盘中的文件 "d2z\2-8-9- 素材 .tif"。

② 选择 "图像" | "模式" | "灰度" 命令，在弹出的提示框中单击 "确定" 按钮，将图像转换为灰度模式，如图 2.49 所示。

③ 选择 "图像" | "模式" | "双色调" 命令，弹出如图 2.50 所示的对话框。

图2.49 转换为灰度模式　　　　　　　图2.50 "双色调选项"对话框

④ 单击 "油墨 1" 后的颜色块，在弹出的 "拾色器" 对话框中设置颜色为 2E5EB7，单击 "确定" 按钮，将颜色命名为 "蓝色"，单击 "确定" 按钮，得到如图 2.51 所示的效果。若设置 "油墨 1" 的颜色块为红色，能够得到红色的照片，如图 2.52 所示。

图2.51 得到蓝色的照片效果　　　　　　图2.52 得到红色的照片效果

如果需要将图像改变为双色调效果,则在"双色调选项"对话框中选择"类型"为"双色调",单击"油墨 1"后的颜色块,在弹出的"拾色器"对话框中设置颜色为 E20303,单击"油墨 2"

后的颜色块，在弹出的对话框中单击"颜色库"按钮，然后在弹出的"颜色库"对话框中设置颜色为 PANTONE Yellow C，如图 2.53 所示，得到如图 2.54 所示的效果。

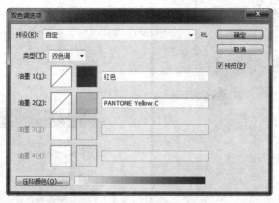

图2.53　"双色调选项"对话框

图2.54　双色调颜色效果

提示

本例最终效果为随书所附光盘中的文件"d2z\2-8-9.psd"。

2.9　使用Adobe Bridge CS6管理图像

Adobe Bridge 功能非常强大，可用于组织、浏览和寻找所需的图形图像文件资源，使用 Adobe Bridge 可以直接预览并操作 PSD、AI、INDD 和 PDF 等格式的文件。限于篇幅与本书的内容界定，在此仅介绍与图像文件操作有关的内容，其中包括：

- 查看图片，包括改变图片缩览图大小、排序图片等。
- 编辑图片，包括拷贝、粘贴、旋转图片。
- 批处理图片，包括批处理重命名图片，调用 Photoshop 的自动化功能批处理图片。
- 图片分类，包括为图片标星级、设置图片标签颜色等。
- 打开图片，即将图片从 Adobe Bridge 中调入 Photoshop 中进行处理的方法。

▶▶2.9.1　选择文件夹进行浏览

选择"文件"|"在 Bridge 中浏览"命令，会弹出如图 2.55 所示的 Adobe Bridge 窗口。

如果希望查看某一保存有图片的文件夹，可以在如图 2.56 所示的"文件夹"面板中单击要浏览的文件夹所在的盘符，并在其中找到要查看的文件夹，这一操作与使用 Windows 的资源浏览器基本相同。

提示

如果"文件夹"面板没有显示出来，可以选择"窗口"|"文件夹面板"命令。

与使用"文件夹"面板一样，也可以使用"收藏夹"面板浏览某些文件夹中的图片，在默认情况下，"收藏夹"面板中仅有"库"、"计算机"、"桌面"等几个文件夹，但可以通过下面所讲述的操作步骤，将常用的文件夹保存在"收藏夹"面板中。

图2.55　Adobe Bridge窗口　　　　　　　　　　　图2.56　"文件夹"面板

① 选择"窗口"|"文件夹面板"命令显示"文件夹"面板，选择"窗口"|"收藏夹面板"命令显示"收藏夹"面板。

② 通过拖动"文件夹"面板的名称，使其在窗口中被组织成为与"收藏夹"面板上下摆放的状态，如图 2.57 所示。

图2.57　摆放两块面板的位置

③ 在"文件夹"面板选择要保存在"收藏夹"面板中的文件夹。

④ 将被选择的文件夹直接拖至"收藏夹"面板中，直至出现一个粗直线，如图 2.58 所示。

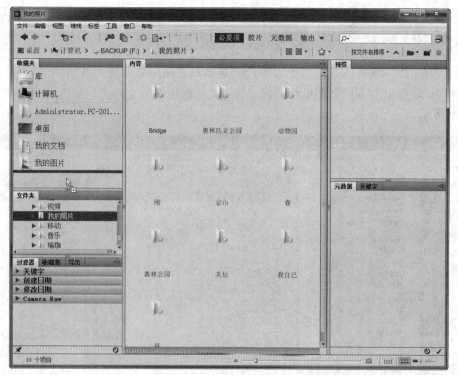

图2.58　拖动文件夹的状态

⑤ 释放左键后，即可在"收藏夹"面板中看到上一步操作拖动的文件夹，按上述方法操作后，就能够直接在"收藏夹"面板中快速选择常用的文件夹，如图 2.59 所示。

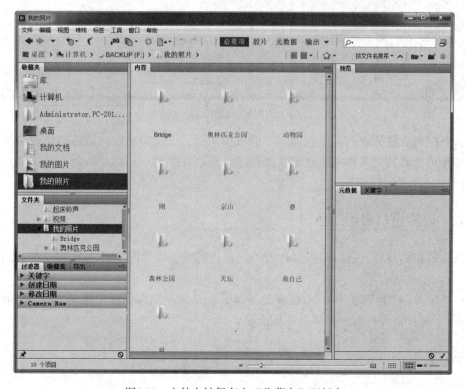

图2.59　文件夹被保存在"收藏夹"面板中

> 📣 **提示**　　如果要从"收藏夹"面板中去除某一个文件夹可以在其名称上单击右键,在弹出的菜单中选择"从收藏夹中移去"的命令。

除上述方法外,还可以在窗口上方单击"显示最近使用的文件,或转到最近访问的文件夹"按钮，在弹出的下拉列菜单中选择"收藏夹"面板中的文件夹与最近访问过的文件夹,如图 2.60 所示。

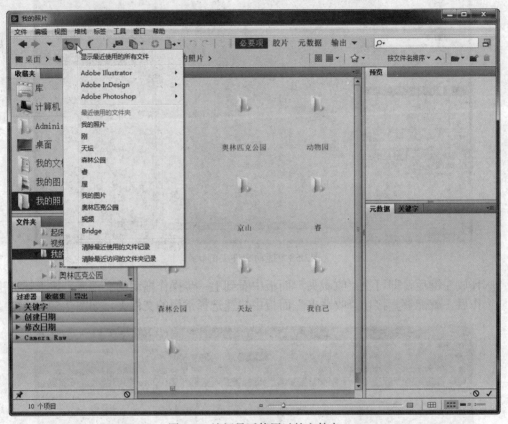

图2.60　访问最近使用过的文件夹

单击下拉列表框旁边的返回按钮◀、前进按钮▶,可以向前或向后访问最近浏览过的文件夹。如果单击转到父文件夹或收藏夹按钮▼,可以在菜单中选择并访问当前文件夹的父级文件夹。

▶▶2.9.2　改变窗口显示颜色

Bridge 窗口的底色,可以根据操作者的喜好进行改变,如图 2.61 所示为几种不同的窗口效果。

选择"编辑"|"首选项"命令,在弹出的如图 2.62 所示的对话框中拖动"用户界面亮度"、"图像背景"滑块,即可改变窗口显示的颜色。

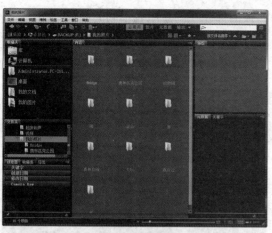 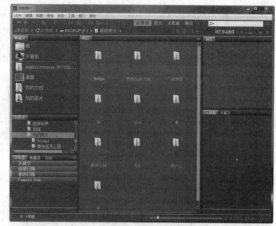

图2.61 以不同的颜色显示的窗口

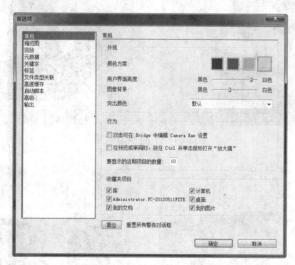

图2.62 "首选项"对话框

2.9.3 组合面板

　　Bridge 窗口中的面板均能够自由拖动组合，这一点类似于 Photoshop 的面板，两者的操作也完全一样，即在 Bridge 窗口中可以通过拖动面板的标题栏随意组合不同的面板。如图 2.63 所示为通过组合面板得到的不同显示状态。

图2.63　不同面板组合状态

2.9.4　改变图片预览模式

选择"视图"菜单下的命令，可以改变图片的预览状态，如图 2.64 所示为分别选择"视图"|"全屏预览"、"视图"|"幻灯片放映" 2 个命令时图片的不同预览效果，如果选择"视图"|"审阅模式"命令，可以获得类似于 3D 式的图片预览效果，如图 2.65 所示。

图2.64　不同预览效果

图2.65　审阅预览模式

提示 进入全屏、幻灯片或审阅模式后状态后可以按 H 键显示操作帮助提示信息，要退出显示模式可以按 ESC 键。

2.9.5 指定显示文件和文件夹的方法

当指定了当前游览的文件夹后，可以指定当前文件夹中的文件及文件夹的显示方式以及其显示的顺序。

要指定文件或文件夹的显示方法，可以从"视图"菜单中选择以下任一命令：

- 要显示文件夹中的隐藏文件，选择"视图"|"显示隐藏文件"命令。
- 要显示当前浏览的文件夹中的子级文件夹，选择"视图"|"显示文件夹"命令。
- 如果希望显示当前游览的文件夹中的子级文件夹中所有可视图片，选择"视图"|"显示子文件夹中的项目"命令。

2.9.6 对文件进行排序显示的方法

在预览某一文件夹中的图像文件时，Bridge CS6 可以按多种模式对这些图像文件进行排序显示，从而使浏览者快速找到自己需要的图像文件。

要完成排序显示操作，可以在 Bridge CS6 窗口的右上方单击按文件名排序按钮 ，在弹出的菜单中选择一种合适的排序方式，如图 2.66 所示。

图2.66 显示排序模式菜单

如果单击降序按钮 ，可以降序排列文件；如果单击升序按钮 ，可以升序排列文件。

2.9.7 查看照片元数据

使用 Bridge CS6 可以轻松查看数码照片的拍摄数据，这对于希望通过拍摄元数据学习摄影的爱好者很有作用，图 2.67 为不同的照片显示的拍摄元数据，可以看出，通过此面板可以清晰了解到该照片在拍摄时所采用的光圈、快门时间、白平衡及 ISO 数据。

图2.67　不同照片的元数据

2.9.8　管理文件

在管理文件时，可以像使用 Windows 的资源管理器一样使用 Adobe Bridge 管理文件，例如，可以拖放文件、在文件夹之间移动文件、复制文件等。

下面分别讲解不同操作的操作方法。

- 复制文件：选择文件，然后选择"编辑"|"复制"，也可以选择"文件"|"复制到"级联菜单中的命令，将选中的图像复制到指定的位置。
- 粘贴文件：选择"编辑"|"粘贴"。
- 将文件移动到另一个文件夹：选择文件，然后将文件拖曳到另一个文件夹中。
- 重命名文件：单击文件名，键入新名称，并按 Enter 键。
- 将文件置入应用程序：选择文件，然后选择"文件"|"置入"级联菜单中的应用程序名称。
- 将文件从 Bridge 中拖出：选择文件，然后将其拖曳到桌面上或另一个文件夹中，则该文件会被复制到桌面或该文件夹中。
- 将文件拖入 Bridge 中：在桌面上、文件夹中或支持拖放的另一个应用程序中选择一个或多个文件，然后将其拖到 Bridge 显示窗口中，则这些文件会从当前文件夹中移动到 Bridge 中显示的文件夹中。
- 删除文件或文件夹：选择文件或文件夹并单击删除项目按钮 ，或在文件上单击右键，在弹出的快捷菜单中选择"删除"命令。
- 复制文件和文件夹：选择文件或文件夹并选择"编辑"|"复制"，或者按 Ctrl 键并拖动文件或文件夹，将其移至另一个文件夹。
- 创建新文件夹：单击创建新文件夹按钮 ，或选择"文件"|"新建文件夹"。
- 打开最新使用的文件：单击打开最近使用的文件按钮 ，在弹出的菜单中进行选择。

2.9.9　旋转图片

可以直接在 Adobe Bridge 中对图像进行旋转操作，单击窗口上方的逆时针旋转 90°按钮 或顺时针旋转 90°按钮 ，即可将图像按逆时针或顺时针方向旋转 90°。

如图 2.68 所示为旋转前的状态,如图 2.69 所示为旋转后的状态。

图2.68 旋转前的状态

图2.69 旋转后的状态

>>2.9.10 标记文件

Bridge 的实用功能之一是使用颜色标记文件,按这种方法对文件进行标记后,可以使文件显示为某一种特定的颜色,从而直接区别不同文件。

如图 2.70 所示为经过标记后的文件,可以看出经过标记后,各种文件一目了然。

图2.70 标记后的文件

- 若要标记文件,首先选择文件,然后从"标签"菜单中选择一种标签类型,或在文件上单击右键,在弹出的快捷菜单中的"标签"菜单中进行选择。

- 若要从文件中去除标签,选择"标签"|"无标签"命令。

>>2.9.11 为文件标星级

为文件标定星级同样是 Bridge 提供的一种实用功能,Bridge 提供了从一星到五星的 5 级星级,如图 2.71 所示为经过标级后的文件。

许多摄影爱好者都有大量自己拍摄的照片,使用此功能可以按照从最好到最差的顺序对这些照片进行评级,通过初始评级后,可以选择只查看和使用评级为某一星级标准的照片,从而便于对不同品质的照片进行不同的操作。

图2.71 标级后的文件

要对文件进行标级操作，先选择一个或多个文件，然后进行下列任一操作：

- 单击以详细信息形式查看内容按钮，在"详细信息"显示模式状态下，单击要赋予文件的星数的点。
- 从"标签"菜单中选择星级。
- 要添加一颗星选择"标签"|"提升评级"；要去除一颗星选择"标签"|"降低评级"。
- 要去除所有的星选择"标签"|"无评级"命令。

⟫2.9.12 筛选文件

对文件进行标记与分级后，可以通过筛选操作，对这些文件进行选择与显示操作，例如可以只显示一星的图像，或标定为"重要"的图像。

> **提示** 　如果无法显示星星，可以在 Bridge CS6 窗口底部拖动缩览图滑块 调整缩览图的大小。

要进行筛选操作，必须选择"窗口"|"过滤器面板"命令，以显示"过滤器"面板，在"过滤器"面板中通过单击"标签"或"评级"下方的选项，即可使窗口只显示符合需要的图像。例如，图2.72所示的"过滤器"面板显示了标定为2星、4星的所有图像文件。

图2.72 "滤镜"面板使用示例

⟫2.9.13 批量重命名文件

批量重命名功能是 Adobe Bridge 提供的非常实用的一项功能，使用此功能能够一次性重命名一批文件。要重命名一批文件可以参考以下操作步骤。

① 在 Adobe Bridge 中选择"工具"|"批重命名"命令，弹出如图 2.73 所示的对话框。

② 在"目标文件夹"中选择一个选项，以确定是在同一文件夹中进行重命名操作，还是将重命名的文件移至不同的文件夹中。

③ 在"新文件名"区域确定重命名后文件名命名的规则。如果规则项不够用可以单击向文件名中添加更多文本按钮 ⊞ 以增加规则，反之，可以单击从文件名中移去此文本按钮 ⊟ 以减少规则。

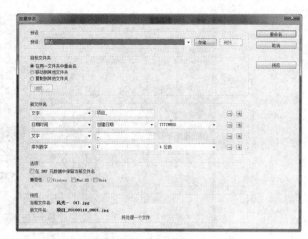

图2.73 "批重命名"命令对话框

④ 观察"预视"区域命名前后文件名的区别，并对文件名的命名规则进行调整，直至得到满意的文件名。

⑤ 单击 重命名 ，即开始命名操作。

⑥ 如果希望保存该命令规则，可以单击 存储... 按钮将其保存成为一个名为"我的批重命名 . 设置"的文件。

⑦ 如果希望调用已经设置好的文件名命名，可以从"预设"下拉列表中选择相关选项。

图 2.74 为一个典型的命名示例，经过此操作后，完成命名操作的图像文件如图 2.75 所示。

图2.74 命名示例

图2.75 重命名后的图像文件

≫2.9.14 输出照片为PDF或照片画廊

利用"输出照片"功能，可以轻松地将所选择的照片输出成为一个 PDF 文件或 Web 照片画廊。

要使用此功能，可以按下面的步骤操作。

① 选择"窗口"|"工作区"|"输出"模式菜单名称，此时 Bridge 窗口显示如图 2.76 所示。

图2.76 以"输出"窗口模式显示

② 选择要输出的照片，此时"预览"面板将显示所有被选中的照片，如图 2.77 所示。

图2.77 选择要输出的照片

③ 在"输出"面板的上方选择输出类型，如果要输出成为 PDF 文件，单击按钮 ，要输出成为网页照片单击按钮 。

④ 设置 Bridge 窗口右侧的"输出"面板中的具体参数，这些参数都比较简单，故不再赘述，各位读者稍加尝试就能够了解各个参数的意义。

提示

也可以单击"模板"右侧的 选择按钮，在弹出的模板菜单中选择一个模板以快速取得合适的参数设置。

⑤ 单击 [刷新预览]、[在浏览器中预览] 在"输出预览"面板中预览输出生成的效果，如图 2.78 所示。

图2.78　不同输出类型的输出预览效果

⑥ 完成所有设置后，在"输出"面板的最下方单击按钮 [存储...]，设置保存输出内容的位置，则可完成输出操作。

习　题

一、选择题

1. Photoshop 图像最基本的组成单元是（　　）。

A. 节点　　　　　　B. 色彩空间　　　　　C. 像素　　　　　　D. 路径

2. 必须是哪种模式的图像才可以转换为位图模式？（　　）

A. RGB　　　　　　B. 灰度　　　　　　C. 多通道　　　　　D. 索引颜色

3. 如何调整参考线？（　　）

A. 选择移动工具  进行拖曳。

B. 无论当前使用何种工具，按住 Option（Mac）／ Alt（Windows）键的同时单击鼠标。

C. 在工具箱中选择任何工具进行拖曳。

D. 无论当前使用何种工具，按住 Shift 键的同时单击鼠标。

4. CMYK 模式的图像由哪几个颜色通道组成？（　　）

A. 青色　　　　　　B. 品红　　　　　　C. 黄色　　　　　　D. 黑色

5. 在 Photoshop 的工作界面中，按什么键可以调出"首选项"对话框（　　）。

A. Shift+Tab　　　B. Ctrl+K　　　　　C. Alt+Tab　　　　　D. Shift+ 工具热键

6. 以下图中，仅从图像内容角度来说，（　　）是位图模式，（　　）是矢量图模式。

A　　　　　　　　　　　　　B　　　　　　　　　　　　　C

二、填空题

1. ____ 颜色模式的图片主要用于屏幕显示，____ 颜色模式的图片主要用于印刷。

2. 图像大小主要是用于调整图像的打印尺寸和 ____ 。

三、简答题

1. 在 Photoshop 中，共涉及几种分辨率形式？

2. 什么是位图模式？有哪几种转换方法？

3. 从自己的图库中寻找一幅素材照片，将其转换成为单色效果的步骤是怎样的？

4. 如何使用 Adobe Bridge 为若干张图像进行标级操作？

5. 为什么有些看上去很大的图像打印出来的尺寸却很小？

6. 位图及矢量图的定义是什么？各自的优缺点是什么？

7. 如何在工作中使用智能参考线？

8. 在显示器显示过程中是以何种颜色模式进行的？如果需要印刷则要将图像颜色修改成什么模式？

9. 如何将一批名字各异的图像重新命名成为统一的名称？

第 **3** 章

掌握选区的应用

本章主要讲解如何在 Photoshop 中使用不同的工具制作不同类别的选择区域，以及如何对已经存在的选区进行编辑与调整操作，如何变换选区或选区中的图像。

虽然本章所讲述的知识较为简单，但就功能而言，本章所讲述的知识非常重要，因为在 Photoshop 中正确的选区是操作成功的开始。

   学 习 重 点

◉ 制作规则型选区

◉ 制作不规则型选区

◉ 编辑与调整选区

◉ 变换选择区域及图像

简单地说，选区就是一个限定操作范围的区域，图像中有了选区的存在，所有的一切操作就被限定在选区中。

本章的学习重点是了解选区在 Photoshop 中的作用，掌握选区的绘制方法，熟悉编辑选区及变换选区的相关命令。

Photoshop 中有丰富的创建选区的工具，如矩形选框工具、椭圆选框工具、套索工具、魔棒工具等，可以根据需要使用这些工具创建不同的选区。

已经选择的区域表现为封闭的浮动蚂蚁线围成的区域，如图 3.1 所示。

图3.1 蚂蚁线围成的选择区域

3.1 制作规则型选区

在 Photoshop 中用于制作规则型选区的工具包括矩形选框工具、椭圆选框工具、单行选框工具、单列选框工具，下面分别讲述这些工具的使用方法。

3.1.1 矩形选框工具

此工具用于创建矩形选择区域，在工具箱中选择矩形选框工具，在图像中按下鼠标左键并拖动，释放鼠标左键后即可创建一个矩形选区。

在工作中此工具常用于选择或绘制矩形图像，例如，图 3.2 为使用此工具绘制的矩形选区，图 3.3 为对此矩形选区进行描边操作后得到的效果。

图3.2 绘制多个矩形选区　　　　图3.3 描边选区后的效果

为了得到精确的矩形选区，或控制创建选区的方式，通常需要在矩形选框工具的工具选项条中设置参数，如图 3.4 所示。

创建选区方式控制按钮

图3.4　矩形选框工具选项条

提示　图 3.4 所示的矩形选框工具选项条中的控制按钮及"羽化"、"消除锯齿"等参数选项与其他创建选择区域的工具相同，因此在以后的章节中如果出现同样的参数选项将不再赘述。

1. 四种创建选区的方式

在工具选项条中有 4 种不同的创建选区的方式，它们分别是新选区按钮、添加到选区按钮、从选区减去按钮和与选区交叉按钮，选择不同的按钮所获得的选择区域也不相同，因此在掌握如何创建选区前有必要掌握上述 4 个按钮。

- 单击新选区按钮并在图像中拖动，每次绘制只能创建一个新选区。在已存在选区的情况下，创建新选区时上一个选区将自动被取消。
- 如果已存在选区，单击添加到选区按钮，在图像中拖动矩形选框工具（或者其他选框工具）创建新选区时，可以按叠加累积的形式创建多个选区。
- 如果已存在选区，单击从选区减去按钮，在图像中拖动矩形选框工具（或者其他选择工具）创建新选区时，将从已存在的选区中减去当前绘制的选区，当然如果两个选区无重合区域则无任何变化。
- 如果已存在选区，单击与选区交叉按钮，在图像中拖动矩形选框工具（或者其他选择工具）创建新选区时，将得到当前绘制的选区与已存在的选区相交部分的选区。

如图 3.5 所示是分别单击 4 个按钮后，绘制出的选区的示例图。

提示　在创建复杂选区时也可以直接用快捷键来增加、减少选区或得到交集的选区。在新选区按钮状态，按住 Shift 键可以切换至添加到选区按钮，此时绘制选区取得增加选区的操作效果；按住 Alt 键可以切换至从选区减去按钮，此时绘制选区取得减少选区的操作效果；按住 Shift+Alt 键可以切换至与选区交叉按钮，此时绘制选区取得两个选区的交集部分。此提示对于以下将要讲述的各选择工具同样适用。

2. 羽化

此参数可以改变选区的选择状态，在"羽化"文本框中输入数值可设置选区的羽化程度。

简单地说，此数值的大小会直接影响填充选区后所得图像边缘的柔和程度，输入的数值越大，所选择的图像的边缘的柔和度越大，在执行剪切或填充操作时效果非常明显。

如图 3.6（a）所示为"羽化"参数值为 5 时图像的边缘效果，如图 3.6（b）所示为"羽化"参数值为 15 时图像的边缘效果。

（a）单击"新选区"按钮☐得到一个新选区

（b）单击"添加到选区"按钮☐得到叠加的选区

（c）单击"从选区减去"按钮☐，从选区减去正在绘制的选区

（d）单击"与选区交叉"按钮☐得到与现有选区相交部分的选区

图3.5　创建选区的4种方式

（a）"羽化"数值等于5时的效果　　　　　　　（b）"羽化"数值等于15时的效果

图3.6　不同"羽化"数值的填充效果对比

将图像放大后可以更好地了解羽化原理，图 3.7（a）所示为无羽化的选区的填充效果，图 3.7（b）所示为羽化参数值为 3 的选区的填充效果，可以看出，由于羽化使选区外的图像也具有填允效果，因此在整体上得到柔和的边缘效果。

（a）无羽化　　（b）羽化参数值为3

图3.7　羽化前后的填充效果对比

3. 创建选区的样式

在"样式"下拉列表框中有 3 种创建选区的样式："正常"、"固定比例"和"固定大小"，各选项的意义如下：

- 正常：选择此选项，可随意创建任意大小的选区。
- 固定比例：选择此选项，"宽度"和"高度"文本框将被激活，在其中输入数值设置选择区域高度与宽度的比例，可得到精确的不同宽高比的选区。
- 固定大小：选择此选项，可以得到大小固定的选区。

如图 3.8 所示为选择 3 种不同的绘制样式时的典型示例图。

（a）正常样式　　　　　　　　（b）固定长宽　　　　　　　　（c）固定大小

图3.8　创建选区的3种样式

▶▶3.1.2　椭圆选框工具

使用椭圆选框工具⭕可建立一个椭圆形选择区域，按住鼠标左键不放并拖动鼠标即可创建椭圆形选择区域。此工具常用于选择外形为圆形或椭圆形的图像，例如选择如图 3.9 所示的人物。

椭圆选框工具⭕的工具选项条如图 3.10 所示，其中的选项与矩形选框工具🔲基本相同，在此仅对其中不相同的选项进行介绍。

* 消除锯齿：选择该选项可防止产生锯齿，如图 3.11 所示为未选择此选项绘制选择区域并填充红色后的效果，如图 3.12 所示为选择此选项后绘制选择区域并填充红色后的效果。

图3.9　选择人物

图3.11　未选择"消除锯齿"选项的效果

图3.10　椭圆选框工具选项条

图3.12　选择"消除锯齿"选项后的效果

对比两幅图，可以看出在此选项被选中的情况下图像的边缘看上去更细腻，反之则会出现很明显的锯齿现象。

如图 3.13 所示为使用椭圆选框工具⭕创建多个圆形选区并填充选区的示例。

（a）　　　　　　　　　　　　　　　　　（b）

图3.13　创建多个圆形选区并填充选区的示例

3.1.3　单行选框工具、单列选框工具

使用单行选框工具 和单列选框工具 可以非常精确地选择一列像素或一行像素，填充选区后能够得到一个横线或竖线，在版式设计和网页设计中常用此工具绘制直线。

这两个工具的使用方法都非常简单，只需要在工具箱中选择相应工具，然后在图像中单击即可选择一行或一列像素。

3.2　制作不规则型选区

在绘图过程中常会用到一些不规则的选区，Photoshop 提供了多种创建不规则选区的工具。使用套索工具 能够自由绘制出不规则选区，使用魔棒工具 和"色彩范围"命令能根据所选择的颜色创建不规则选区。

3.2.1　使用套索工具

使用套索工具 可以灵活地绘制不规则选区。在工具箱中套索工具 上按下鼠标右键，将弹出一组创建不规则选区的工具，它们分别是套索工具 、多边形套索工具 、磁性套索工具 。下面分别介绍其使用方法。

1. 套索工具

使用此工具可以通过移动鼠标自由创建选区，选区效果完全由用户控制。此工具选项条中选项与椭圆选框工具 相似，故不再赘述。

图 3.14 所示为使用套索工具 选择的区域，并使用"色相 / 饱和度"命令改变选区中图像颜色的示例。

 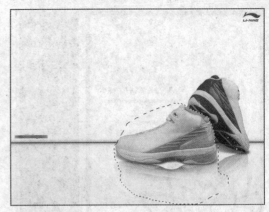

图3.14　套索选择区域

2．多边形套索工具

如果要将不规则直边对象从复杂的背景中选择出来，多边形套索工具 <u>い</u> 是最佳的选择，此工具非常适合于选择边缘虽然不规则，但较为齐整的图像，例如选择如图 3.15 所示的电视机。

多边形套索工具 <u>い</u> 选项栏中没有新参数，但其使用方法与套索工具 <u>の</u> 有所区别，使用此工具选择图像的操作步骤如下。

① 打开随书所附光盘中的文件"d3z\3-2-1- 素材 1.tif"，在工具箱中选择多边形套索工具 <u>い</u>，在图像中单击以确定要选择的对象的起始点。

② 围绕需要选择的图像边缘不断单击，点与点之间将出现连接线。如果某一点的位置不正确，可以按 Delete 键进行删除，以取消当前不正确的点。

③ 在结束绘制选区的地方双击可以完成多边形选区使其闭合。也可以将最后一点的光标放在起始点上，当工具图标右下角出现一个小圆时单击鼠标，完成绘制多边形选区的操作。

图 3.16 所示是使用多边形套索工具 <u>い</u> 沿电视机外形绘制选区的示例，图 3.17 所示为随书所附光盘中的文件"d3z\3-2-1- 素材 2.tif"图像，图 3.18 所示是将选中的电视机图像复制到素材图像中的效果。

图3.15　选择电视机　　　　　　　图3.16　沿盒外形绘制选择区域

提示

在使用多边形套索工具 时，如果按Shift键单击，可以绘制水平、垂直或45°方向的选择线。
在使用套索工具 或多边形套索工具 时，按Alt键可以在两个工具之间相互转换。

图3.17 素材图像

图3.18 合成效果

提示

本例最终效果为随书所附光盘中的文件"d3z\3-2-1.psd"。

3．磁性套索工具

磁性套索工具 是一个智能化的选取工具，其优点是能够非常迅速、方便地选择边缘较光滑且对比度较好的图像。例如，如图3.19所示的卡通人物及红色雕塑与周围的图像有较好的对比度，因此非常适合于使用此工具进行选择。

图3.19 对比度较好的图像

磁性套索工具 选项栏如图3.20所示，合理地设置工具选项条中的参数可以使选择更加精确。

羽化：0像素 ☑消除锯齿 宽度：10像素 对比度：10% 频率：100 调整边缘...

图3.20 磁性套索工具选项条

工具选项条中的参数与选项说明如下。

- 宽度：在此文本框中输入数值，用于设置磁性套索工具 ⊡ 自动查找颜色边缘的宽度范围。

- 对比度：在此文本框中输入百分数，用于设置边缘的对比度，数值越大磁性套索工具 ⊡ 对颜色对比反差的敏感程度越低。

- 频率：在此文本框中输入数值，用于设置磁性套索工具 ⊡ 在自动创建选区边界线时插入节点的数量，数值越大，插入的定位节点越多，得到的选择区域也越精确。

要使用此工具制作选区，可以按下面的步骤进行操作。

① 打开随书所附光盘中的文件"d3z\3-2-1- 素材 3.tif"，在工具箱中选择磁性套索工具 ⊡ ，并在其工具选项条中设置相关参数。

② 用磁性套索工具 ⊡ 在图像中单击确定开始选择的位置。

③ 释放鼠标左键，围绕需要选择图像的边缘移动光标，Photoshop将在鼠标移动处自动创建选择边界线。

④ 当光标到达起始点处，将在光标的右下方显示一个小圆，此时单击即可得到闭合的选区，如图 3.21 所示。

(a)　　　　　　　　　　　(b)

图3.21　利用磁性套索工具创建选区

提示

> 在 Photoshop 自动创建选择边界线时，按 Delete 键可以删除上一个节点和线段。如果选择边框线没有贴近被选图像的边缘，可以单击一次，手动添加一个节点。

▶▶3.2.2　使用魔棒工具

　　魔棒是一种依据颜色进行选择的选择工具，使用魔棒工具 ▧ 单击图像中的某一种颜色，即可将与此种颜色邻近的或不相邻的、在容差值范围内的颜色都一次性选中。此工具常用于选择颜色较纯或过渡较小的图像，例如选择如图 3.22 所示的绿色草地。

　　魔棒工具 ▧ 的工具选项条如图 3.23 所示，工具选项条中的参数与选项说明如下。

- 连续：选择此复选框，只选取连续的容差值范围内的颜色；否则，Photoshop 会将整幅图像或整个图层中的容差值范围内的此颜色都选中。例

图3.22　选择绿色草地

如，要选择如图 3.24 所示图像中的绿色草地，只需在工具选项条中取消"连续"复选框，用魔棒工具 单击图像中的绿色草地即可。

图3.23　魔棒工具选项条

图3.24　魔棒工具选取效果

- 容差：在此数值框中输入数值，以确定魔棒的容差值范围。数值越大，所选取的相邻的颜色越多。如图 3.25 所示为此数值为 20 时得到的选区，如图 3.26 所示为此数值设置为 60 时得到的选区。

图3.25　"容差"为20　　　　　　　　图3.26　"容差"为60

- 对所有图层取样：选择此复选框，将在所有可见图层中应用魔棒，否则，魔棒工具 只选取当前图层中的颜色。

▶▶3.2.3　快速依据颜色制作选区

快速选择工具 的最大的特点就是可以像使用画笔工具 绘图一样创建选区，此工具的选项栏如图 3.27 所示。

图3.27　快速选择工具选项条

快速选择工具  选项栏中的参数说明如下。

- 选区运算模式：限于该工具创建选区的特殊性，所以它只设定了 3 种选区运算模式，即新选区、添加到选区和从选区减去。
- 画笔：单击右侧的三角按钮可调出如图 3.28 所示的画笔参数设置框，在此可以对涂抹时的画笔属性进行设置。在涂抹过程中，可以设置画笔的硬度，以便创建具有一定羽化边缘的选区。
- 对所有图层取样：选中此复选框后，将不再区分当前选择了哪个图层，而是将所有看到的图像视为在一个图层上，然后来创建选区。

图3.28 设置画笔参数

- 自动增强：选中此复选框后，可以在绘制选区的过程中自动增加选区的边缘。
- 调整边缘：使用该命令可以对现有的选区进行更为深入的修改，从而得到更为精确的选区，详细讲解见 3.3.10 节。

使用快速选择工具  主要可以使用 2 种方式来创建选区，一种是拖动，即通过在图像中某一部分单击，然后按左键不放进行拖动，即可选中光标掠过的区域；另外一种就是单击，即通过在图像中不断单击即可选中单击处的图像。在选择大范围的图像内容时，可以利用拖动滑抹的形式进行处理，而添加或减少小范围的选区时，则可以考虑使用单击的方式进行处理。

≫3.2.4 使用色彩范围命令

除了使用魔棒工具 ，还可以使用"色彩范围"命令依据颜色制作选区。选择"选择"|"色彩范围"命令后，弹出如图 3.29 所示对话框。

利用"色彩范围"命令制作选区的操作指导如下。

① 打开随书所附光盘中的文件"d3z\3-2-4- 素材 .psd"，如图 3.30 所示。选择"选择"|"色彩范围"命令，弹出"色彩范围"对话框。

图3.29 "色彩范围"对话框

图3.30 素材图像

② 确定需要选择的图像部分，如果要选择图像中的红色，则在"选择"下拉列表菜单中选择"红色"，在大多数情况下要自定义选择的颜色，可以在"选择"下拉列表菜单中选择"取样颜色"选项。

③ 用吸管工具 在需要选择的图像部分单击，观察对话框预视窗中图像的选择情况，白色代表已被选择的部分，白色区域越大表明选择的图像范围越大。

④ 拖动"颜色容差"滑块，直至所有需要选择的图像都在预视窗口中显示为白色（即处于被选中的状态），如图 3.31 所示为"颜色容差"较小时的选择范围，如图 3.32 所示为"颜色容差"较大时的选择范围。

　　　　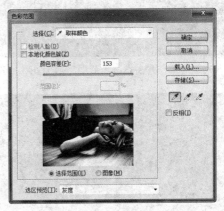

图3.31　较小的选择范围　　　　　　　　图3.32　较大的选择范围

⑤ 如果需要添加其他另一种颜色的选择范围，在对话框中选择 ，并用其在图像中要添加的颜色区域单击，如果要减少某种颜色的选择范围，在对话框中选择 ，在图像中单击。

提示　　按 Shift 键可以切换为吸管加 以增加颜色；按 Alt 键可切换到吸管减 以减去颜色；颜色可从对话框预览图中或图像中用吸管来拾取。

⑥ 如果要保存当前的设置，单击"存储"按钮将其保存为 .axt 文件。

⑦ 如果希望精确控制选择区域的大小，选择"本地化颜色簇"选项，此选项被选中的情况下"范围"滑块将被激活。

⑧ 在对话框的预视区域中通过单击确定选择区域的中心位置，如图 3.33 所示的预视状态表明选择区域位于图像下方，如图 3.34 所示的预视状态表明选择区域位于图像上方。

图3.33　选择区域在下方　　　　　　　　图3.34　选择区域在上方

⑨ 通过拖动"范围"滑块可以改变对话框图预视区域中的光点范围，光点越大则表明选择区域越大，如图 3.35 所示为"范围"值为 30% 时的光点大小及对应的得到的选择区域，如图 3.36 所示为"范围"值为 90% 时的光点大小及对应的得到的选择区域。

图3.35 "范围"值为30%时的光点大小及对应的得到的选择区域

图3.36 "范围"值为90%时的光点大小及对应的得到的选择区域

⑩ 如果要对人脸进行自动选择，需要在"本地化颜色簇"选项选中的状态下，选择"检测人脸"选项，调整"颜色容差"及"范围"参数，此时 Photoshop 将自动识别照片中的人脸，并将其选中，如图 3.37 所示。

提示　"检测人脸"选项是 Photoshop CS6 中新增的功能。

⑪ 由于照片中选中了人物皮肤以外的图像，因此可以选择 🖋 在不希望选中的人物以外的区域单击，以减去这些区域，如图 3.38 所示。

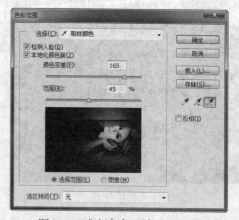

图3.37 检测人脸后选择得到的人物选区　　　图3.38 减去多余区域后的状态

提示　由于减去选择区域，将影响对人物皮肤的选择，因此在操作时要注意平衡二者之间的关系。

⑫ 确认选择完毕后，单击"确定"按钮退出对话框，得到如图 3.39 所示的选区。

图 3.40 所示是使用"曲线"调整命令，然后对选中的皮肤图像进行提亮处理后的状态。

图3.39 创建得到的选区　　　　　　　图3.40 调整后的效果

提示 　本例最终效果为随书所附光盘中的文件"d3z\3-2-4.psd"。

3.3 编辑与调整选区

对现有的选区进行编辑和调整，可以得到新的或更为精确的选区，以提高操作效率，下面讲解编辑和调整选区的方法和命令。

3.3.1 移动选区

要移动选区的位置，可以按下述步骤进行。

① 在图像中绘制选区。

② 将光标放在绘制的选择区域内。

③ 待光标的形状将要变为 ▶ 时，按下鼠标左键拖动选区即可移动选区，此操作过程如图 3.41 所示。

 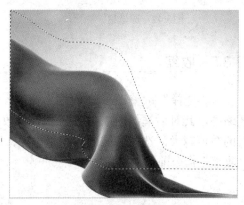

（a）原选择区域　　　　　　　　　（b）向上方拖动后的选择区域

图3.41 移动选区

3.3.2 取消选择区域

当图像中存在选区时，对图像所做的一切操作都被限定在选区中，所以在不需要选区的情况下，一定要将选区取消。取消选择区域有 3 种方法。

- 选择矩形选框工具或套索工具，在图像中单击，即可取消选区。
- 选择"选择"|"取消选择"命令。
- 按快捷键 Ctrl+D。

3.3.3 再次选择刚刚选取的选区

选择"选择"|"重新选择"命令或按快捷键 Shift+Ctrl+D，可重选上次放弃的选区。

3.3.4 反选

如果希望选中当前选区外部的所有区域，可以选择"选择"|"反向"命令。如图 3.42 所示为原选区，如图 3.43 所示为选择"反向"命令后得到的选区。

图3.42 原选区　　　　　　　　　　　　　图3.43 反向后得到的选区

3.3.5 收缩

选择"选择"|"修改"|"收缩"命令，可以将当前选择区域缩小，其对话框如图 3.44 所示。在"收缩量"文本框中输入的数值越大，选择区域的收缩量越大，图 3.45 所示为使用"收缩"命令前后的对比。

图3.44 "收缩选区"对话框

图3.45　收缩前后效果对比图

3.3.6 扩展

选择"选择"|"修改"|"扩展"命令，可以扩大当前选择区域，在"扩展量"文本框中输入的数值越大，选择区域被扩展的越大，如图 3.46 所示为使用"扩展"命令前后的对比。

图3.46　原选区及扩展后的效果

3.3.7 平滑

有一些图像的色彩过渡非常细腻，用魔棒工具 选取时，容易得到很细碎的选区。

选择"选择"|"修改"|"平滑"命令，在弹出的对话框中输入数值，可以平滑此类选区。如图 3.47 所示是用魔棒工具 选择的天空选区及将选区平滑 10 个像素后的效果。

图3.47 原选区及平滑后的效果

3.3.8 边界

选择"选择"|"修改"|"边界"命令，在弹出的对话框中输入数值，可以将当前选区改变为边框化的选区。如图 3.48 所示是扩边选区操作过程及为选区填充颜色后的效果。

（a）原选区　　　　　　　　（b）扩边后的选区　　　　　　　　（c）填充颜色效果

图3.48 边框化选区示例

3.3.9 羽化

在前面所讲述的若干创建选区工具的选项栏中基本都有"羽化"文本框，在此输入数值可以羽化以后将要创建的新选区。

图3.49 "羽化选区"对话框

而对于当前已存在的选区，要进行羽化则必须选择"选择"|"修改"|"羽化"命令，这时弹出如图 3.49 所示的对话框。

在"羽化半径"数值框中输入数值，则可以羽化当前选区的轮廓。数值越大，柔化效果越明显。

3.3.10 调整边缘

创建一个选区，选择"选择"|"调整边缘"命令，或在各个选区绘制工具的工具选项条

上单击"调整边缘"按钮,调出其对话框,如图 3.50 所示。

下面分别讲解"调整边缘"对话框中各个参数的含义。首先,"视图模式"区域中,各参数的解释如下:

- 视图:在此列表中,Photoshop 依据当前处理的图像,生成了实时的预览效果,以满足不同的观看需求。根据此列表底部的提示,按"F"键可以在各个视频之间进行切换,按"X"键即只显示原图。
- 显示半径:选中此选项后,将根据下面所设置的半径数值,仅显示半径范围以内的图像。
- 显示原稿:选中此选项后,将依据原选区的状态及所设置的视图模式进行显示。

"边缘检测"区域中的各参数解释如下:

- 半径:此处可以设置检查检测边缘时的范围。
- 智能半径:选中此选项后,将依据当前图像的边缘自动进行取舍,以获得更精彩的选择结果。

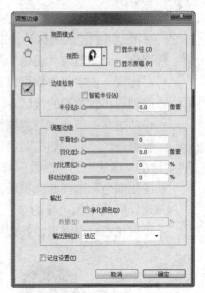

图3.50 "调整边缘"对话框

以图 3.51 所示的选区为例,这是结合套索工具及魔棒工具制作得到的选区,图 3.52 是刚调出"调整边缘"对话框时的预览状态,图 3.53 是设置适当的"半径"数值后得到的效果,图 3.54 是选中"显示半径"选项时的状态。

图3.51 创建选区

图3.52 初始的预览状态

图3.53 设置"半径"数值后的效果

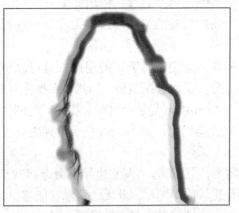

图3.54 显示半径时的状态

"调整边缘"区域中的各参数解释如下：

- 平滑：当创建的选区边缘非常生硬，甚至有明显的锯齿时，使用此选项进行柔化处理。
- 羽化：此参数与"羽化"命令的功能基本相同，都是用来柔化选区边缘的。
- 对比度：设置此参数可以调整边缘的虚化程度，数值越大则边缘越锐化。通常可以帮助创建比较精确的选区。
- 移动边缘：该参数与"收缩"和"扩展"命令的功能基本相同，向左侧拖动滑块可以收缩选区，向右侧拖动可以扩展选区。

"输出"区域中的各参数解释如下：

- 净化颜色：选择此选项后，下面的"数量"滑块被激活，拖动调整其数值，可以去除选择后的图像边缘的杂色。例如图 3.55 所示就是选择此选项并设置适当参数后的效果对比，可以看出，处理后的结果被过滤掉了原有的诸多杂色。

图3.55　净化颜色的前后对比

- 输出到：在此下拉菜单中，可以选择输出的结果。

"工具"区域中的各参数解释如下：

- 缩放工具：使用此工具可以缩放图像的显示比例。
- 抓手工具：使用此工具可以查看不同的图像区域。
- 调整半径工具：使用此工具可以编辑检测边缘时的半径，以放大或缩小选择的范围。
- 抹除调整工具：使用此工具可以擦除部分多余的选择结果。当然，在擦除过程中，Photoshop 仍然会自动对擦除后的图像进行智能优化，如图 3.56 所示得到更好的选择结果。

图3.56　抠图得到的结果

需要注意的是，"调整边缘"命令相对于通道或其他专门用于抠图的软件及方法，其功能还是比较简单的，因此无法苛求它能够抠出高品质的图像，通常可以作为在要求不太高的情况下，或图像对比非常强烈时使用，以达到快速抠图的目的。

3.4 变换选择区域

通过变换选区，可以将现有选区放大、缩小、旋转、拉斜变形。

变换选区仅仅是对选区进行变形操作，并不影响选区中的图像。要变换选区中的图像，要应用 3.5 节所讲述的各个命令。

3.4.1 自由变换

利用调整选择区域的方法，可以对选择区域进行缩放、旋转、镜像等操作。要变换选择区域，可按下述步骤进行。

① 选择"选择"|"变换选区"命令，如图 3.57 所示。
② 选择区域周围出现变换控制句柄。
③ 拖动选区周围的变换控制句柄即可完成对选区的变换操作。

图3.57 选择"变换选区"命令

提示

> 按 Shift 键拖动控制句柄，可保持选择区域边界的高宽比例不变；旋转选择区域的同时按住 Shift 键，将以 15°为增量进行旋转。

3.4.2 精确变换

如果要精确控制变换操作，应该在如图 3.58 所示的工具选项条（选择变换选区命令后会出现）上进行设置。

![工具选项条 X: 749.50 像 Y: 662.00 像 W: 100.00% H: 100.00% △ 0.00 度 H: 0.00 度 V: 0.00 度 插值: 两次立方]

图3.58 工具选项条

在使用工具选项条对选择区域进行精确变换操作时，可以使用工具栏中的参考点设置按钮确定操作参考点。

- 要精确改变选择区域的水平位置，可以分别在"X"、"Y"文本框中输入数值。
- 如果要定位选择区域的绝对水平位置，直接输入数值即可；如果要使输入的数值为相对于原选择区域所在位置移动的一个增量，单击工具选项条中的使用参考点相关定位△按钮，使其处于被按下的状态。
- 要精确改变选择区域的宽度与高度，可以分别在"W"、"H"文本框中输入数值。
- 如果要保持选择区域的宽高比，单击工具选项条中的保持长宽比按钮，使其处于被按下的状态。
- 要精确改变选择区域的角度，需要在"△"文本框中输入角度数值。
- 要改变选择区域水平及垂直方向上的斜切变形度，可以分别在"H"、"V"文本框中输入角度数值。

• 在工具选项条中完成参数设置后，可单击工具选项条提交变换按钮☑️确认，如要取消操作可以单击工具选项条取消变换◎按钮。

图 3.59 所示为处于变换操作状态的选择区域，图 3.60 所示为确认变换操作后的选区。

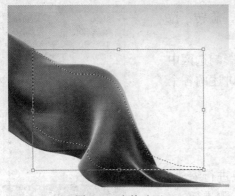

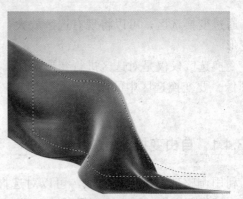

图3.59　变换选区　　　　　　　　　　图3.60　确认变换操作后的效果

3.5　变换图像

变换图像是非常重要的图像编辑手段，通过变换图像可以对图像进行放大、缩小、旋转等操作。

3.5.1　缩放

选择"编辑"|"变换"|"缩放"命令，可以对选区中的图像进行缩放操作。选择此命令将使图像的四周出现变换控制框，如图 3.61 所示。

将光标放于变换控制框中的控制句柄上，待光标显示为↗形时按下鼠标左键拖动控制句柄即可对图像进行缩放，如图 3.62 所示。得到合适的缩放效果后，按回车键确认变换即可。

图3.61　图像四周出现的变换控制框　　　　图3.62　放大图像后其他图像大小不变

提示

　　　如果拖动控制句柄时按住 Shift 键，则可按比例缩放图像。如果拖动控制句柄时按住 Alt 键，则可依据当前操作中心对称地缩放图像。

3.5.2　旋转

选择"编辑"|"变换"|"旋转"命令，可以对选区中的图像进行旋转操作。

与缩放操作类似，选择此命令后当前操作图像的四周将出现变换控制框，将光标放于变换控制框边缘或控制句柄上，待光标转换为"↶"形时，按下鼠标拖动即可旋转图像。

提示　如果拖动时按住 Shift 键，则以 15°为增量对图像进行旋转。

3.5.3　斜切

选择"编辑"|"变换"|"斜切"命令，可以对选区中的图像进行斜切操作。此操作类似于扭曲操作，其不同之处在于：在扭曲变换操作状态下，变换控制框中控制句柄可以按任意方向移动；在斜切变换操作状态下，变换控制框中控制句柄只能在变换控制框边线所定义的方向上移动。

3.5.4　扭曲

选择"编辑"|"变换"|"扭曲"命令，可以对选区中的图像进行扭曲变形操作。

在此情况下图像四周将出现变换控制框，拖动变换控制框中的控制句柄，即可对图像进行扭曲操作。

图 3.63 所示为原图像；图 3.64 所示为通过拖动变换控制框中的控制句柄，对处于选择状态的图像执行扭曲操作的过程；图 3.65 所示为通过将图像扭曲并将被选图像贴入打印纸上的效果。

图3.63　原图像效果　　　　图3.64　扭曲操作中的状态　　　　图3.65　执行扭曲
　　　　　　　　　　　　　　　　　　　　　　　　　　　　　　　　　操作后的效果

3.5.5　透视

通过对图像应用透视变换命令，可以使图像获得透视效果，其操作方法如下所述：

① 打开随书所附光盘中的文件"d3z\3-5-5- 素材 .psd"，如图 3.66 所示，选择"编辑"|"变换"|"透视"命令。

② 将光标移至变换控制控制句柄上，当光标变为一个箭头（▷）时拖动鼠标，即可使

图像发生透视变形。

③ 得到需要的效果后释放鼠标，并双击变换控制框以确认透视操作。

图 3.67 所示效果为使用此命令并结合图层操作，制作出的具有空间透视效果的图像，图 3.68 所示为在变换时的自由变换控制框状态。

图3.66　素材图像

图3.67　制作的透视效果

图3.68　自由变换控制框状态

提示　　执行此操作时应该尽量缩小图像的观察比例，尽量多显示一些图像外周围的灰色区域，以利于拖动控制句柄。本例最终效果为随书所附光盘中的文件 "d3z\3-5-5.psd"。

▶▶▶ 3.5.6　变形图像

变形用于对图像进行更灵活、细致、复杂的变形操作，常用于制作页面折角及翻转胶片等效果。

选择"编辑"|"变换"|"变形"命令即可调出变形网格，同时工具选项条将变为如图 3.69 所示的状态。

图3.69　工具选项条

在调出变形控制框后，可以采用两种方法对图像进行变形操作。

- 直接在图像内部、节点或控制句柄上拖动，直至将图像变形为所需的效果。
- 在工具选项条上的"变形"下拉菜单中选择适当的形状，如图 3.70 所示。

变形工具选项条上的各个参数解释如下。

- 变形：在该下拉菜单中可以选择 15 种预设的变形选项，如果选择自定选项则可以随意对图像进行变形操作。

图3.70 工具选项条中的下拉菜单

提示

在选择了预设的变形选项后，则无法随意对图形控制框进行编辑，而需要在"变形"下拉列表框中选择"自定"选项后才可以继续编辑。

- 在自由变换和变形模式之间切换按钮：单击该按钮可以改变图像变形的方向。
- 弯曲：在此输入正或负数可以调整图像的扭曲程度。
- H、V 文本框：在此输入数值可以控制图像扭曲时在水平和垂直方向上的比例。

下面将通过一个示例讲解变形控制框的使用方法，操作步骤如下。

① 打开随书所附光盘中的文件"d3z\3-5-6- 素材 .psd"，如图 3.71 所示。选择"编辑"|"变换"|"变形"命令，以调出变形控制框，如图 3.72 所示。

图3.71 素材图像

图3.72 调出变形控制框

② 将光标置于右下角角点上，如图 3.73 所示，向左侧拖动至如图 3.74 所示的效果。再光标置于右上角角点处，向左侧拖动至如图 3.75 所示的效果。

③ 按照同样的方法操作，直至得到类似如图 3.76 所示的效果。按 Enter 键确认变形操作，得到如图 3.77 所示的效果。如图 3.78 所示为应用到背景中的效果。

提示

本例最终效果为随书所附光盘中的文件"d3z\3-5-6.psd"。

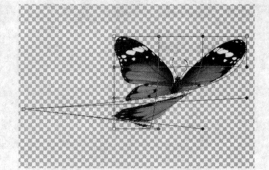

图3.73　光标置于右下角角点处　　　　　　　　图3.74　变形图像

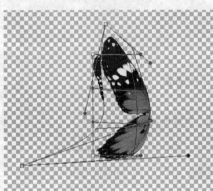

图3.75　变形图像　　　　　　　　　　　图3.76　变形图像

图3.77　变形后的效果　　　　　　　　图3.78　应用到背景中的效果

≫≫≫3.5.7　自由变换

除使用上述各命令进行同类的变换操作外，在 Photoshop 中还可以在自由变换操作状态下进行各类变换操作，自由完成旋转、缩放、透视等操作。

选择"编辑"|"自由变换"命令或按下 Ctrl+T 组合键，可进入自由变换状态。在此状态下配合功能键拖动控制边框的控制句柄即可完成缩放、旋转、扭曲等多种操作。

提示　　　　直接拖动变形控制框的控制句柄可进行旋转、缩放等操作。如需制作透视效果，可按 Ctrl+Alt+Shift 键拖动控制句柄；如需制作扭曲效果，可按 Ctrl 键拖动控制句柄。

3.5.8 再次变换

如果已进行过任何一种变换操作，可以选择"编辑"|"变换"|"再次"命令，以相同的参数值再次对当前操作的图像进行变换操作，使用此命令可以确保两次变换操作效果相同。

例如，如果上一次变换操作是将操作图像旋转 90°，选择此命令则可以对任意操作图像完成旋转 90°的操作。

如果在选择此命令的时候按住了 Alt 键，则可以在对被操作图像进行变换的同时进行复制。下面通过示例讲解此操作。

① 打开随书所附光盘中的文件"d3z\3-5-8- 素材 .psd"，其效果及"图层"面板如图 3.79 所示。

图3.79　素材图像及其"图层"面板状态

② 按住 Ctrl 键单击"图层 1"，调出其选区。

③ 按 Ctrl+T 键调出自由控制框，将控制框的旋转中心点移至如图 3.80 所示的位置。

④ 在工具选项条中设置高度和宽度的缩放值为 90%，旋转角度为 36°，得到如图 3.81 所示的效果。

⑤ 按回车键确认变换操作，再按 Ctrl+Z 键后退一步到变换前的状态，确认选区没有被取消，然后按住 Ctrl+Alt+Shift+T 键执行再次变换操作 40 次，按 Ctrl+D 键取消选区，得到如图 3.82 所示的最终效果。

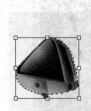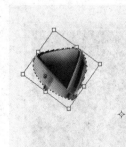

图3.80　移动旋转中心点　　图3.81　精确设置旋转和缩放值后的效果　　图3.82　得到的最终效果

 本例最终效果为随书所附光盘中的文件"d3z\3-5-8.psd"。

提示

▶▶ 3.5.9　翻转操作

翻转图像也是图像操作中的一项常规操作，分别选择"编辑"|"变换"|"旋转180°"、"旋转90°（顺时针）"或"旋转90°（逆时针）"命令，可以将操作图像旋转180°、按顺时针方向旋转90°或按逆时针方向旋转90°。

选择"编辑"|"变换"|"水平翻转"、"垂直翻转"命令，可分别以经过图像中心点的垂直线为轴水平翻转图像，或以经过图像中点的水平线为轴垂直翻转图像。

如图 3.83 所示为原图像，如图 3.84 所示为垂直翻转后的效果，如图 3.85 所示为对垂直翻转的图像执行水平翻转后的效果。

图3.83　原图像　　　　　图3.84　垂直翻转后的效果　　　　图3.85　对垂直翻转的图像执行水
　　　　　　　　　　　　　　　　　　　　　　　　　　　　　　　　　平翻转后的效果

▶▶ 3.5.10　使用内容识别比例变换

使用内容识别比例变换功能对图像进行缩放处理,可以在不更改图像中重要可视内容（如人物、建筑、动物等）的情况下调整图像大小。

图 3.86 所示为原素材，图 3.87 所示为使用常规变换缩放操作的结果，图 3.88 所示为使用内容识别比例变换对图像进行垂直放大操作后的效果，可以看出来原图像中的人像基本没有受到影响。

图3.86　原素材　　　　　图3.87　常规缩放效果　　　图3.88　使用内容识别比例变换的效果

　　此功能不适用于处理调整图层、图层蒙版、各个通道、智能对象、3D 图层、视频图层、图层组，
或者同时处理多个图层。

提示

此功能的使用方法如下所述。

① 选择要缩放的图像后，选择"编辑"|"内容识别比例"命令。

② 在如图 3.89 所示的工具选项条中设置相关选项。

图3.89　内容识别比例工具选项条

- 数量：在此可以指定内容识别缩放与常规缩放的比例。
- 保护：如果要使用 Alpha 通道保护特定区域，可以在此选择相应的 Alpha 通道。
- 保护肤色按钮：如果试图保留含肤色的区域，可以单击选中此按钮。

③ 拖动围绕在被变换图像周围的变换控制框，则可得到需要的变换效果。

3.5.11　操控变形

　　"操控变形"功能，它提供了更丰富的网格，用于进行更精细的图像变形处理，下面通过一个实例讲解其使用方法。

① 打开随书所附光盘中的文件"d3z\3-5-11- 素材 .psd"，如图 3.90 所示，对应的"图层"面板如图 3.91 所示，其中"组 1"里的图层是用于将 2 棵树抠选出来，并将原来的树修除的图层，读者可以尝试制作，由于并非本例讲解的重点，因此不再详细说明。

图3.90　素材图像

图3.91　"图层"面板

② 选择"编辑"|"操控变形"命令，可调出类似如图 3.92 所示的变形网格（为便于观看，笔者暂时隐藏了"图层 2"），此时的选项条参数如图 3.93 所示。

"操控变形"命令选项条的参数介绍如下：

- 模式：在此下拉菜单中，选择不同的选项，变形的程度也各不相同。
- 浓度：在此可以选择网格的密度。越密的网格占用的系统资源就越多，但变形也越精确，在实际操作时应注意根据情况进行选择。
- 扩展：在此输入数值，可以设置变形风格相对于当前图像边缘的距离，该数值可以为负数，即可以向内缩减图像内容。
- 显示网格：选中此选项时，将在图像内部显示网格，反之则不显示网格。
- 将图钉前移按钮：单击此按钮可以将当前选中的图钉向前移一个层次。

- 将图钉后移按钮█：单击此按钮可以将当
  前选中的图钉向后移一个层次。
- 旋转：在此下拉菜单中选择"自动"选项，
  可以手工拖动图钉以调整其位置，如果在
  后面的输入框中输入数值，则可以精确定
  义图钉的位置。
- 移去所有图钉按钮█：单击此按钮可以清
  除当前添加的图钉，同时还会复位当前所
  做的所有变形操作。

图3.92 变形网格

图3.93 "操控变形"命令的选项条

③ 在调出变形网格后，光标将变为"✦"状态，此时在变形网格内部单击即可添加图钉，
  用于编辑和控制图像的变形，如图 3.94 所示。

④ 拖动中间位置的图钉，以对树进行变形，如图 3.95 所示。

图3.94 添加图钉

图3.95 变形树

⑤ 按照前面的方法，继续添加图钉并变形树图像，直至得到类似如图 3.96 所示的效果。
  确认变形完成之后，可以按 Enter 键确认操作。

⑥ 按照②～⑤的方法，显示"图层 2"并对该图层中的树添加图钉并变形，直至得到
  如图 3.97 所示的最终效果。

图3.96 变形完成一棵树

图3.97 对变形进行校正处理

提示
在进行操控变形时，可以将当前图像所在的图层，转换成为智能对象图层，这样我们所做的操控变形就可以记录下来，以供下次继续进行编辑。本例最终效果为随书所附光盘中的文件"d5z\3-5-11.psd"。

3.6 修剪图像及显示全部图像

3.6.1 修剪

除了使用工具箱中的裁剪工具 进行裁切操作外，Photoshop 还提供了有较多选择条件的裁切方法，即"图像"|"裁切"命令。

使用此命令可以裁切图像的空白边缘，选择该命令后，将弹出"裁切"对话框，如图 3.98 所示。

使用此命令首先需要在"基于"选项控制区选择一种裁切方式，以确定基于某个位置进行裁切。

- 选择"透明像素"选项，则按图像中有透明像素的位置为基准进行裁切。
- 如选择"左上角像素颜色"选项，则按图像左上角位置为基准进行裁切。
- 若选择"右下角像素颜色"选项，则按图像右下角位置为基准进行裁切。

在"裁切"控制区可以选择裁切的方位，其中有"顶"、"左"、"底"、"右"4 个复选项，如果仅选择某一项，如"顶"复选项，则在裁切时从图像顶部开始向下裁切，而忽略其他方位。

如图 3.99 所示为原图像，如图 3.100 所示为使用此命令得到的效果，可以看出图像四周的透明区域已被修剪去。

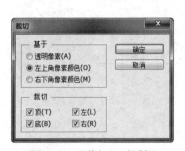

图3.98 "裁切"对话框　　图3.99 原图像　　图3.100 修整后的效果

3.6.2 显示全部

在某些情况下,图像的部分会处于画布的可见区域外,如图 3.101 所示。选择"图像"|"显示全部"命令,可以扩大画布从而使处于画布可见区域外的图像完全显示出来,如图 3.102 所示为使用此命令后完全显示的图像。

图3.101　未显示完全的图像

图3.102　显示完全的图像

习　题

一、选择题

1. 应用变换控制框可以对选择范围进行哪些编辑？（　　　）

A. 缩放　　　　　　B. 变形　　　　　　C. 不规则形状变形　　D. 旋转

2. 应用变换选区命令可以对选择范围进行哪些编辑？（　　　）

A. 缩放　　　　　　B. 变形　　　　　　C. 不规则变形　　　　D. 旋转

3. 在绘制选区时，按住什么功能键可以加选选区？（　　　）

A. Alt　　　　　　B. Shift　　　　　　C. Ctrl　　　　　　D. Tab

4. 要在自动识别图像的情况下变换图像，可以按（　　　）功能键。

A. Ctrl+Alt+Shift+C 键　　　　　　B. Ctrl+Alt+Shift+T 键

C. Ctrl+Alt+ C 键　　　　　　　　D. Ctrl+Alt+ T 键

5. 在对图像进行变形处理时，可以应用哪些命令？（　　　）

A. 操控变形　　　　B. 变形　　　　　　C. 缩放　　　　　　D. 透视

二、填空题

1. 不规则选区可由 3 种套索工具创建：＿＿＿、多边形套索工具、＿＿＿。

2. 在 Photoshop 中修改选区，可以选择 ＿＿＿、＿＿＿、扩展、＿＿＿ 和 ＿＿＿。

三、简答题

1. 相似选区与扩大选区有哪些不同点？

2. 变换图像共有哪几种方式？

3. 按住 Alt 键执行变换操作的优点是什么？

4. "羽化"参数的作用是什么？如何使用？

5. 变换选区与变换图像的区别是什么？

6. 如何对图像进行精确变换操作？

7. 魔棒工具 与 "色彩范围" 命令的区别是什么？

8. 当在设置"羽化"参数时会弹出如图 3.103 所示的"警告框"，其意义是什么？单击确定后将看不到任何选区，此时填充颜色会布满整个画布吗？为什么？

图3.103　 "警告框"

第 4 章

掌握绘画及编辑功能

本章主要讲解 Photoshop 的绘画及图像编辑、润饰功能，其中包括对画笔工具的深入讲解与广泛示例，使用渐变工具创建各类渐变效果的方法，使用选区进行描边填充的方法，除此之外，还讲解了 3 个用于纠正错误操作的工具，5 个用于纠正错误的命令及用于纠正错误的"历史记录"面板。

上述工具及命令的使用频率都非常高，因此建议各位读者认真学习这些工具与命令使用方法。

- 选色与绘图工具
- "画笔"面板
- 渐变工具
- 用选区作图
- 图章工具
- 模糊、锐化、涂抹工具
- 纠正错误
- 修复工具

4.1 选色与绘图工具

就像画画一样，画笔再好，没有墨水，什么也画不出来。使用 Photoshop 绘画也是一样，首先应该了解使用的颜色和画笔的基本状况。

4.1.1 选色

在 Photoshop 中的选色操作包括选择前景色与背景色。选择前景色和背景色非常重要，Photoshop 使用前景色绘画、填充和描边选区等，使用背景色生成渐变填充并在图像的抹除区域中填充。有一些特殊效果滤镜也使用前景色和背景色。

在工具箱中可设置前景色和背景色，工具箱下方的颜色选择区由设置前景色、设置背景色、切换前景色和背景色按钮 及默认前景色和背景色按钮 组成，如图 4.1 所示。

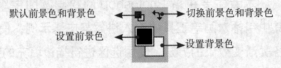

图4.1 前景色和背景色设置

- 切换前景色和背景色按钮 ：单击该按钮可交换前景色和背景色的颜色。
- 默认前景色和背景色按钮 ：单击该按钮可恢复为前景色为黑色，背景色为白色的默认状态。

无论单击前景色颜色样本块还是背景色颜色样本块，都可以弹出"拾色器"对话框，图 4.2 所示为单击前景色弹出的对话框。

在"拾色器"对话框中颜色区单击任何一点即可选取一种颜色，如果拖动颜色条上的三角形滑块，可以选择不同颜色范围中的颜色。

如果正在设计网页，则可能需要选择网络安全颜色。要选择网络安全颜色，可在"拾色器"中选择"只有 Web 颜色"选项，在该选项被选中的情况下，"拾色器"显示如图 4.3 所示，在此状态下可直接选择能正确显示于互联网中的颜色。

图4.2 "拾色器"

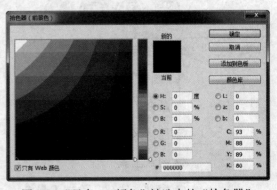

图4.3 "只有Web颜色"被选中的"拾色器"

4.1.2　画笔工具

画笔工具![画笔]是 Photoshop 中最重要的绘图工具，使用此工具能够完成复杂的绘画制作。

在使用画笔工具![画笔]进行工作时，需要注意的操作要点有两个，即需要选择正确的前景色及正确的画笔工具选项或参数。

对于选择前景色，在 4.1.1 节中已经有较为详细的讲解了，下面讲解如何设置工具的选项或参数。

在工具箱中选择画笔工具![画笔]，工具选项条将显示如图 4.4 所示，在此可以选择画笔的笔刷类型并设置作图透明度及叠加模式。

图4.4　画笔工具选项条

单击工具选项条中画笔右侧的三角形按钮![按钮]，在弹出的如图 4.5 所示的"画笔"面板中选择需要的笔刷。Photoshop 内置的笔刷效果非常丰富，使用这些笔刷能够绘制出不同效果的图像，如图 4.6 所示为 Photoshop 内置的笔刷效果，图 4.7 所示为使用不同的笔刷绘制出的不同效果。

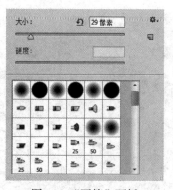

图4.5　"画笔"面板

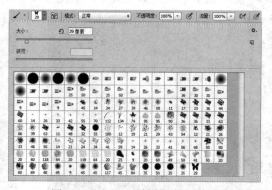

图4.6　Photoshop内置的笔刷效果

图4.7　使用不同的笔刷绘制出的不同效果

单击工具选项条中"模式"下拉菜单按钮![按钮]，选择使用画笔工具![画笔]作图时所使用的颜色与底图的混合效果，有关各种模式的解释请参阅本书第 8.9 节。

在"不透明度"文本框中输入百分数或单击右侧![按钮]按钮调节三角形滑块，设置绘制图形的透明度。百分比数值越小在绘制时得到的图像的颜色越淡，如图 4.8 所示为设置不同画笔不透明度数值后为国画中的蟠桃着色的过程。

| （a）不透明度为20% | （b）不透明度为50% | （c）不透明度为100% |

图4.8　选择不同的不透明度为蟠桃着色

启用喷枪功能 按钮可将画笔的工作状态转换为喷枪绘图状态，在此绘图状态下使用画笔工具 能绘制出笔刷堆集的效果，如图 4.9 所示。

（a）未选中喷枪工具绘制的效果　　　　　　（b）选中喷枪工具后绘制的效果

图4.9　喷枪工具操作示例

在使用绘图板进行涂抹时，选中绘图板压力控制画笔尺寸按钮 后，可以依据给予绘图板的压力控制画笔的尺寸。

在使用绘图板进行涂抹时，选中绘图板压力控制画笔透明按钮 后，可以依据给予绘图板的压力控制画笔的不透明度。

4.1.3　铅笔工具

铅笔工具 用于绘制边缘较硬的线条，此工具的选项栏如图 4.10 所示。

图4.10　选择铅笔工具的工具选项条

铅笔工具 ✏ 选项栏中的选项与 "画笔" 工具选项条的选项非常相似，不同之处是在此工具被选中的情况下，"画笔" 面板中所有笔刷均为硬边，如图 4.11 所示。

图4.11 铅笔工具的 "画笔" 面板

- 自动抹除：在此复选项被选中的情况下进行绘图时，如绘图处不存在使用铅笔工具 ✏ 所绘制的图像，则此工具的作用是以前景色绘图。反之，如果存在以前使用铅笔工具 ✏ 所绘制的图像，则此工具可以起到擦除图像的作用。

- 绘图板压力控制画笔尺寸按钮 ✍：在使用绘图板进行涂抹时，选中此按钮后，可以依据给予绘图板的压力控制画笔的尺寸。

- 绘图板压力控制画笔透明按钮 ✍：在使用绘图板进行涂抹时，选中此按钮后，可以依据给予绘图板的压力控制画笔的不透明度。

4.1.4 颜色替换工具

颜色替换工具 ✍ 用于替换图像中某种区域的颜色，其工具选项条如图 4.12 所示，其选项内容与画笔相同。

图4.12 工具选项条

4.1.5 混合器画笔工具

混合器画笔工具 ✍ 可以模拟绘画的笔触进行艺术创作，如果配合手写板进行操作，将会变得更加自由、更像在自己的画板上绘画，其工具选项条如图 4.13 所示。

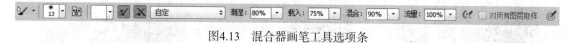

图4.13 混合器画笔工具选项条

下面讲解各参数的含义。

- 当前画笔载入：在此可以重新载入或者清除画笔。在此下拉菜单中选择 "只载入纯色" 命令，此时按住 Alt 键将切换至吸管工具 ✏ 吸取要涂抹的颜色，如果没有选中此命令，则可以像仿制图章工具 ▲ 一样,定义一个图像作为画笔进行绘画。直接单击此缩览图，可以调出 "拾色器（混合器画笔颜色）" 对话框，选择一个要绘画的颜色。

- 每次描边后载入画笔按钮 ✍：选中此按钮后，将可以自动载入画笔。

- 每次描边后清理画笔按钮 ✕：选中此按钮后，将可以自动清理画笔，也可以将其理解成为画家绘画一笔之后，是否要将画笔洗干净。

- 画笔预设：在此下拉菜单中选择多种预设的画笔，选择不同的画笔预设，可自动设置后面的 "潮湿"、"载入" 以及 "混合" 等参数。

- 潮湿：此参数可控制绘画时从画布图像中拾取的油彩量。例如图 4.14 所示是原始图像，图 4.15 所示是分别设置此参数为 0 和 100 时的不同涂抹效果。
- 载入：此参数可控制画笔上的油彩量。
- 混合：此参数可控制色彩混合的强度，数值越大混合的越多。

例如图 4.16 所示为原图像，图 4.17 所示是使用混合器画笔工具 ⊠ 涂抹后的效果，图 4.18 所示是仅显示涂抹内容时的状态。

图4.14 原图像

图4.15 分别设置"潮湿"数值为0和100时的涂抹效果

图4.16 原图像

图4.17 绘画效果

图4.18 仅显示涂抹内容时的状态

4.2 "画笔"面板

在"画笔"面板中，可以为画笔设置"形状动态""散布""纹理"等，使画笔笔触能够绘制出丰富的随机效果。能够在"画笔"面板中设置笔触效果的工具有画笔工具 ☑、铅笔工具 ☑、修复画笔工具 ☑、橡皮擦工具 ☑、仿制图章工具 ☑、涂抹工具 ☑ 等，"画笔"面板在 Photoshop 的绘画功能中具有极其重要的作用。

>> 4.2.1 认识"画笔"面板

要显示"画笔"面板，可以在上述工具被选中的情况下，在工具选项条中单击切换画笔面板按钮 ，或直接按 F5 键。在默认情况下"画笔"面板显示如图 4.19 所示。

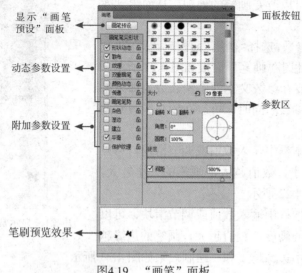

图4.19 "画笔"面板

下面是一些有关"画笔"面板的基本使用方法。

* 单击"画笔预设"按钮，单击此按钮可以调出"画笔预设"面板。
* 单击"画笔"面板右上角的面板按钮 ，在弹出的菜单中可对画笔进行简单的控制。弹出的菜单如图 4.20 所示。
* 动态参数设置：在该区域中列出了可以设置动态参数的选项，其中包含"画笔笔尖形状""形状动态""散布""纹理""双重画笔""颜色动态""传递"和"画笔笔势"8 个选项。

图4.20 "画笔"面板下拉菜单

* 附加参数设置：在该区域中列出了一些选项，选择它们可以为画笔增加杂色及湿边等效果。
* 参数区：该区域中列出了与当前所选的动态参数相对应的参数，在选择不同的选项时，该区域所列的参数也不相同。
* 笔刷预览效果：在该区域可以看到根据当前的画笔属性生成的预览图。
* 切换实时笔尖画笔预览按钮 ：选中此按钮后，默认情况下将在画布的左上方显示笔刷的形态。需要注意的是，必须启用"使用图形处理器"选项才能使用此功能。
* 打开预设管理器按钮 ：单击此按钮将可以调出画笔的"预设管理器"对话框，用于管理和编辑画笔预设。
* 创建新画笔按钮 ：单击此按钮，可以将当前选择的画笔定义为一个新画笔。

>> 4.2.2 选择画笔

在"画笔"面板的显示预设画笔区列有各种画笔，要选择一种画笔，只需在预设区中单击要选择的画笔即可。

>>>4.2.3 编辑画笔的常规参数

基本上"画笔"面板中的每一种画笔都有数种属性
可以编辑，其中包括"大小""角度""间距""圆度"，
通过编辑这些参数，可以改变画笔的外观，从而得到效
果更为丰富的画笔。

要编辑上述常规参数，选择"画笔"面板参数区的"画
笔笔尖形状"选项，此时"画笔"面板如图 4.21 所示。

拖动相应的滑块或在参数文本框中输入数值即可编
辑上述参数，在调节参数的同时，可以在预视区观察调
节后的效果。

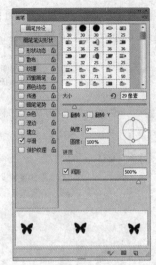

图4.21　显示常规参数的"画笔"面板

- 大小：在该文本框中输入数值或调节滑块，可以
  设置画笔的大小，数值越大，画笔的大小越大，
  绘制效果如图 4.22 所示。
- 硬度：在该文本框中输入数值或调节滑块，可以
  设置画笔边缘的硬度，数值越大，画笔的边缘越
  清晰，数值越小边缘越柔和，绘制效果如图 4.23 所示。

图4.22　画笔大小

图4.23　画笔硬度

- 间距：在该文本框中输入数值或
  调节滑块，可以设置绘图时组成
  线段的两点间的距离，数值越大
  间距越大。
- 将画笔的"间距"设置成为一个
  足够大的数值，则可以得到如图
  4.24 所示的点线效果。
- 圆度：在该文本框中输入数值，
  可以设置画笔的圆度。数值越大，
  画笔越趋向于正圆或画笔在定义
  时所具有的比例。

图4.24　点线效果

- 角度：在该文本框中直接输入数值，则可以设置画笔旋转的角度。对于圆形画笔，仅
  当"圆度"数值小于 100% 时，才能够看出效果。

图 4.25 所示为圆形画笔角度相同，圆度不同时绘制的对比效果；图 4.26 所示为非圆形
画笔角度相同，圆度不同时绘制的对比效果。

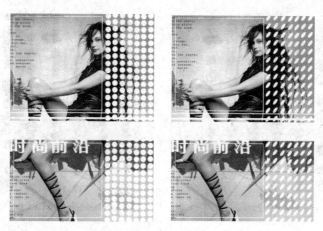

图4.25　圆形画笔绘图对比效果

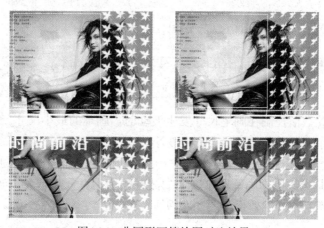

图4.26　非圆形画笔绘图对比效果

4.2.4　编辑画笔的动态参数

选择"形状动态"复选框后，"画笔"面板如图 4.27 所示。在下面的示例中使用的是一个酒瓶形状的画笔。

- 大小抖动：此参数控制画笔在绘制过程中尺寸的波动幅度，百分数越大，波动的幅度越大，绘制效果如图 4.28 所示。

"大小抖动"选项下方的"控制"选项用于控制画笔波动的方式，其中包括"关""渐隐""钢笔压力""钢笔斜度""光笔轮"等 5 种方式。选择"关"选项后在绘图过程中画笔尺寸始终波动，选择"渐隐"后可以在其后面的文本框中输入一个数值，以确定尺寸波动的步长值，到达此步长值后波动随即结束。

图4.27　选择"动态形状"选项时的"画笔"面板

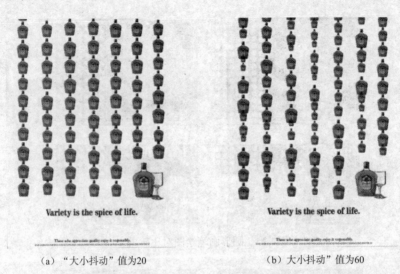

（a）"大小抖动"值为20 　　　　　（b）大小抖动"值为60

图4.28　"大小抖动"数值示意图

提示

由于"钢笔压力""钢笔斜度""光笔轮"3种方式都需要压感笔的支持，因此如果没有安装此硬件，在"控制"下拉列表框的左侧将显示一个叹号 <u>▲ 控制： 钢笔压力 ▲</u> 。

- 最小直径：此数值控制在画笔尺寸发生波动时，画笔的最小尺寸。百分数越大发生波动的范围越小，波动的幅度也会相应变小。
- 圆度抖动：此参数控制画笔笔迹在圆度上的波动幅度。百分数越大，波动的幅度也越大。
- 角度抖动：此参数控制画笔在角度上的波动幅度，百分数越大，波动的幅度也越大，画笔显得越紊乱，绘制效果如图 4.29 所示。

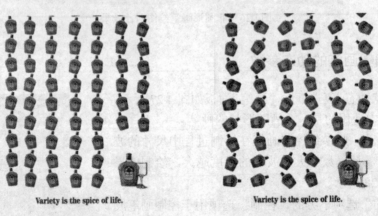

（a）"角度抖动"值为0，"圆度抖动"值为0　（b）"角度抖动"值为100，"圆度抖动"值为20

图4.29　"角度抖动"数值示意图

- 最小圆度：此数值控制画笔笔迹在圆度发生波动时，画笔的最小圆度尺寸值，百分数越大发生波动的范围越小，波动的幅度也会相应变小。
- 画笔投影：在选中此选项后，并在"画笔笔势"选项中设置倾斜及旋转参数，可以在绘图时得到带有倾斜和旋转属性的笔尖效果。

4.2.5 分散度属性参数

图4.30 选择"散布"选项的"画笔"面板

在"画笔"面板中选择"散布"复选框后"画笔"面板如图 4.30 所示。下面示例使用的是一个文字形状的画笔。

- 散布：此参数控制使用画笔笔划的偏离程度，百分数越大，偏离的程度越大，绘制效果如图 4.31 所示。
- 两轴：选择此复选框，笔迹在 X 和 Y 两个轴向上发生分散，如果不选择此复选框，则只在 X 轴上发生分散。
- 数量：此参数控制画笔笔迹的数量，数值越大画笔笔迹越多。
- 数量抖动：此参数控制画笔笔迹数量的波动幅度，百分数越大，画笔笔迹的数量波动幅度越大，绘制效果如图 4.32 所示。

（a）"散布"值为15　　　　　（b）"散布"值为200

图4.31 "散布"数值示意图

（a）"数量"值为1，"数量抖动"值为0　　（b）"数量"值为1，"数量抖动"值为100

图4.32 "数量抖动"数值示意图

>>> 4.2.6 纹理效果

在"画笔"面板的参数区选择"纹理"复选框，可以在绘制时为画笔的笔迹叠加一种纹理，从而在绘制的过程中应用纹理效果。在此复选框被选中的情况下，"画笔"面板如图 4.33 所示。

纹理选择下拉列表

图4.33 选择"纹理"时的"画笔"面板

- 选择纹理：要使用此效果，必须在"画笔"面板上方的纹理选择下拉列表中选择合适的纹理效果，此下拉列表中的纹理均为系统默认或由用户创建的纹理。
- 缩放：拖动滑块或在文本框中输入数值，可以定义所使用的纹理的缩放比例。
- 模式：在此可从 10 种预设模式中选择其中的某一种，作为纹理与画笔的叠加模式。
- 深度：此参数用于设置所使用的纹理显示时的浓度，数值越大纹理的显示效果越好，反之纹理效果越不明显。
- 最小深度：此参数用于设置纹理显示时的最浅浓度，参数越大纹理显示效果的波动幅度越小。例如"最小深度"参数的设置值为 80%，而"深度"参数值为 100%，两者间的波动范围幅度仅有 20%。
- 深度抖动：此参数用于设置纹理显示浓淡度的波动程度，数值越大波动的幅度也越大。

>>> 4.2.7 画笔笔势

在 Photoshop CS6 中，在"画笔"面板中新增了"画笔笔势"选项，当使用光笔或绘图笔进行绘画时，在此选项中可以设置相关的笔势及笔触效果。

>>> 4.2.8 硬毛刷画笔

硬毛刷画笔可以控制硬毛刷上硬毛的数量，以及硬毛的长度等，从而改变绘画的效果。在默认情况下，在"画笔"面板中就已经显示了一部分该画笔，选择此画笔后，会在"画笔笔尖形状"区域中显示对应的参数控制，如图 4.34 所示。

下面分别介绍关于硬毛刷画笔的相关参数功能。

- 形状：在此下拉菜单中可以选择硬毛刷画笔的形状，图 4.35 所示是在其他参数不变的情况下，分别设置其中 5 种形状后得到的绘画效果。
- 硬毛刷：此参数用于控制当前笔刷硬毛的密度。
- 长度：此参数用于控制每根硬毛的长度。
- 粗细：此参数用于控制每根硬毛的粗细，最终决定了整个笔刷的粗细。
- 硬度：此参数用于控制硬毛的硬度。越硬绘画得到的结果越淡、越稀疏，反之则越深、越浓密。
- 角度：此参数用于控制硬毛的角度。

图4.34 选择硬毛刷画笔后的"画笔"面板　　　　　　图4.35 几种画笔形状

▶▶ 4.2.9 新建画笔

Photoshop 具有自定义画笔的功能，下面以将文字定义为画笔的示例讲解其操作方法。

① 输入要定义的文字或打开有需要定义为画笔的文字的图像，选择矩形选框工具 框选文字（如果要将图像定义为画笔则应该选择图像），如图 4.36 所示。

② 选择"编辑"|"定义画笔预设"命令。

③ 在弹出的对话框中输入新画笔的名称，如图 4.37 所示，单击"确定"按钮。

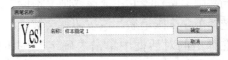

图4.36 选择要定义画笔的对象　　　　　　图4.37 "画笔名称"对话框

此时新画笔被添加在"画笔预设"面板中，如图 4.38 所示，应用后的效果如图 4.39 所示。

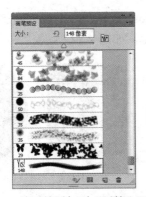

图4.38 将画笔添加到"画笔"面板中　　　　　　图4.39 画笔应用后的效果

>>> 4.2.10 "画笔预设"面板

"画笔预设"面板主要用于管理 Photoshop 中的各种画笔，如图 4.40 所示，图 4.41 所示是单击此面板右上角的面板按钮 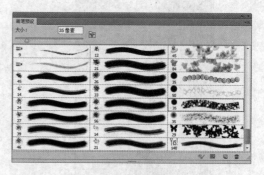 调出的面板菜单，在此可以对画笔进行更多的管理和控制。

"画笔预设"面板及其面板菜单中的参数解释如下。

图4.40 "画笔预设"面板

- 画笔管理：在此区域可以创建、重命名及删除画笔。

- 视图管理：此处可以设置画笔显示的缩览图状态。

- 预设管理：在此区域可以进行载入、存储等画笔管理操作。

- 切换实时笔尖画笔预览按钮 ✍ ：选中此按钮后，默认情况下将在画布的左上方显示笔刷的形态，必须启用"使用图形处理器"选项使用此功能。

- 打开预设管理器按钮 ▦ ：单击此按钮将可以调出画笔的"预设管理器"对话框，用于管理和编辑画笔预设。

- 创建新画笔按钮 ▣ ：单击该按钮，在弹出的对话框中单击"确定"按钮，按当前所选画笔的参数创建一个新画笔。

- 删除画笔按钮 🗑 ：在选择"画笔预设"选项的情况下，选择了一个画笔后，该按钮就会被激活，单击该按钮，在弹出的对话框中单击"确定"按钮即可将该画笔删除。

图4.41 "画笔预设"面板菜单

4.3 渐变工具

渐变工具 ▣ 用于创建不同色间的混合过渡，在 Photoshop CS6 中可以创建 5 类渐变，即线性渐变、径向渐变、角度渐变、对称渐变、菱形渐变，如图 4.42 所示。

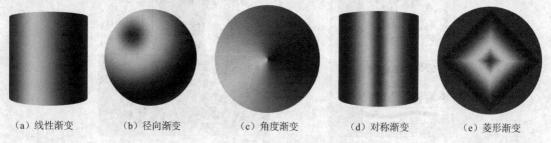

（a）线性渐变　　　（b）径向渐变　　　（c）角度渐变　　　（d）对称渐变　　　（e）菱形渐变

图4.42　不同渐变工具创建的渐变效果

在工具箱中选择渐变工具 后，工具选项条显示如图 4.43 所示。

渐变工具 的使用方法较为简单，其操作步骤如下。

① 在工具箱中选择渐变工具 。

② 在工具选项条 的 5 种渐变类型中选择需要的渐变类型。

③ 单击渐变效果框下拉菜单按钮，在弹出的如图 4.44 所示的"渐变类型"面板中选择需要的渐变效果。

图4.43 渐变工具选项条

④ 设置渐变工具 的工具选项条中的"模式""不透明度"等选项。

⑤ 在图像中拖动，即可得到渐变效果。

下面分别介绍工具选项条中的各个选项。

图4.44 "渐变类型"面板

- 模式：选择其中的选项可以设置渐变颜色与底图的混合模式，关于各混合模式的详细讲述请参阅本书关于图层的章节。

- 不透明度：在此输入百分比数可设置渐变的不透明度，数值越大渐变越不透明，反之越透明。如图 4.45 所示为"不透明度"为 40％时的渐变效果，图 4.46 所示为"不透明度"为 100％时的渐变效果。

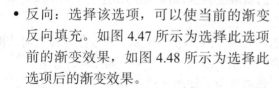

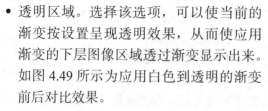

图4.45 不透明度为40％时的渐变效果

图4.46 不透明度为100％时的渐变效果

- 反向：选择该选项，可以使当前的渐变反向填充。如图 4.47 所示为选择此选项前的渐变效果，如图 4.48 所示为选择此选项后的渐变效果。

- 透明区域。选择该选项，可以使当前的渐变按设置呈现透明效果，从而使应用渐变的下层图像区域透过渐变显示出来。如图 4.49 所示为应用白色到透明的渐变前后对比效果。

图4.47 原渐变效果　　图4.48 反向渐变效果

图4.49 应用透明渐变前后的对比效果

>>> **4.3.1 创建实色渐变**

单击工具选项条中的渐变效果显示框，弹出如图 4.50 所示的"渐变编辑器"对话框。在此对话框中可以创建新的实色渐变类型。

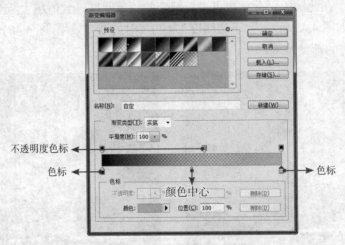

图4.50 "渐变编辑器"对话框

下面以创建一个颜色渐变为"灰-白-灰"的新渐变为例，讲解如何创建一个新的实色渐变，其操作步骤如下。

① 在工具选项条中单击渐变效果显示框，如图 4.51 所示，显示"渐变编辑器"对话框。

② 在颜色条的下方中间处单击鼠标，在颜色条上添加一个色标，如图 4.52 所示。

③ 单击左下角的色标使该色标上方的三角形变灰，如图 4.53 所示。

④ 单击"颜色"色块，如图 4.54 所示，在弹出的颜色选择器中选择灰色。

⑤ 重复③、④所述的方法，定义中点与终点处色标的颜色。

⑥ 完成渐变颜色设置后，在"名称"文本框中输入渐变的名称。

⑦ 单击"新建"按钮，此时"渐变编辑器"如图 4.55 所示。

⑧ 单击"确定"按钮退出该对话框，新创建的渐变自动处于被选中状态。

应用此渐变后得到的效果如图 4.56 所示。

图4.51 单击渐变效果显示框

图4.52 选择一种渐变

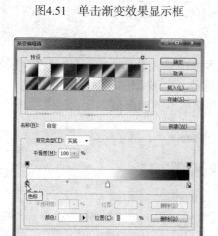

图4.53 单击起始点处的颜色色标

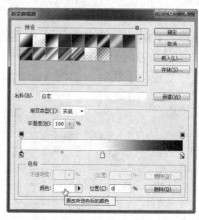

图4.54 单击"颜色"色块

图4.55 新渐变

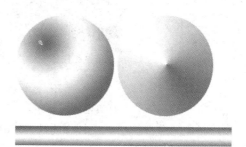

图4.56 "灰—白—灰"渐变应用效果

▶▶4.3.2 创建透明渐变

在 Photoshop CS6 中除可创建不透明的实色渐变外，还可以创建具有透明效果的渐变。在此以创建一个棱型的渐变为例，讲解创建一个具有透明效果的渐变，其操作步骤如下。

① 按上例所述方法进行操作，创建多色的实色渐变，如图 4.57 所示。

② 在渐变条中单击右侧的黑色不透明度色标，如图 4.58 所示，以调整不透明度色标。

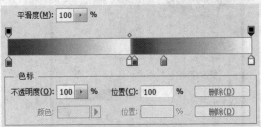

图4.57　创建的实色渐变　　　　　　　　　图4.58　增加不透明色标

提示　　在"渐变编辑器"对话框中，渐变类型各色标值从左至右分别为 2989cc、ffffff、906a00、d99f00 和 ffffff。

③ 在该色标处于选中状态下，在不透明度文本框中输入数值 32，以将此滑块所对应的位置定义为透明，如图 4.59 所示；再将光标移至需要添加不透明度色标的位置，当光标变成小手状时，如图 4.60 所示，单击并调整不透明度值。

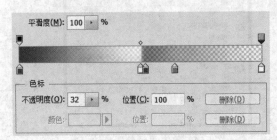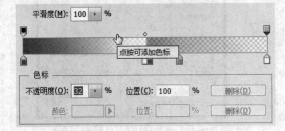

图4.59　改变色标的不透明度　　　　　　　　图4.60　调整不透明度值

④ 图 4.61 为按上一步的操作方法添加其他不透明度色标后的状态。单击"确定"按钮退出该对话框即可。

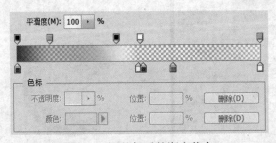

图4.61　调整好后的渐变状态

提示　　在"渐变编辑器"对话框中，不透明度色标值从左至可分别为 100%，32%，100%，0%，32%。

图 4.62 所示为应用渐变后的效果，可以看出图像四角部分均不透明，仅中间的区域呈现透明效果。

图4.62　在透明背景上的渐变效果及对一幅图像应用渐变后的效果

提示

在使用具有透明度的渐变时，一定要选中渐变工具 ▣ 选项栏上的"透明区域"选项，否则将无法显示渐变的透明效果。

4.4　用选区作图

对于创建的选区，可进行填充与描边等操作，使用填充命令可以将选区填充定义的颜色和图案，使用描边命令可以得到一个线框图形。

本节主要讲解"填充"和"描边"命令的操作以及填充图案的自定义方法。

⟫⟫4.4.1　填充操作

利用"编辑"|"填充"命令可以进行填充操作。选择"编辑"|"填充"命令，将弹出如图 4.63 所示的"填充"对话框。

此对话框中的重要参数及选项说明如下。

- 使用：可以在此选择 9 种填充类型中的一种。
- 自定图案：如果在"使用"下拉列表中选择"图案"选项，可激活其下方的"自定图案"选项，单击其右侧的下拉按钮 ▾，在图案类型列表中选择图案。

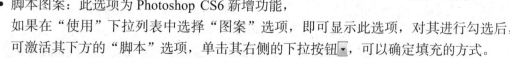

图4.63　"填充"对话框

- 脚本图案：此选项为 Photoshop CS6 新增功能，

如果在"使用"下拉列表中选择"图案"选项，即可显示此选项，对其进行勾选后，可激活其下方的"脚本"选项，单击其右侧的下拉按钮 ▾，可以确定填充的方式。

通常，在使用此命令执行填充操作前，需要制作一个合适的选择区域，如果在当前图像中不存在选区，则填充效果将作用于整幅图像。

如果在"使用"下拉列表中选择"内容识别"选项，可以根据所选区域周围的图像进行修补。就实际的效果来说，虽然不能百发百中，但确实为图像处理工作提供了一个更智能、更有效率的解决方案。

以图 4.64 所示图片为例，使用套索工具 ⌒ 绘制一个选区，如图 4.65 所示。将其中的人物选中后，选择"编辑"|"填充"命令，在弹出的对话框中使用"内容识别"选项进行填充，如图 4.66 所示。取消选区后可得到类似图 4.67 所示的效果。

图4.64　素材图像

图4.65　绘制选区

图4.66　"填充"对话框

图4.67　填充后的效果

通过上面的示例不难看出，这个功能还是非常强大的，如果对于填充后的结果不太满意，也可以尝试缩小选区的范围，或者对于细小的瑕疵，可以配合仿制图章工具 ⌷ 进行细节的二次修补，直至得到满意的结果为止。

≫4.4.2　描边操作

对选择区域进行描边操作，可以得到沿选择区域勾描的线框，描边操作的前提条件是具有一个选择区域。选择"编辑"|"描边"命令，弹出如图 4.68 所示对话框。

在该对话框中几个比较重要的参数及选项说明如下。

- 宽度：在该文本框中输入数值，可确定描边线条的宽度，数值越大线条越宽。
- 颜色：如果要设置描边线条的颜色可以单击该图标，在弹出的拾色器中选择颜色。
- 位置：选择"位置"中的单选按钮，可以设置描边线条相对于选择区域的位置，图 4.69 所示分别为选择 3 个单选按钮后所得的描边效果。

图4.68　"描边"对话框

（a）选择"内部"单选按钮　　　　（b）选择"居中"单选按钮　　　　（c）选择"居外"单选按钮

图4.69　选择3个选项后所得的描边效果

4.4.3　自定义图案

在 Photoshop 中图案具有很重要的作用，在很多工具的工具选项条及对话框中都有"图案"选项。使用"图案"选项时，除了利用系统自带的一些图案外，还可以自定义图案，以用作填充内容。

自定义图案的操作步骤如下。

① 打开随书所附光盘中的文件"d4z\4-4-3- 素材 .psd"，用矩形选框工具选择人物图像，如图 4.70 所示。

② 选择"编辑"|"定义图案"命令。

③ 在弹出如图 4.71 所示的对话框中输入图案的名称，确认后图案被添加至"图案"下拉菜单中，如图 4.72 所示为使用此图案填充后的效果。

本例所展示的是将一幅素材图像定义为图案，实际工作中也可以先自己绘制图像，然后用同样的方法将所绘制的图像的某一部分或全部定义为图案。

提示

　　执行①操作时，矩形选框工具的"羽化"值一定要为 0。另外，在选择要定义的图像时，不要利用"变换选区"等命令对选区的大小进行调整，否则将无法应用"定义图案"命令。

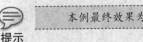

图4.70　选择图像　　　图4.71　定义"图案名称"对话框　　　图4.72　填充自定义的图案

> 提示　本例最终效果为随书所附光盘中的文件"d4z\4-4-3.psd"。

4.5　仿制图章工具

选择仿制图章工具后，其工具选项条如图 4.73 所示。

图4.73　仿制图章工具选项条

下面讲解其中几个重要的选项。

- 对齐：在此复选框被选择的状态下，整个取样区域仅应用一次，即使操作由于某种原因而停止，再次继续使用仿制图章工具进行操作时，仍可从上次结束操作时的位置开始；反之，如果未选择此复选框，则每次停止操作再继续绘画时，都将从初始参考点位置开始应用取样区域。因此在操作过程中，参考点与操作点间的位置与角度关系处于变化之中，该选项对于在不同的图像上应用图像的同一部分的多个副本很有用。
- 样本：在此下拉列表中，可以选择定义源图像时所取的图层范围，其中包括了"当前图层""当前和下方图层"以及"所有图层"3 个选项，从其名称上便可以轻松理解在定义样式时所使用的图层范围。
- 打开以在仿制时忽略调整图层按钮：在"样本"下拉菜单中选择了"当前和下方图层"或"所有图层"时，该按钮将被激活，按下以后将在定义源图像时忽略图层中的调整图层。
- 绘图板压力控制画笔尺寸按钮：在使用绘图板进行涂抹时，选中此按钮后，将可以依据给予绘图板的压力控制画笔的尺寸。
- 绘图板压力控制画笔透明按钮：在使用绘图板进行涂抹时，选中此按钮后，将可以依据给予绘图板的压力控制画笔的不透明度。

4.6 使用"仿制源"面板

"仿制源"面板是 CS3 版本新增的面板,其功能较强大,以配合仿制图案工具  进行操作。在以前版本中定义仿制源只能定义一次,当定义第二次后第一次所定义的仿制源将不能使用,"仿制源"面板就解决了此问题,它可以提供 5 个仿制源来定义,同时也可以对仿制对象进行缩放、角度调整等设置。

≫4.6.1 认识"仿制源"面板

选择"窗口"|"仿制源"命令,即可显示如图 4.74 所示的"仿制源"面板。

面板中灰色的分割线将"仿制源"面板分成四栏,第一栏是用来定义多个仿制源,第二栏用于定义进行仿制操作时,图像产生的位移、旋转角度、缩放比例等设置。第三栏用于处理仿制动画,最下面的一栏用于定义进行仿制时显示的状态。

图4.74 "仿制源"面板

≫4.6.2 定义多个仿制源

要定义多个仿制源,可以按下面的步骤操作。

① 打开随书所附光盘中的文件 "d4z\4-6-2- 素材 .tif",如图 4.75 所示。

② 在工具箱中选择仿制图章工具 ,在工具选项条上设置大小为 50 个像素,然后按住 Alt 键用仿制图章工具  在图像中人物的腿部单击一下,以创建一个仿制源点,此时"仿制源"面板如图 4.76 所示,可以看出在第 1 个仿制源图标  的下方,有当前通过单击定义的仿制源的文件名称。

图4.75 素材图像

③ 在"仿制源"面板中单击第 2 个仿制源图标 ,将光标放于此图标上,可以显示热敏菜单,如图 4.77 所示,从菜单中可以看出这是一个还没有使用的仿制源。

图4.76 定义了第1个仿制源的面板

图4.77 尚未使用的仿制源图标

④ 按住 Alt 键，用仿制图章工具■在图像中第一次单击的位置单击一下，即可创建第 2 个仿制源点。

按同样的方法，可以使用仿制图章工具■定义多个仿制源点。

>> 4.6.3 变换仿制效果

除了控制显示状态，使用"仿制源"面板最大的优点在于能够在仿制中控制所得到的图像与原始被仿制的图像的变换关系。例如，可以按一定的角度进行仿制，或者使仿制操作后得到的图像与原始图像呈现一定的比例。

下面通过实例来讲解，具体操作步骤如下。

① 接上一案例，在"仿制源"面板中单击第 1 个仿制源图标■。

② 设置"仿制源"面板如图 4.78 所示。此时可以看出来叠加预览图像已经与被复制图像呈现一定的夹角及距离的变化，如图 4.79 所示。

图4.78　"仿制源"面板　　　　　　　　图4.79　预览状态

> 💬
> 提示　　在设置"仿制源"面板时要选择"显示叠加"选项，详细讲解请参考下一小节。

③ 在"仿制源"面板中单击第 2 个仿制源图标■，设置"仿制源"面板如图 4.80 所示，此时可以看出来叠加预览图像已经与被复制图像呈现一定的夹角及距离的变化，如图 4.81 所示。

图4.80　仿制后的效果　　　　　　　　图4.81　再次设置"仿制源"面板

此时可以看出来叠加预览图像已经与被复制图像不仅呈现一定的夹角，而且还成比例被放大。

▶▶4.6.4 定义显示效果

使用"仿制源"面板，可以定义在进行仿制操作时图像的显示效果，以便更清晰地预知仿制操作所得到的效果。

下面分别讲解"仿制源"面板中用于定义仿制时显示效果的若干选项的意义。

- 显示叠加：单击此复选框，可以在仿制操作中显示预览效果，图 4.82 所示为选择第一个仿制源后未操作前的预览状态，图 4.83 所示为涂抹后的操作效果，可以看出来，在叠加预览图显示的情况下，能够更加准确地预见操作后的效果，从而避免错误操作。

图4.82　操作前的状态　　　　　　图4.83　操作中的状态

- 不透明度：此参数用于制作叠加预览图的不透明度显示效果，数值越大，显示效果越实在、清晰。图 4.84 左图所示为数值为 25% 的显示效果，右图所示为数值为 50% 的显示效果。

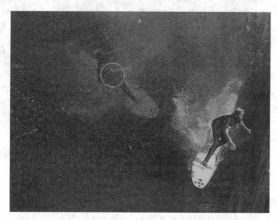

图4.84　数值为25%的显示效果及数值为50%的显示效果

- 模式列表：在此下拉列表中可以显示预览图像与原始图像的叠加模式。其叠加模式如图 4.85 所示，各位读者可以尝试选择不同的模式时的显示状态。

- 已剪切：此复选项及"显示叠加"复选项被选中的情况下，Photoshop 将操作中的预视区域的大小剪切为画笔大小。
- 自动隐藏：此复选框被选中的情况下，在按鼠标左键进行仿制操作时，叠加预览图像将暂时处于隐藏状态，不再显示。
- 反相：在此复选框被选中的情况下，叠加预览图像呈反相显示状态，如图 4.86 所示。

图4.85　模式列表

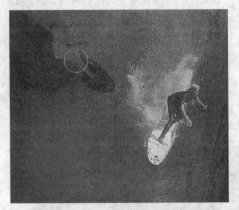

图4.86　反相显示状态

▶▶4.6.5　使用多个仿制源点

已经使用仿制源进行图像复制操作步骤如下。

① 单击面板中第 1 个仿制源图标，此仿制源在第 2 小节已定义，在第 3 小节设置了属性，已经用此仿制源进行了相关图像操作。

② 使用仿制图章工具在图 4.87 白色箭头所示的周围进行涂抹，即可得到如图 4.88 所示效果。

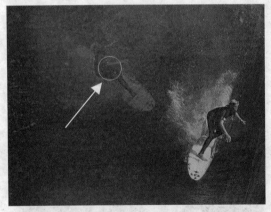

图4.87　涂抹位置

图4.88　涂抹后的效果

③ 单击面板中第 2 个仿制源图标，用此仿制源进行图像复制操作。

④ 使用仿制图章工具在图 4.89 白色箭头所示的周围进行涂抹，即可得到如图 4.90 所示效果。

⑤ 选择"仿制源"面板的第 1 个仿制源图标，然后在图 4.91 白色箭头所示的位置涂抹，得到如图 4.92 所示的效果，图 4.93 为此例的应用效果图。

图4.89　涂抹位置

图4.90　涂抹后的效果

图4.91　涂抹位置

图4.92　涂抹后的整体效果

图4.93　应用效果

提示

本例最终效果为随书所附光盘中的文件"d4z\4-6-5.psd"。

4.7 模糊、锐化工具

模糊工具 🖊、锐化工具 △、涂抹工具 🖉 和画笔工具 ✐ 一样，设置其画笔笔触后，可在图像上随意涂抹，以修饰图像的细节部分。

4.7.1 模糊工具

利用模糊工具 🖊 在图像中操作，可以使操作部分的图像变得模糊，以更加突出清晰的局部，使用模糊工具 🖊 可以按以下步骤进行操作。

① 选择模糊工具 🖊，此时工具选项条显示如图 4.94 所示。

图4.94　模糊工具选项条

② 根据需要设置模糊工具 🖊 选项栏的参数。

- 画笔：在此下拉列表中选择一个合适的画笔，此处选择的画笔越大，图像被模糊的区域也越大。
- 强度：设置此文本框中的百分数，可以控制模糊工具 🖊 操作时笔划的压力值，百分数越大，一次操作得到的效果越明显。
- 对所有图层取样：选择此复选框，将使模糊工具 🖊 的操作应用在图像的所有图层中，否则，操作效果只作用在当前图层中。

③ 在图像中需要模糊的位置拖动光标，即可使操作区域被模糊。

如图 4.95 所示为使用此工具模糊人物以外对象的前后对比效果。

图4.95　模糊图像示例

4.7.2 锐化工具

锐化工具 △ 的作用与模糊工具 🖊 刚好相反，它用于锐化图像的部分像素，使被操作区域更清晰。锐化工具 △ 的工具选项条与模糊工具 🖊 完全一样，其参数的意义也一样，故不再赘述。

4.8 擦除图像

>>4.8.1 橡皮擦工具

橡皮擦工具和现实中橡皮擦的作用是相同的，在此工具被选择的情况下，在图像中拖动便可以擦除拖动操作所掠过的区域。

如果在背景图层上使用橡皮擦工具 ，则被擦除的区域填充背景色，如果在非背景图层使用此工具，被擦除的区域将变得透明，此工具选项条如图 4.96 所示。

图4.96　橡皮擦工具选项条

使用橡皮擦工具 进行擦除操作前，首先需要在"画笔"下拉列表中选择合适的笔刷，以确定在擦除时拖动一次所能擦除区域的大小，选择的笔刷越大，一次所能擦除的区域就越大。

在"模式"下拉菜单中，可以选择不同的橡皮擦工作方式以创建不同的擦除效果，在此可以选择的选项有"画笔"、"铅笔"、"块" 3 个选项，如图 4.97 所示为分别使用这 3 种选项执行擦除后的效果（假设此时的背景色为白色）。

（a）画笔擦除效果　　　　　　（b）铅笔擦除效果　　　　　　（c）块擦除效果

图4.97　不同的擦除效果

在"抹到历史记录"复选项被选中的情况下，使用此工具在图像上擦除，可以将图像有选择性地恢复至某一历史记录状态。

在此复选项处于选中的情况下，将如图 4.98 所示的图像进行动感模糊处理，得到如图 4.99 所示的效果。

如果在"历史记录"面板中，将历史笔刷定位于模糊前命令的左侧，如图 4.100 所示，应用橡皮擦工具 在图像上擦除，即可使图像恢复至模糊前的效果，如图 4.101 所示。

图4.98 原图像

图4.99 模糊后的效果

图4.100 "历史记录"面板

图4.101 使用橡皮擦工具后的效果

4.8.2 背景橡皮擦工具

使用 Photoshop 中的背景橡皮擦工具，可以将背景图层上的所有像素擦除掉，得到透明像素，此时背景图层将转换成为"图层 0"，背景橡皮擦的工具选项栏如图 4.102 所示。

图4.102 背景橡皮擦工具选项条

图 4.103 所示为原图像及其对应的"图层"面板；图 4.104 所示为按图 4.102 所示设置背景橡皮擦工具选项栏中后，单击图像中背景色区域并且进行擦除操作后得到的效果及对应的"图层"面板状态。

图4.103 原图像及对应的"图层"面板

图4.104　擦除背景后的效果及对应的"图层"面板

可以看出使用此工具后图像中的所有蓝色区域均被擦除成为透明，而且背景层也转换成为"图层 0"。

▶▶▶ 4.8.3　魔术橡皮擦工具

使用魔术橡皮擦工具 ⬚ 可以擦除与当前单击处颜色相近的连续或非连续区域，其工具选项条如图 4.105 所示。

图4.105　魔术橡皮擦工具条

图 4.106 所示为原图像及其对应的"图层"面板；图 4.107 所示为按图 4.105 所示的设置魔术橡皮擦工具 ⬚ 选项栏中的工具后，单击图像中的天空区域所得到的效果（仅执行单击操作）。

图4.106　原图像及对应的"图层"面板

图4.107　擦除天空后的效果

如果在擦除操作中需要得到较柔和的效果，可以选择"消除锯齿"选项，其他选项由于已有所讲述，故不再赘述。

4.9　纠正错误

在绘画的过程中如果画错了一笔，可以使用橡皮擦擦除后重新再画，在 Photoshop 中也有类似功能，Photoshop 提供了 3 种不同功能的橡皮，即橡皮擦工具 、背景橡皮擦工具 、魔术橡皮擦工具 。而且还提供了回退、恢复等 5 个命令及"历史记录"面板，掌握并灵活运用这些工具、命令与面板，能够及时纠正操作失误。

4.9.1　纠错功能

Photoshop 最大的优点是具有强大的纠错功能，即使在操作中出现失误，纠错功能也能将其恢复至之前的状态。

1．恢复命令

选择"文件"|"恢复"命令，可以返回到最近一次保存文件时图像的状态。

2．还原与重做命令

选择"编辑"|"还原"命令可以回退一步，选择"编辑"|"重做"命令可以重做执行"还原"命令取消的操作。

两个命令交互显示在"编辑"菜单中，执行"编辑"|"还原"命令后，此处将显示"编辑"|"重做"命令，反之亦然。

3．后退一步、前进一步命令

选择"编辑"|"后退一步"命令，可以将对图像所做的修改后退一步，多次选择此命令可以一步一步取消已做的操作。

选择"编辑"|"前进一步"命令可以重做已取消的操作。

4.9.2　"历史记录"面板

"历史记录"面板记录了操作者对图像已执行的操作步骤，如使用的工具、命令等，还可以可视的、有选择地回退至图像的某一历史状态。

选择"窗口"|"历史记录"命令，即可显示如图 4.108 所示的"历史记录"面板。

通过观察"历史记录"面板中的历史记录列表，可以清楚地看出当前图像曾经执行的操作。"历史记录"面板最为常用的功能是回退至某个操作状态，例如对于图 4.109 所示的"历史记录"面板，可以回退至使用"画笔工具" 、"取消选择"等操作前的状态。

要回退至以前的某个历史阶段，只需要在"历史记录"面板中单击该步骤即可。

例如，对于"历史记录"面板中的图像，如果要回退至应用"矩形选框"（第 2 次）命令前的历史状态，只需要单击"移动选区"一栏，将其选中即可。

1．建立快照

利用"快照"命令，可以创建图像的任何状态的临时拷贝（或快照）。创建的新快照将添加到历史记录面板顶部的快照列表中。选择一个快照使您可以从图像的那个版本开始工作。

图4.108 "历史记录"面板　　图4.109 回退后的"历史记录"面板

快照与历史记录面板中列出的操作有类似之处，但它们还具有一些其他的优点：

- 可以命名快照，使它更易于识别。
- 在整个工作过程中，可以随时存储快照。
- 容易比较操作的效果。例如，可以在应用滤镜前后创建快照。然后选择第一个快照，并尝试在不同的设置情况下应用同一个滤镜。切换各个不同的快照，便能显示不同的操作效果。
- 利用快照可以很容易地恢复工作。在尝试使用较复杂的技术或应用一个动作时，先创建一个快照。如果对操作后的结果不满意，可以选择该快照来还原所有步骤。

提示　　快照不随图像存储，关闭图像时就会删除其快照。另外，除非选择了"允许非线性历史记录"选项，否则选择一个快照，然后更改图像将会删除历史记录面板中当前列出的所有操作对话框。

要创建当前图像的快照，可按 Alt 键单击"历史记录"面板中创建新快照按钮 ，或者在"历史记录"面板弹出菜单中选择"新建快照"命令，设置弹出如图 4.110 所示的新快照对话框。

图4.110 "新建快照"对话框

在"名称"文本框中可以输入快照的名称，在"自"下拉列表框中可以选择以何种模式创建快照。

- 全文档：选择全文档选项，则对整个文件的内容（包括所有图层、通道、路径）建立快照。
- 合并的图层：选择合并的图层选项，则在建立快照的同时合并图像除隐藏图层外的所有层。
- 当前图层：选择当前图层选项，所建立的快照仅包括当前层状态。

2．建立新文件

在 Photoshop 中可以用多种方法复制当前图像，其中之一便是利用"历史记录"面板的建立新文件功能。

单击"历史记录"面板中的从当前状态创建新文档按钮 ，可以从当前操作图像的当前状态创建一个备份图像。使用此方法得到的新图像与原图像具有相同的属性，包括图层、通道、路径、选区等。

》》4.9.3 历史记录画笔工具

要使用历史记录画笔工具 进行操作，只需在"历史记录"面板中单击该操作记录列表左侧的小格，使其被标记为☑️形以选择绘画源，然后用历史记录画笔工具☑️在图像中需要恢复处拖动即可。

下面通过使用历史记录画笔工具☑️、"动感模糊"命令及"历史记录"面板，制作人物渐隐于模糊图像之中的效果，其操作步骤如下。

① 打开随书所附光盘中的文件"d4z\4-9-3- 素材 .tif"，如图 4.111 所示。

② 选择"滤镜"|"模糊"|"动感模糊"命令，设置弹出的对话框如图 4.112 所示。

图4.111　原图像

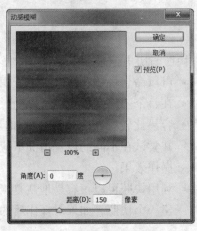

图4.112　"动感模糊"对话框

③ 单击"确定"按钮退出"动感模糊"对话框，得到如图 4.113 所示的效果，此时的"历史记录"面板如图 4.114 所示。

图4.113　使用"动感模糊"命令后的效果

④ 在"历史记录"面板中单击"动感模糊"前一操作步骤左侧的位置，如图 4.115 所示。

图4.114　对应的"历史记录"面板

图4.115　"历史记录"面板

⑤ 在工具箱中选择历史记录画笔工具，选择一个大小合适的笔刷在人物的面部进行涂抹，得到如图 4.116 所示的效果，此时的"历史记录"面板如图 4.117 所示。

图4.116　使用历史画笔后的效果　　　　图4.117　使用历史画笔后的"历史记录"面板

4.10　修复工具

▶▶ 4.10.1　污点修复画笔工具

污点修复画笔工具用于去除照片中的杂色或污斑，此工具与下面将要讲解到的修复画笔工具非常相似，但不同的是使用此工具的方法。

使用此工具时不需要进行采样操作，只需要用此工具在图像中有杂色或污斑的地方单击一下即可去除此处的杂色或污斑，这是由于 Photoshop 能够自动分析单击处图像的不透明度、颜色与质感从而进行自动采样，最终完美地去除杂色或污斑。

如图 4.118（a）所示为原图像，使用污点修复画笔工具在照片中嘴唇下方的污点上单击，图 4.118（b）所示为单击后的效果。

　　　　　　（a）　　　　　　　　　　　　　　　（b）

图4.118　原图像及使用污点修复画笔工具修复后的效果

选中污点修复画笔工具 选项栏中的"内容识别"选项，可以在修复时依据周围的场景，进行智能化的修复处理。关于"内容识别"功能的知识，在本书第 4.4 节讲解"填充"命令时有更详细的讲解。

≫ 4.10.2 使用修复画笔工具

修复画笔工具 的最佳操作对象是有皱纹或雀斑等杂点的照片，或有污点、划痕的图像，因为此工具能够根据要修改点周围的像素及色彩将其完美无缺地复原，而不留任何痕迹。

图4.119 具有贴签的汽车

下面以使用此工具修复汽车上贴签的练习讲解如何使用此工具，其操作步骤如下。

① 打开随书所附光盘中的文件"d4z\4-10-2- 素材 .tif"，如图 4.119 所示。

② 在工具箱中选择修复画笔工具 。

③ 设置工具选项条如图 4.120 所示。

图4.120 工具选项条

④ 按 Alt 键在汽车上无杂色的区域取样，如图 4.121 所示，然后在有贴签的区域涂抹。

⑤ 连续多次重复上一步的操作，即可消除全部标签，如图 4.122 所示。

图4.121 定义取样点

图4.122 消除贴签的效果

> **提示**　本例最终效果为随书所附光盘中的文件"d4z\4-10-2.psd"。

≫ 4.10.3 使用修补工具

修补工具 的操作方法与修复画笔工具 不同，在工具箱中选择修补工具 后，需要用此工具选择有皱纹的区域，如图 4.123 所示，然后将此工具放于选择区域之中，将选择区域移动至无皱纹的区域，如图 4.124 所示，即可得到如图 4.125 所示的去除皱纹后的效果。

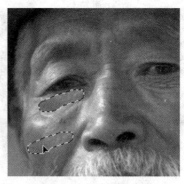

| 图4.123 选择有皱纹的区域 | 图4.124 移动选择区域 | 图4.125 修补后的效果 |

在 Photoshop CS6 中，在修补工具▣选项栏中的"修补"下拉列表中，选择"正常"选项时，将按照默认的方式进行修补；选择"内容识别"选项时，Photoshop 将自动根据修补范围周围的图像进行智能修补。

这两个工具各具特色，其操作方法也不尽相同，因此得到的效果也有一些区别，修复画笔工具✎较适合修复小面积的图像，修补工具▣适合修复大面积的图像。

⫸ 4.10.4 内容感知移动工具

Photoshop CS6 中新增的内容感知移动工具▧，其特点就是可以将选中的图像移至其他位置，并根据原图像周围的图像对其所在的位置进行修复处理，其工具选项条如图 4.126 所示。

图4.126 内容感知移动工具选项条

- 模式：在此下拉菜单中选择"移动"选项，则仅针对选区内的图像进行修复处理；若选择"扩展"选项，则 Photoshop 会保留原图像，并自动根据选区周围的图像进行自动的扩展修复处理。
- 适应：在此下拉菜单中，可以选择在修复图像时的严格程度，其中包括了 5 个选项供选择。

下面将通过一个简单的实例来讲解其使用方法。

① 打开随书所附光盘中的文件 "d4z\4-10-4- 素材 .jpg"，如图 4.127 所示。在本例中，将使用内容感知移动工具▧将位于中央的小孩，移至左侧三分线的位置，使用画面整体显得更为自然。

② 选择内容感知移动工具▧，在其工具选项条上设置"模式"为"移动"，"适应"为"中"，并沿着小孩身体周围绘制选区，如图 4.128 所示。

③ 使用内容感知移动工具▧将选区中的图像向左侧拖动，直至使小孩位于画面左侧的三分线位置，然后释放鼠标，此时 Photoshop 将对原图像所在位置进行修复处理，得到如图 4.129 所示的效果。

④ 按 Ctrl+D 键取消选区后，可以在小孩头发及周围看到较明显的痕迹，如图 4.130 所示，此时可以使用仿制图章工具▣或修复画笔工具✎对其进行处理，直至得到满意的效果为止，如图 4.131 所示。

图4.127 素材图像

图4.128 绘制选区选中人物图像

图4.129 向左侧移动图像后的效果

图4.130 取消选区后的效果

⑤ 若在拖动选区中的图像之前，在内容感知移动工具 ⊠ 的选项条上设置"模式"为"扩
展"，再按照③的方法移动选区中的图像，将会得到类似图 4.132 所示的效果。

图4.131 修复后的效果

图4.132 选中"扩展"模式时的修复效果

提示

本例最终效果为随书所附光盘中的文件"d4z\4-10-4.jpg"。

习　题

一、选择题

1."自动抹掉"选项是哪种工具的工具选项条中的功能？（　　）

A. 画笔工具   B. 喷笔工具   C. 铅笔工具   D. 直线工具

2. 油漆桶工具可根据图像像素的颜色的近似程度来填充（   ）。

     A. 前景色   B. 背景色   C. 连续图案   D. 样式

3. 当使用绘图工具时，按哪个键可以暂时切换到吸管工具？（   ）

     A. Shift   B. Alt   C. Ctrl   D. Tab

二、填空题

1. 使用 ____ 、____ 、____ 工具可以擦除图像。

2. 使用 ____ 、____ 、____ 、____ 工具可以绘制图像。

3. 使用"填充"命令可以为选区填充 ____ 和 ____ 。

4. 使用"仿制源"面板最多可以定义 ____ 个仿制源。

三、简答题

1. 橡皮擦工具和魔术橡皮擦工具有什么不同？

2. 什么叫快照？

3. 如何保存旧的画笔？如何创建新的自定义画笔？

4. 如何创建具有透明效果的渐变？在应用透明渐变时没有出现透明效果的原因是什么？

5. 如何自定义图案？自定义的图案能够应用到哪些工具中？

6. 如何使用"历史记录"面板执行回退操作？

7. 修复画笔工具与污点修复画笔工具的区别是什么？

8. 可以使用哪几种方法去除照片中的红眼？

9. 如果想得到如图 4.133 所示的画笔效果，要设置那些设置？

图4.133   画笔设置

10. 图案填充与图案图章工具在使用上各有什么优缺点？

11. 在实际工作中如果想让一台电脑里具有另一台电脑里的画笔将如何操作？

第 5 章

掌握调整图像颜色命令

本章讲解了 Photoshop 中调整图像色彩的命令及其操作方法，其中包括较为初级的命令如"去色""反相""阈值"等，处于中间层次的"色彩平衡""变化"等命令，还有难度较高、功能强大的高级调整命令，例如"曲线""色阶""色相／饱和度""渐变映射"等命令。

如果读者希望在掌握 Photoshop 后，从事照片的修饰、加工等方面的工作，应该切实深入掌握这些命令的使用方法。

   学 习 重 点

- 使用调整工具
- 色彩调整的基本方法
- 色彩调整的中级方法
- 色彩调整的高级方法
- 使用调整命令的预设快速调整图像

5.1 使用调整工具

在工具箱中有 3 个用于调整图像颜色的工具，分别是减淡工具 、加深工具 和海绵工具 ，这些工具适合用于对图像局部进行细微地调节。

▶▶ 5.1.1 减淡工具

使用减淡工具 在图像中拖动，可将光标掠过处的图像色彩减淡从而起到加亮的视觉效果，其工具选项条如图 5.1 所示。

图5.1 减淡工具选项条

使用此工具需要在工具选项条中选择合适的笔刷，然后选择"范围"下拉列表中的选项，以定义减淡工具 应用的范围。

- 范围：在此可以选择"阴影""中间调"及"高光"3 个选择项，分别用于对图像的阴影、中间调及高光部分进行调节。
- 曝光度：此数值定义了对图像的加亮程度，数值越大亮化效果越明显。
- 保护色调：选择此选项可以在操作后图像的色调不发生变化。

图 5.2 所示为原图，图 5.3 所示为使用减淡工具 对人的面部进行操作，以突出显示人物面部受光面的效果。

图5.2 原图

图5.3 减淡面部后的效果

▶▶ 5.1.2 加深工具

加深工具 和减淡工具 相反，可以使图像中被操作的区域变暗，其工具选项条及操作方法与减淡工具 的应用相同，故不再重述。

图 5.4 所示为原图，图 5.5 所示为使用此工具加深暗部后的效果，可以看出操作后面部更具有立体感。

图5.4　原图　　　　　　　　　　　　　　　图5.5　加深面部后的效果

5.2　色彩调整的基本方法

▶▶5.2.1　为图像去色

选择"图像"|"调整"|"去色"命令，可以去掉彩色图像中的所有颜色值，将其转换为相同颜色模式的灰度图像。

图 5.6 所示为原图像，图 5.7 所示为选择花朵以外的图像并应用此命令去色后得到的效果，可以看出经过此命令的操作，图像的重点更加突出。

图5.6　原图　　　　　　　　　　　图5.7　应用"去色"命令处理后的效果图

▶▶5.2.2　反相图像

选择"图像"|"调整"|"反相"命令，可以将图像的颜色反相。将正片黑白图像变成负片，

或将扫描的黑白负片转换为正片，如图 5.8 所示。

图5.8 原图及应用"反相"命令处理后的效果图

5.2.3 均化图像的色调

使用"图像"|"调整"|"色调均化"命令，Photoshop 可以对图像亮度进行色调均化，即在整个色调范围中均匀分布像素。如图 5.9 所示为原图像及使用此命令后的效果图。

图5.9 原图及应用"色调均化"命令处理后的效果图

5.2.4 制作黑白图像

选择"图像"|"调整"|"阈值"命令，可以将图像转换为黑白图像。

在此命令弹出的对话框中，所有比指定的阈值亮的像素会被转换为白色，所有比该阈值暗的像素会被转换为黑色，其对话框如图 5.10 所示。

图 5.11 所示为原图像及对此图像使用"阈值"命令后得到的黑白图像效果。

图5.10 "阈值"对话框

图5.11 原图及使用"阈值"命令处理后的效果图

5.2.5 使用"色调分离"命令

使用"色调分离"命令可以减少彩色或灰阶图像中色调等级的数目。例如，如果将彩色图像的色调等级制定为 6 级，Photoshop 可以在图像中找出 6 种基本色，并将图像中所有颜色强制与这六种颜色匹配。

提示 | 在"色调分离"对话框中，可以使用上下方向键来快速试用不同的色调等级。

此命令适用于在照片中制作特殊效果，例如制作较大的单色调区域，其操作步骤如下。

① 打开随书所附光盘中的文件"d5z\5-2-5- 素材 .tif"。

② 选择"图像"|"调整"|"色调分离"命令，弹出如图 5.12 所示的"色调分离"对话框。

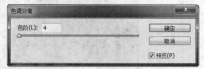

图5.12 "色调分离"对话框

③ 在对话框中的"色阶"文本框中输入数值或拖动其下方的滑块，同时预览被操作图像的变化，直至得到所需要的效果时单击"确定"按钮。

图 5.13 所示为原图像，图 5.14 所示为使用"色阶"数值为 4 时所得到效果，图 5.15 所示为使用"色阶"数值为 10 时所得到效果,图 5.16 所示为使用"色阶"数值为 50 时所得效果。

图5.13 原图像   图5.14 "色阶"数值为4

图5.15 "色阶"数值为10　　　　　　　　　图5.16 "色阶"数值为50

5.3 色彩调整的中级方法

5.3.1 直接调整图像的亮度与对比度

选择"图像"|"调整"|"亮度/对比度"命令，弹出如图5.17所示的对话框，在此命令的对话框中可以直接调节图像的对比度与亮度。

要增加图像的亮度则将"亮度"滑块向右拖动，反之向左拖动。要增加图像的对比度，将"对比度"滑块向右拖动，反之向左拖动。图5.18所示为原图，图5.19所示为增加图像的亮度和对比度的效果。

图5.17 "亮度/对比度"对话框

图5.18 原图像

图5.19 调整"亮度/对比度"后的效果

利用"使用旧版"选项，可以使用 Photoshop CS3 版本以前的"亮度/对比度"命令来调整图像，而默认情况下，则使用新版的功能进行调整。新版命令在调整图像时，将仅对图像的亮度进行调整，而色彩的对比度则保持不变，如图 5.20 所示。

在 Photoshop CS6 中，"亮度/对比度"命令还新增了一个"自动"按钮，单击此按钮后，即可自动针对当前的图像进行亮度及对比度的调整。

（a）原图像 　　　　　　　　（b）用新版处理后的效果 　　　　　　　　（c）旧版处理后的效果

图5.20　新旧版本的处理不同效果

5.3.2　平衡图像的色彩

选择"图像"|"调整"|"色彩平衡"命令，可以增加或减少处于高亮度色、中间色以及暗部色区域中的特定颜色，以改变图像对象的整体色调，此对话框如图 5.21 所示。

此命令使用较为简单，操作步骤如下。

① 打开随书所附光盘中的文件"d5z\5-3-2- 素材 .tif"为调整的图像，选择"图像"|"调整"|"色彩平衡"命令。

② 在"色彩平衡"控制区中选择需要调整的图像色调区，例如要调整图像的暗部，则应选中"阴影"前的复选框。

③ 拖动 3 个滑块条上的滑块，例如要为图像增加红色，向右拖动"红色"滑块，拖动的同时要观察图像的调整效果。

④ 得到满意效果后单击"确定"按钮即可。

如图 5.22 所示为应用"色彩平衡"命令为色彩平淡的照片着色的前后效果对比。

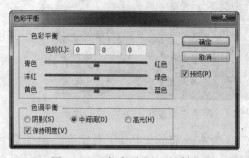

图5.21　"色彩平衡"对话框 　　　　　　　　图5.22　应用"色彩平衡"命令

 提示

选择保持亮度该选项可以保持图像对象的色调不变，即只有颜色值发生变化，图像像素的亮度值不变。本例最终效果为随书所附光盘中的文件"d5z\5-3-2.psd"。

▶▶▶ 5.3.3 通过选择直接调整图像色调

选择"图像"|"调整"|"变化"命令,可以直观地调整图像或选区的色相、亮度和饱和度,该对话框如图 5.23 所示。

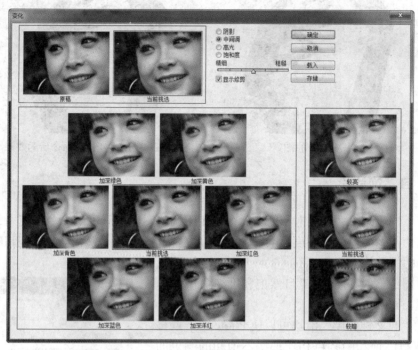

图5.23 "变化"对话框

对话框中各参数的说明如下。

- 原稿、当前挑选:在第一次打开该对话框的时候,这两个图像显示完全相同,经过调整后"当前挑选"的缩略图显示为调整后的状态。

- 较亮、当前挑选、较暗:分别单击"较亮""较暗"两个缩略图,可以增亮或加暗图像,"当前挑选"缩略图显示当前调整的效果。

- 阴影、中间调、高光与饱和度:选择对应的选项,可分别调整图像中该区域的色相、亮度与饱和度。

- 精细 / 粗糙:拖动该滑块可确定每次调整的数量,将滑块向右侧移动一格,可使调整度双倍增加。

- 调整色相:对话框左下方有 7 个缩略图,中间的当前挑选缩略图与左上角的当前挑选缩略图的作用相同,用于显示调整后的图像效果。另外 6 个缩略图分别可以用来改变图像的 RGB 和 CMY 六种颜色,单击其中任意缩略图,均可增加与该缩略图对应的颜色。例如,单击"加深绿色"缩略图,可在一定程度上增加绿色,按需要可以单击多次,从而得到不同颜色的效果。

- 存储 / 载入:单击"存储"按钮,可以将当前对话框的设置保存为一个 *.AVA 文件。如果在以后的工作中遇到需要做同样设置的图像,可以在此对话框中单击"载入"按钮,调出该文件以设置此对话框。

图 5.24 所示为原图,图 5.25 所示为选中首饰并应用"变化"命令调整颜色后的效果。

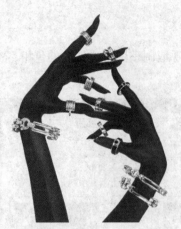 

图5.24 原图　　　　　　　　图5.25 应用"变化"命令后的效果

▶▶5.3.4 自然饱和度

"图像" | "调整" | "自然饱和度"命令是用于调整图像饱和度的命令，使用此命令调整图像时可以使图像颜色的饱和度不会溢出，换言之，此命令可以仅调整与已饱和的颜色相比那些不饱和的颜色的饱和度。

选择"图像" | "调整" | "自然饱和度"命令后弹出的对话框，如图 5.26 所示。

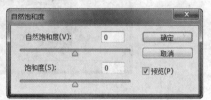

- 拖动"自然饱和度"滑块可以使 Photoshop 调整那些与已饱和的颜色相比那些不饱和的颜色的饱和度，从而获得更加柔和自然的图像饱和度效果。

图5.26 "自然饱和度"对话框

- 拖动"饱和度"滑块可以使 Photoshop 调整图像中所有颜色的饱和度，使所有颜色获得等量饱和度调整，因此使用此滑块可能导致图像的局部颜色过饱和。

使用此命令调整人像照片时，可以防止人像的肤色过度饱和。以图 5.27 所示的原图像为例，图 5.28 所示是使用此命令调整后的效果，图 5.29 所示则是使用"色相 / 饱和度"命令提高图像饱和度时的效果，通过对比可以看出此命令在调整颜色饱和度方面的优势。

 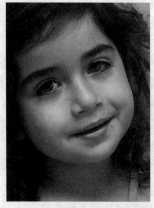 

图5.27 原图像　　　　图5.28 "自然饱和度"命令　　　　图5.29 "色相/饱和度"命令
　　　　　　　　　　　　　　　调整后的结果　　　　　　　　　　调整后的结果

5.4 色彩调整的高级命令

▶▶ 5.4.1 "色阶"命令

"图像"|"调整"|"色阶"命令是一个非常强大的调整命令，使用此命令可以对图像的色调、亮度进行调整。选择"图像"|"调整"|"色阶"命令，将弹出如图 5.30 所示的对话框。

调整图像色阶的方法如下。

图5.30 "色阶"对话框

① 在"通道"下拉列表中选择要调整的通道，如果不需要调整某一个通道可以选择 RGB 或 CMYK 合成通道，以对整幅图像进行调整。

② 要增加图像对比度则拖动"输入色阶"区域的滑块，其中向左侧拖动白色滑块可使图像变亮，向右侧拖动黑色滑块可以将图像变暗。

③ 拖动"输出色阶"区域的滑块可以降低图像的对比度，如果要将白色滑块向左侧拖动可使图像变暗，将黑色滑块向右侧拖动可使图像变亮。

④ 在拖动滑块的过程中仔细观察图像的变化，得到满意的效果后，单击"确定"即可。下面详细介绍各参数及命令的使用方法。

- 通道：在"通道"下拉菜单中可以选择一个通道，从而使色阶调整工作基于该通道进行，此处显示的通道名称依据图像颜色模式而定，RGB 模式下显示红、绿、蓝，CMYK 模式下显示青色、洋红、黄色、黑色。

- 输入色阶：设置"输入色阶"文本框中的数值或拖动其下方的滑块，可以对图像的暗色调、高亮色和中间色的数值进行调节。向右侧拖动黑色滑块，可以增加图像颜色的暗色调，使图像整体偏暗。图 5.31 所示为原图像及对应的"色阶"对话框，向右侧拖动黑色滑块，可以降低图像的亮度使图像整体发暗；图 5.32 所示为向右侧拖动黑色滑块后的图像效果及对应的"色阶"对话框。向左侧拖动白色滑块，可提高图像的亮度使图像整体发亮，如图 5.33 所示为向左侧拖动白色滑块后的图像效果及对应的色阶对话框。对话框中的灰色滑块代表图像的中间色调，向右拖动此滑块可使图像整体变暗，向左拖动可使图像整体变亮。

- 输出色阶：设置"输出色阶"文本框中的数值或拖动其下方的滑块，可以减少图像的白色与黑色，从而降低图像的对比度。向右拖动黑色小三角滑块可以减少图像中的暗色调从而加亮图像；向左拖动白色小三角滑块，可以减少图像中的高亮色，从而加暗图像。

- 黑色吸管 ：使用该吸管在图像中单击，Photoshop 将定义单击处的像素为黑点，并重新分布图像的像素，从而使图像变暗。如图 5.34 所示为黑色吸管单击处，图 5.35 所示为单击后的效果，可以看出整体图像变暗。

- 白色吸管 ⊘：与黑色吸管相反，Photoshop 将定义使用白色吸管单击处的像素为白点，并重新分布图像的像素值，从而使图像变亮。如图 5.36 所示为白色吸管单击处，图 5.37 所示为单击后的效果，可以看出整体图像变亮。
- 灰色吸管 ⊘：使用此吸管单击图像，可以从图像中减去此单击位置的颜色，从而校正图像的色偏。
- 存储预设 / 载入预设：单击"预设"右侧的按钮 ▤，选择"存储预设"命令，可以将当前对话框的设置保存为一个 *.alv 文件，在以后的工作中如果遇到需要进行同样设置的图像，可以选择"载入预设"命令，调出该文件，以自动调整对话框的设置。
- 自动：单击该按钮，Photoshop 可根据当前图像的明暗程度自动调整图像。

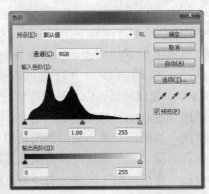

图5.31　原图像及其"色阶"对话框

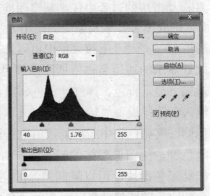

图5.32　向右侧拖动黑色滑块后的图像效果及其"色阶"对话框

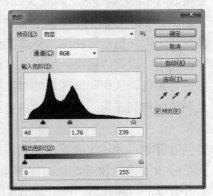

图5.33　向左侧拖动白色滑块后的图像效果及其"色阶"对话框

图5.34　黑色吸管单击处

图5.35　单击后的效果

图5.36　白色吸管单击处

图5.37　单击后的效果

>>5.4.2　快速使用调整命令的技巧1——使用预设

在 Photoshop CS6 中，多数调整图像都有预设功能，图 5.38 所示为有预设工具的几个调整命令的对话框。

图5.38　有预设功能的调整命令

这一功能大大简化了调整命令的使用方法，例如对于"曲线"命令可以直接在"预设"下拉菜单中选择一个 Photoshop 自带的调整方案，图 5.39 所示是原图像，图 5.40、图 5.41 和图 5.42 所示则是分别设置"反冲""彩色负片"和"强对比度"以后的效果。

图5.39　素材图像

图5.40　"反冲"方案的效果

图5.41　"彩色负片"方案的效果

图5.42　"强对比度"方案的效果

对于那些不需要得到较精确地调整效果的用户而言，此功能大大简化了操作步骤。

5.4.3　快速使用调整命令的技巧2——存储参数

如果某调整命令有预设参数，则在预设菜单的右侧将显示用于保存或调用参数的预设选项按钮，如图 5.43 所示。

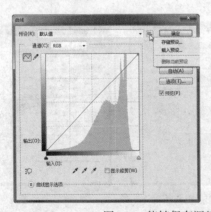

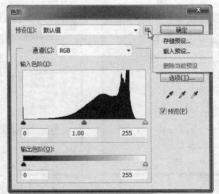

图5.43　能够保存调整参数的调整命令对话框

如果需要将调整命令对话框中的参数设置保存为一个设置文件，在以后的工作中使用，可以单击预设选项按钮，在弹出的菜单中选择"存储预设"命令，在弹出的对话框中输入文件名称。

如果要调用参数设置文件，可以单击预设选项按钮，在弹出的菜单中选择"载入预设"命令，在弹出文件选择对话框中选择该文件。

> **提示** 在 Photoshop CS6 中，其他很多命令都支持预设的管理功能，但其操作方法与此处讲解的完全相同，届时将不再重述。

▷▷▷ 5.4.4 "曲线"命令

与"色阶"调整方法一样，使用"曲线"可以调整图像的色调与明暗度，与"色阶"命令不同的是，"曲线"命令可以精确调整高光、阴影和中间调区域中任意一点的色调与明暗。

选择"图像"|"调整"|"曲线"命令，将显示图 5.44 所示的"曲线"对话框。

在此对话框中最重要的工作是调节曲线，曲线的水平轴表示像素原来的色值，即输入色阶，垂直轴表示调整后的色值，即输出色阶，下面通过一个实例来更进一步理解"曲线"。

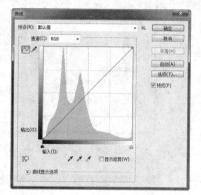

图5.44 "曲线"对话框

① 打开随书所附光盘中的文件"d5z\5-4-4-1- 素材 .tif"需要调整的图像，如图 5.45 所示。

② 选择"图层"|"调整"|"曲线"，弹出如图 5.46 所示的对话框。

图5.45 打开素材的状态

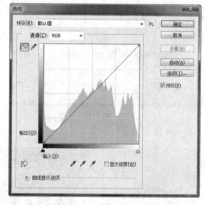

图5.46 "曲线"面板

③ 使用鼠标将曲线向上调整到如图 5.47 所示的状态来提高亮度，得到如图 5.48 所示的效果。

④ 使用鼠标将曲线向下调整到如图 5.49 所示的状态来增强暗面，得到如图 5.50 所示的效果。单击"确定"按钮完成调整。

> **提示** 本例最终效果为随书所附光盘中的文件"d5z\5-4-4-1.psd"。

"曲线"对话框中在图像上单击并拖动可修改曲线按钮，顾名思义，此工具可以在图像中通过拖动的方式快速调整图像的色彩及亮度。

　　例如图 5.51 所示是单击在图像上单击并拖动可修改曲线按钮 🔁 后在要调整的图像位置摆放光标时的状态，由于当前摆放光标的位置显得曝光不足，所以将向上拖动光标以提亮图像，如图 5.52 所示，此时的"曲线"对话框如图 5.53 所示。

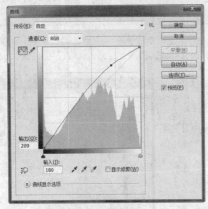

图5.47　"曲线"对话框

图5.48　调整的状态

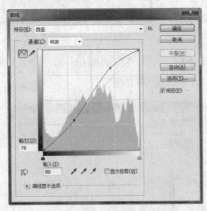

图5.49　"曲线"对话框

图5.50　调整的状态

图5.51　摆放光标位置

图5.52　向上拖动光标以提亮图像

　　在上面处理的图像基础上，再将光标置于阴影区域要调整的位置，如图 5.54 所示，按照前面所述的方法，此时向下拖动鼠标以调整阴影区域，如图 5.55 所示，此时的"曲线"对话框如图 5.56 所示。

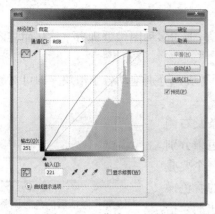

图5.53 "曲线"对话框

图5.54 摆放光标位置

图5.55 向下拖动光标以降暗图像

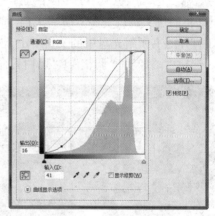

图5.56 "曲线"对话框

》》5.4.5 使用"黑白"命令

"黑白"命令可以将图像处理成为灰度图像效果，也可以选择一种颜色，将图像处理成为单一色彩的图像。

选择"图像"|"调整"|"黑白"命令，即可调出如图 5.57 所示的对话框。

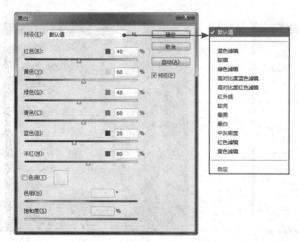

图5.57 "黑白"对话框

"黑白"对话框中各参数的说明如下。

- 预设：在此下拉列表中，可以选择 Photoshop 自带的多种图像处理方案，从而将图像处理成为不同程度的灰度效果。
- 颜色设置：在对话框中间的位置，存在着 6 个滑块，分别拖动各个滑块，即可对原图像中对应色彩的图像进行灰度处理。
- 色调：选择该选项后，对话框底部的 2 个色条及右侧的色块将被激活，如图 5.58 所示。其中 2 个色条分别代表了"色相"与"饱和度"，在其中调整出一个要叠加到图像上的颜色，即可轻松地完成对图像的着色操作；另外，也可以直接单击右侧的颜色块，在弹出的"拾色器（色调颜色）"对话框中选择一个需要的颜色即可。

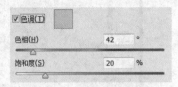

图5.58　激活后的色彩调整区

下面将通过实例进一步了解"黑白"命令，操作步骤如下。

① 打开随书所附光盘中的文件"d5z\5-4-5- 素材 .jpg"需要调整的图像，如图 5.59 所示。

② 选择"图像"|"调整"|"黑白"命令，弹出如图 5.60 所示的对话框。

图5.59　打开素材的状态

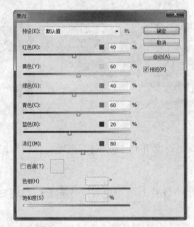

图5.60　"黑白"对话框

③ 使用鼠标拖动各滑块来调整画面的层次，图 5.61 所示为对话框设置，图 5.62 所示为调整的效果。

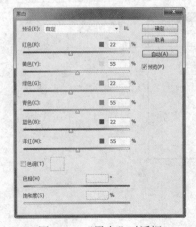

图5.61　"黑白"对话框

图5.62　调整的状态

④ 单击"色调"复选框以激活"色调"选项,再设置"色相"与"饱和度"如图 5.63 所示,得到如图 5.64 所示的效果,单击"确定"按钮完成调整。

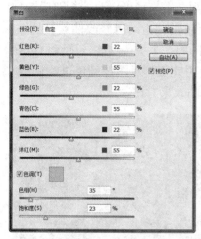

图5.63 "黑白"对话框

图5.64 调整的状态

提示

本例最终效果为随书所附光盘中的文件"d5z\5-4-5.jpg"。

5.4.6 "色相/饱和度"命令

选择"图像"|"调整"|"色相 / 饱和度"命令,将弹出如图 5.65 所示的对话框。使用此命令不仅可以对一幅图像进行"色相""饱和度"和"明度"的调节,还可以调整图像中特定颜色成分的色相、饱和度和亮度。"色相 / 饱和度"命令可以对整幅图像原色基础上调整,也可选择单个颜色进行调整,还可以通过"着色"将整个图像变为单色。

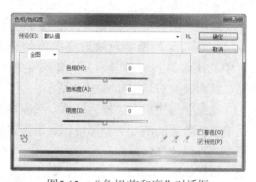

图5.65 "色相/饱和度"对话框

对话框中各参数详细介绍如下。

- 全图:单击此选项后的三角按钮 ,在此下拉列表中可以从 7 个选项中选择要调整的颜色范围。
- 色相、饱和度、明度滑块:拖曳对话框中的色相(范围:–180 ～ +180)、饱和度(范围:–100 ～ +100)和明度(范围:–100 ～ +100)滑块,或在其文本框中输入数值,分别可以控制图像的色相、饱和度及明度。
- 吸管:选择吸管工具 在图像中单击,可选定一种颜色作为调整的范围。选择添加到取样工具 在图像中单击,可以在原有颜色变化范围上增加当前单击的颜色范围。选择从取样中减去 在图像中单击,可以在原有颜色变化范围上减去当前单击的颜色范围。
- 着色:选择此复选框可以将一幅灰色或黑白的图像着色为某种颜色。

● 在图像上单击并拖动可修改饱和度按钮 📸：在对话框中单击选中此工具后，在图像中单击某一种，并在图像中向左或向右拖动，可以减少或增加包含所单击像素的颜色范围的饱和度；如果在执行此操作时按住了 Ctrl 键，则左右拖动可以改变相对应区域的色相。与前面讲解的"曲线"对话框中的在图像上单击并拖动可修改曲线按钮 📸 类似，此处的工作也是不同操作方式、但调整原理相同的一个替代功能，读者可以在后面学习了此命令基本的颜色调整方法后，再尝试使用此工具对图像颜色进行调整。图 5.66 所示为在下拉列表中选择"黄色"并调整前后的效果对比。

图5.66　应用"色相/饱和度"命令前后的效果对比

⟫5.4.7　"渐变映射"命令

使用"图像"|"调整"|"渐变映射"命令可以将指定的渐变色映射到图像的全部色阶中，从而得到一种具有彩色渐变的图像效果，此命令的对话框如图 5.67 所示。

此命令的使用方法较为简单，只需在对话框中选择合适的渐变类型即可。如果需要反转渐变，可以选择"反向"命令。

如图 5.68 所示为黑白照片及应用渐变映射后得到的彩色效果。

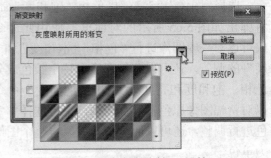

图5.67　"渐变映射"对话框

图5.68　黑白照片及应用"渐变映射"命令后的效果

▶▶5.4.8 "照片滤镜"命令

"图像" | "调整" | "照片滤镜"命令用于模拟传统光学滤镜特效，能够使照片呈现暖色调、冷色调及其他颜色的色调，打开一幅需要调整的照片并选择此命令后，弹出如图 5.69 所示的对话框。

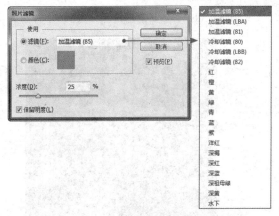

图5.69 "照片滤镜"对话框

此对话框的各个参数的作用如下。

- 滤镜：在该下拉菜单中选择预设的选项，对图像进行调节。
- 颜色：单击该色块，并使用"拾色器（照片滤镜颜色）"为自定义颜色滤镜指定颜色。
- 浓度：拖动滑块条以便此命令应用于图像中的颜色量。
- 保留明度：在调整颜色的同时保持原图像的亮度。

图 5.70 所示为原图像，图 5.71 所示为经过调整后照片的色调偏暖的效果。

图5.70 原图像

图5.71 色调偏暖效果

▶▶5.4.9 "阴影/高光"命令

"阴影 / 高光"命令专门用于处理在摄影中由于用光不当使拍摄出的照片局部过亮或过暗的照片。选择"图像" | "调整" | "阴影 / 高光"命令，弹出如图 5.72 所示的对话框。

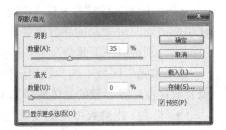

图5.72 "阴影/高光"对话框

此对话框中参数说明如下。

- 阴影：在此拖动"数量"滑块或在此文本框中输入相应的数值，可改变暗部区域的明亮程度，其中数值越大即滑块的位置越偏向右侧，则调整后的图像的暗部区域也相应越亮。
- 高光：在此拖动"数量"下方的滑块或在此文本框中输入相应的数值，即可改变高亮区域的明亮程度，其中数值越大即滑块的位置越偏向右侧，则调整后高亮区域也会相应变暗。

图 5.73 所示为原图像，图 5.74 所示的为应用"阴影 / 高光"命令后的效果。

图5.73　素材图像　　　　　　　　图5.74　"阴影/高光"命令示例

5.4.10　HDR色调

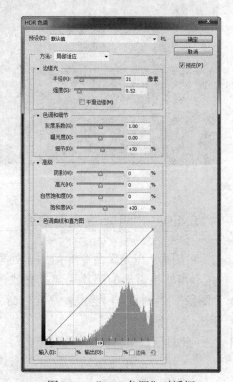

"HDR 色调"命令是针对单一照片进行 HDR 合成的命令，即"图像"|"调整"|"HDR 色调"命令，其对话框如图 5.75 所示。

观看这个对话框不难看出，与其他大部分图像调整命令相似，此命令也提供了预设调整功能，选择不同的预设能够调整得到不同的 HDR 照片结果。以图 5.76 所示的原图像为例，图 5.77 所示是几种不同的调整结果。

在下面的讲解中，将针对此命令提供的几种调整方法进行讲解。

1. 局部适应

这是"HDR 色调"命令默认情况下选择的处理方法，使用此方面时可控制的参数也最多，如前面的图所示。下面来分别讲解一下此命令中各部分的参数功能。

"边缘光"区域中的参数用于控制图像边缘的发光及其对比度，各参数的具体解释如下：

* 半径：此参数可控制发光的范围。如图 5.78 所示就是分别设置不同数值时的对比效果。
* 强度：此参数可控制发光的对比度。如图 5.79 所示就是分别设置不同数值时的对比效果。

图5.75　"HDR色调"对话框

图5.76 素材图像　　　　　　　　图5.77 选择不同预设时调整得到的效果

图5.78 设置不同"半径"数值的对比效果　　　　图5.79 设置不同"强度"数值的对比效果

"色调和细节"区域中的参数用于控制图像的色调与细节，各参数的具体解释如下：

- 灰度系数：此参数可控制高光与暗调之间的差异，其数值越大（向左侧拖动）则图像的亮度越高；反之则图像的亮度越低，如图 5.80 所示。
- 曝光度：控制图像整体的曝光强度，也可以将之理解成为亮度，如图 5.81 所示。
- 细节：数值为负数时（向左侧拖动）画面变得模糊；反之，数值为正数（向右侧拖动）时，可显示出更多的细节内容。

"高级"区域中的参数用于控制图像的阴影、高光以及色彩和饱和度，各参数的具体解释如下：

- 阴影 / 高光：此参数用于控制图像阴影或高光区域的亮度。
- 自然饱和度：拖动此滑块可以使 Photoshop 调整那些与已饱和的颜色相比那些不饱和的颜色的饱和度，从而获得更加柔和自然的图像饱和度效果。
- 饱和度：拖动此滑块可以使 Photoshop 调整图像中所有颜色的饱和度，使所有颜色获得等量饱和度调整，因此使用此滑块可能导致图像的局部颜色过饱和。

"色调曲线和直方图"区域中的参数用于控制图像整体的亮度，其使用方法与编辑"曲线"对话框中的曲线基本相同，单击其右下角的复位曲线按钮 ⤺，可以将曲线恢复到初始状态。例如图 5.82 所示是初始状态的图像效果，图 5.83 所示是调整的曲线状态，图 5.84 所示是得到的对应效果。

图5.80　设置不同"灰度系数"数值的对比效果　　　图5.81　设置不同"曝光度"数值的对比效果

 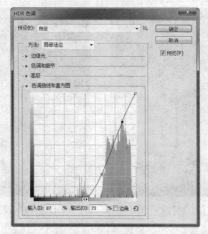 

　　图5.82　初始状态　　　　　　　图5.83　调整曲线　　　　　图5.84　调整曲线后的效果

2. 曝光度和灰度系数

　　选择此方法后，在其中分别调整"曝光度"和"灰度系数"2个参数，可以改变照片的曝光等级，以及灰度的强弱，如图 5.85 所示是调整前后的效果对比。

图5.85　调整曝光及灰度前后的效果对比

3. 高光压缩

　　选择此方法后，会对照片中的高光区域进行降暗处理，从而调节得到比较特殊的效果，如图 5.86 所示。

图5.86 使用"高光压缩"方法调整前后的效果对比

4. 色调均化直方图

选择此方法后，将对画面中的亮度进行平均化处理，对于低调照片有强烈的提亮作用。图 5.87 所示是调整前后的效果对比。

图5.87 使用"色调均化直方图"方法调整前后的效果对比

习 题

一、选择题

1. 使用以下的哪个工具可以减少图像的饱和度？（　　）

 A. 加深工具　　　　　B. 减淡工具

 C. 海绵工具　　　　　D. 任何一个在选项面板中有饱和度滑块的绘图工具

2. 在下列选项中哪个命令可以用来调整色偏？（　　）

 A. 色调均化　　　B. 阈值　　　　　C. 色彩平衡　　　　D. 亮度／对比度

3. 下面的描述哪些是正确的？（　　）

 A. 色相、饱和度和亮度是颜色的 3 种属性

 B. 色相／饱和度命令具有基准色方式、色标方式和着色方式 3 种不同的工作形式

 C. 替换颜色命令实际上相当于使用颜色范围与色相／饱和度命令来改变图像中局部的颜色变化

 D. 色相的取值范围为 0°～180°

4. 在 Photoshop CS6 中，带有预设的调整命令包括（　　）

　　A. 黑白　　　　　　　B. 色相 / 饱和度　　C. 曲线　　　　　　　　D. 亮度 / 对比度

二、填空题

1. 色阶用于修整曝光不足（偏灰）的图像，可以调整其 ＿＿＿＿＿ 色阶、＿＿＿＿＿ 色阶。

2. 色彩平衡可以在彩色图像中改变颜色的混合，更改的色调平衡范围为 ＿＿＿＿＿、＿＿＿＿＿、

＿＿＿＿＿。

3. 在 Photoshop CS6 中，＿＿＿＿＿ 命令可以针对单一照片进行 HDR 合成。

三、简答题

1. 如何制作一张反相照片？

2. 如何仅将一幅图像中的红色或蓝色等特定的颜色调整为其他颜色？

3. "色阶"对话框中的灰色滴管的作用是什么？

4. 图 5.88 所示为随书所附光盘中的文件"d5z\ 习题 - 素材 .tif"图像，图 5.89 所示为效果图像，在实现效果图像时要应用到那些命令？

图5.88　素材图像　　　　　　　　　　　图5.89　效果图像

5. 通过一个实例比较"色相 / 饱和度"命令与"替换颜色"命令的异同。

6. 本章中讲解的高级调整命令有几个？有那个命令不用选区可以调整某个区域的颜色？

7. 要分离图像的色调应该如何操作？

8. 曲线命令可以调整通道对比度吗？如何调整？图 5.90 所示的红色曲线表示什么意思？

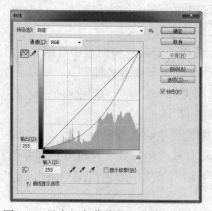

图5.90　具有红色曲线的"曲线"对话框

第 6 章

掌握路径和形状的绘制

路径与形状在 Photoshop 中同属于矢量型对象，本章对这两种矢量型对象进行了深入与全面的讲解，不仅介绍了如何使用各种工具绘制路径与形状，而且还讲解了变换、修改这两种矢量对象的操作方法，除此之外，"路径"面板也是本章讲解的比较重要的知识。

- 绘制路径
- 选择及变换路径
- "路径"面板
- 路径运算
- 绘制几何形状
- 为形状设置填充与描边

路径是 Photoshop 的重要辅助工具，不仅可以用于绘制图形，更为重要的是能够转换成为选区，从而又增加一种制作选区的方法。

一条路径由路径线、节点、控制句柄 3 个部分组成，节点用于连接路径线，节点上的控制句柄用于控制路径线的形状，如图 6.1 所示为一条典型的路径,图中使用小圆标注的是节点，而使用小方块标注的是控制句柄，节点与节点之间则是路径线。

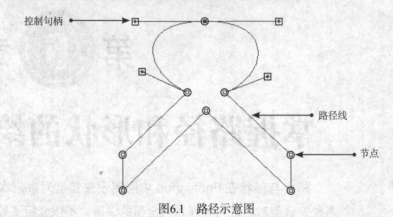

图6.1　路径示意图

在 Photoshop 中有两种绘制路径的工具，即钢笔工具和形状工具，使用钢笔工具可以绘制出任意形状的路径，使用形状工具可以绘制出具有规则外形的路径。

通过本章的学习，读者将能够掌握绘制路径、几何图形及编辑路径的方法，并熟悉路径运算及与"路径"面板有关的各项操作。

6.1　绘制路径

在工具箱中单击钢笔工具不放，弹出如图 6.2 所示的路径工具组，路径工具组包括 5 个工具，分别用于绘制路径、增加 / 删除节点及转换节点。

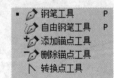

图6.2　路径工具组

- 钢笔工具：是所有路径工具组中最精确的绘制路径的工具，可以创建光滑而复杂的路径。
- 自由钢笔工具：类似于铅笔工具，只是在绘制过程中此工具将自动生成路径，通常使用此工具生成的路径还需要再次编辑。
- 添加锚点工具：可用来为已创建的路径添加节点。
- 删除锚点工具：可用来从路径中删除节点。
- 转换点工具：可将圆角节点转换为尖角节点或将尖角节点转换为圆角节点。

下面仔细讲解各个工具的使用方法与注意事项。

6.1.1　钢笔工具

默认情况下，工具选项条中的钢笔工具处于选中状态，单击工具选项条上的花形图标，将弹出如图 6.3 所示的面板。

图6.3　面板状态

选中"橡皮带"复选框，绘制路径时可以依据节点与钢笔光标间的线段，标识出下一段路径线的走向如图 6.4（a）所示，否则没有任何标识，如图 6.4（b）所示。

（a）选中"橡皮带"选项 （b）未选中"橡皮带"选项

图6.4 绘制路径

利用钢笔工具 绘制路径时，单击可得到直线型点，按此方法不断单击可以创建一条完全由直线型节点构成的直线型路径，如图 6.5 所示，为直线型路径填充实色并描边后的效果，如图 6.6 所示。

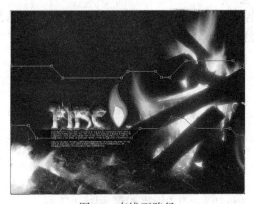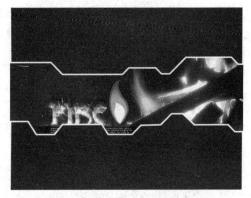

图6.5 直线型路径 图6.6 填充后的效果

如果在单击节点后拖动鼠标，则在节点的两侧会出现控制句柄，该节点也将变为圆滑型节点，按此方法可以创建曲线型路径。如图 6.7 所示为曲线型路径填充前景色后的效果，为此路径填充实色后的效果如图 6.8 所示。

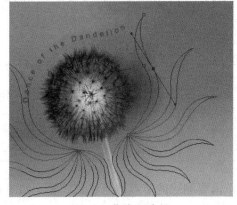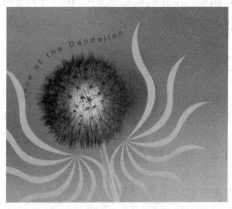

图6.7 曲线型路径 图6.8 填充后的效果

在绘制路径结束时如要创建开放路径，在工具箱中切换为直接选择工具 ，然后在工作页面上单击一下，放弃对路径的选择。

如果要创建闭合路径，将光标放在起点上，当钢笔光标下面显示一个小圆时单击，即可绘制闭合路径。

6.1.2 自由钢笔工具

使用自由钢笔工具 绘制路径的方法如下。

在工具箱中选择自由钢笔工具 ，直接在页面中拖动创建所需要的路径形状。

要得到闭合路径时，将光标放在起点上，当光标下面显示一个小圆时单击即可。也可以在页面中双击鼠标以闭合路径。

要得到开放的路径时，按键盘中的回车键即可结束路径绘制。

单击工具选项条上的花形图标 ，弹出如图 6.9 所示的面板，其中可以设置自由钢笔工具 的参数。

- 曲线拟合：此参数控制绘制路径时对鼠标移动的敏感性，输入的数值越高，所创建的路径的节点越少，路径也越光滑。
- 磁性的：选中此复选框，可以激活磁性钢笔工具 ，此时面板中的"磁性的"选项将自动处于激活状态，如图 6.10 所示，在此可以设置磁性钢笔的相关参数。

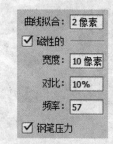

图6.9 "自由钢笔选项"面板（一）　图6.10 "自由钢笔选项"面板（二）

- 宽度：在此可以输入一个 1 ～ 256 的像素值，以定义磁性钢笔探测的距离，此数值越大磁性钢笔探测的距离越大。
- 对比：在此可以输入一个 0 ～ 100 的百分比，以定义边缘像素间的对比度。
- 频率：在此可以输入一个 0 ～ 100 的值，以定义当钢笔在绘制路径时设置节点的密度，此数值越大，得到路径上的节点数量越多。

6.1.3 添加锚点工具

添加锚点工具 用于在已创建的路径上添加节点，在路径被激活的状态下，选择添加锚点工具 ，直接单击要增加节点的位置，即可增加一个节点。

6.1.4 删除锚点工具

将删除锚点工具 移动到欲删除的节点上，单击要删除的节点即可将其删除。如图 6.11 所示为原路径，图 6.12 所示为删除节点后的路径。

图6.11 原路径

图6.12 删除节点后的路径

▶▶ 6.1.5 转换点工具

对节点进行编辑时，经常需要将一个两侧没有控制句柄的直线型节点（如图 6.13 所示）转换为两侧具有控制句柄的圆滑型节点，如图 6.14 所示，或将圆滑型节点转换为直线型节点，要完成此类操作可选用转换点工具 ⬆。

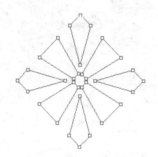

图6.13 直线型节点

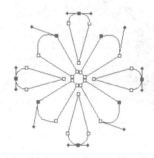

图6.14 圆滑型节点

应用此工具在直线型节点上单击并拖动，可以将该节点转换为圆滑型节点；反之，运用此工具单击圆滑型节点，则可以将此节点转换成为直线型节点。

图 6.15 所示为转换前由直线型节点构成的路径，图 6.16 所示为使用此工具对这些节点进行操作得到的路径。

图6.15 转换前路径

图6.16 转换后路径

6.2 选择及变换路径

6.2.1 选择路径

在对已绘制完成的路径进行编辑操作，往往需要选择路径中的节点或整条路径。执行选择操作，需使用工具箱中的如图 6.17 所示的选择工具组。

▲ 路径选择工具	A
▲ 直接选择工具	A

图6.17 选择工具组

要选择路径中的节点，需要使用工具箱中的直接选择工具，在节点处于被选定的状态下，节点呈黑色小正方形，未选中的节点呈空心小正方形，如图 6.18 所示。

如果在编辑过程中需要选择整条路径，可以使用选择工具组中的路径选择工具，在整条路径被选中的情况下，路径上的节点全部显示为黑色小正方形如图 6.19 所示。

图6.18 选择节点示例   图6.19 选择整条路径操作示例

提示　如果当前使用的工具是直接选择工具，无需切换至路径组件选择工具，只需按Alt单击路径，即可将整条路径选中。

6.2.2 移动节点或路径

要改变路径的形状，可以使用直接选择工具单击节点，当选中的节点变为黑色小正方形后，即可移动节点。与移动节点相同，移动路径中的线段同样需要使用直接选择工具。使用此工具单击要移动的线段并进行拖动，即可移动路径中的线段。

图 6.20 所示为原图路径，图 6.21 所示为向上移动路径节点后的效果。

图6.20 选择节点示例   图6.21 选择整条路径操作示例

使用路径选择工具▶或直接选择工具▶还可以进行路径复制操作。如果当前使用的是直接选择工具▶或路径选择工具▶，按住 Alt 键单击并拖动路径可复制路径。如果当前使用的是钢笔工具✑，按住 Alt+Ctrl 组合键并拖动路径可复制路径。

▶▶6.2.3 变换路径

选择"编辑"|"自由变换路径"命令或"编辑"|"变换路径"子菜单下的命令，可以对当前所选的路径进行变换。

变换路径操作和变换选区操作一样，包括"缩放""旋转""自由扭曲"等操作。在选择变换命令后，工具选项条如图 6.22 所示，在此可以重新定义其中的数值以精确改变路径的形状。

▤ ▾ ⊞ X: 1283.05像 △ Y: 639.50像 W: 100.00% ⊗ H: 100.00% △ 0.00 度 H: 0.00 度 V: 0.00 度 ⊛ ⊘ ✔

图6.22 变换路径操作工具选项条

如果需要对路径中的部分节点进行变换操作，需要用直接选择工具▶选中需要变换的节点，然后再选择"编辑"|"自由变换路径"命令或"编辑"|"变换路径"子菜单下的命令。

图 6.23 所示为原路径，图 6.24 所示为对路径进行缩放操作得到的错落有致的效果，图 6.25 所示为路径分别填充颜色后的效果。

图6.23 选择节点示例

图6.24 选择整条路径操作示例

图6.25 分别填充颜色后的效果

如果按 Alt 键选择"编辑"|"变换路径"子菜单下的命令，可以复制当前操作路径，并对复制路径进行变换操作。

6.3 "路径"面板

"路径"面板是路径的控制与保存中心，如图 6.26 所示，所有绘制的路径都保存在此面板中，通过使用面板的相关功能，可以快速完成复制、删除、选择等多项操作。

6.3.1 新建路径

通常创建的路径都被保存为工作路径，如图 6.27 所示，但当取消路径的显示状态后，再次绘制新路径时，该工作路径将会被替代，如图 6.28 所示。

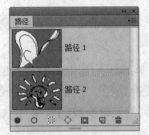

图6.26 "路径"面板　　图6.27 "路径"面板中的　　图6.28 被替代的工作路径
　　　　　　　　　　　　　　工作路径

为了避免这种情况，在绘制路径前应该先单击"创建新路径"按钮　，创建一个新的路径项再使用钢笔工具　或形状工具　进行绘制路径的操作。

通常新建的路径项依次被命名为"路径 1""路径 2"。如果需要在新建路径项时为其命名，可以按 Alt 键单击"创建新路径"按钮　，在弹出的如图 6.29 所示的对话框中输入文字为路径项命名。

图6.29 新建路径并为其命名

在"路径"面板中对路径的操作如下。

- 在"路径"面板中单击路径名称，即可设置该路径为当前操作路径，如图 6.30 所示，被激活的路径项为蓝底黑字。
- 如果要取消路径在图像中的显示，按 Esc 键，此时"路径"面板中不再有任何路径项被激活，如图 6.31 所示。

图6.30 "路径3"为当前操作的路径　　图6.31 取消显示路径线后的"路径"面板

- 将路径拖至"路径"面板下面的删除当前路径按钮　中，即可删除该路径。

▶▶ 6.3.2 绘制心形路径

在 Photoshop 中路径是非常重要的辅助工具，灵活地使用路径工具组绘制路径，不但能够绘制出丰富的形状，也能够提高工作效率。下面将结合使用钢笔工具 ▱、直接选择工具 ▱ 等，绘制一条心形路径，其操作步骤如下。

① 按 Ctrl+N 键新建一个文件。选择钢笔工具 ▱，按住 Shift 键在文件中绘制一条如图 6.32 所示的路径。

② 将钢笔工具 ▱ 置于路径的第 1 个节点上，当光标变为如图 6.33 所示的状态时，单击左键闭合路径，得到如图 6.34 所示的封闭路径。

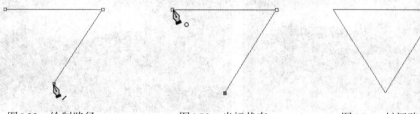

图6.32 绘制路径　　　　　图6.33 光标状态　　　　　图6.34 封闭路径

③ 使用直接选择工具 ▱ 将上一步绘制的路径选中，将钢笔工具 ▱ 置于路径顶部的中间处，使光标右下角出现 "+" 号，如图 6.35 所示。

④ 单击鼠标左键以添加一个节点，使用钢笔工具 ▱ 按住 Ctrl+Shift 键向下拖动该节点，如图 6.36 所示。

提示

> 按住 Ctrl 键是暂时切换至直接选择工具 ▱，按住 Shift 键的同时，可以按水平或垂直方向移动。

⑤ 使用转换点工具 ▱ 单击上一步添加的节点，使其变为尖角节点，如图 6.37 所示。

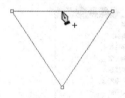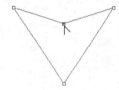

图6.35 添加节点　　　　　图6.36 拖动节点　　　　　图6.37 转换为尖角节点

⑥ 使用转换点工具 ▱ 向右下方拖动路径右上角的节点，直至将其变为如图 6.38 所示的效果。

⑦ 按照上一步中的方法对路径左上角的节点进行操作，得到如图 6.39 所示的心形路径效果。

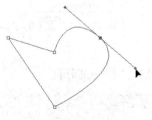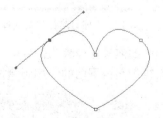

图6.38 拖动节点　　　　　　图6.39 心形路径效果

6.3.3 描边路径

通过描边路径操作，可以为路径增加外轮廓边缘效果。如图 6.40 所示为原路径及在工具箱中选择画笔工具 ✍ 后对路径进行描边操作后的效果。

图6.40 描边路径效果

要为路径描边可以按下面的步骤进行操作。

① 按住 Alt 键单击用画笔描边路径按钮 ○ ，或选择"路径"面板弹出菜单中的"描边路径"命令。

② 在弹出的如图 6.41 所示的对话框的"工具"下拉列表中选择一种描边工具，如图 6.42 所示。

提示 　　要进行描边操作不必非选择一种绘图工具，也可以选择橡皮擦工具 ✐、模糊工具 ◌ 或涂抹工具 ⿻ 等。

图6.41 "描边路径"对话框　　　图6.42 用于描边的工具

③ 将工具箱中的前景色设置为需要的颜色。

④ 单击"路径"面板下面的"用画笔描边路径"按钮 ○ 即可。

提示 　　本例最终效果为随书所附光盘中的文件"d6z\6-3-3.psd"。

➤➤➤ 6.3.4 通过描边路径绘制头发丝

女性的缕缕飘长发丝在绘画中较难表现,下面通过为路径描边来表现飘逸的丝丝秀发,具体操作步骤如下。

① 打开随书所附光盘中的文件 "d6z\6-3-4- 素材 .tif"。

② 在工具箱中选择钢笔工具 ,绘制如图 6.43 所示的路径。

③ 使用路径选择工具 将绘制的路径选中,按 Ctrl+T 键调出路径自由变换框,按键盘中的向下光标键 5 次,将路径向下移动 5 个单位,按回车键确认变换操作。

④ 按 Ctrl+Alt+Shift+T 键 10 次,复制出 10 条路径,如图 6.44 所示。

图6.43 绘制路径

图6.44 复制路径后的效果

⑤ 新建一个图层得到 "图层 1",设置前景色为 #B4963B,选择画笔工具 ,在工具选项条中选择圆形画笔,设置画笔大小为 1,硬度为 100%。

⑥ 切换至 "路径" 面板中,单击面板按钮 ,在弹出的菜单中选择 "描边路径" 命令,在弹出的 "描边路径"对话框中选择描边的工具为"画笔",隐藏路径后得到如图 6.45 所示的效果。

图6.45 描边路径后的效果

⑦ 按照②～⑥的方法绘制第 2 组路径并描边路径,得到如图 6.46 所示的效果。

⑧ 按照②～⑥的方法绘制第 3 组路径并描边路径,得到如图 6.47 所示的效果。

⑨ 按照②～⑥的方法绘制第 4 组路径并描边路径,得到如图 6.48 所示的效果。

⑩ 按照②～⑥的方法绘制第 5 组路径并描边路径,得到如图 6.49 所示的效果。

⑪ 在 "图层" 面板中单击添加图层蒙版按钮 ,设置前景色为黑色。

⑫ 选择画笔工具 ,在工具选项条中选择圆形画笔,设置画笔大小为 30,硬度为 0%,不透明度为 20%,在图层蒙版中绘制,将头发始端和尾端的多余部分隐藏,得到如图 6.50 所示的效果。此时的 "图层" 面板状态如图 6.51 所示。

提示　本例中画笔设置可参考随书所附光盘中的文件 "d6z\6-3-4- 画笔 .abr",本例最终效果为随书所附光盘中的文件 "d6z\6-3-4.psd"。

图6.46 绘制第2组路径并描边后的效果

图6.47 绘制第3组路径并描边后的效果

图6.48 绘制第4组路径并描边后的效果

图6.49 绘制第5组路径并描边后的效果

图6.50 隐藏头发多余部分后的效果

图6.51 "图层"面板状态

6.3.5 删除路径

删除路径项的主要目的是删除路径项中的所有路径，在该路径项被选中的情况下，直接单击"路径"面板底部的删除当前路径按钮 🗑 ，在弹出的对话框中单击"是"按钮，即可以将路径项删除。

6.3.6 将选区转换为路径

在当前页面中存在选区的状态下，单击"路径"面板中的从选区生成工作路径按钮 ◇ ，可将选区转换为相同形状的路径。如图 6.52 所示为原选区，如图 6.53 所示为转换后的路径。

图6.52 原选区　　　　　　　　图6.53 转换后的路径

通过这项操作，可以利用选区得到难以绘制的选区。

6.3.7 将路径转换为选区

在"路径"面板中单击要转换为选区的路径栏，然后单击"路径"面板下面的将路径作为选区载入按钮 ○ （也可以按住 Ctrl 键单击"路径"面板中的路径），即可将当前路径转换为选择区域。如图 6.54 所示为原路径，图 6.55 所示为转换后的选区。

图6.54 原路径　　　　　　　　图6.55 转换后的选区

将路径转换成为选区是路径操作类别中最为频繁的一类操作，许多形状要求精确而又无法使用其他方法得到的选区，都需要先绘制出路径，再通过将路径转换成为选区的操作得到。

6.4 路径运算

在绘制路径的过程中，除了需要掌握绘制各类路径的方法外，还应该了解如何在工具选项条上选择命令选项，如图 6.56 所示，以在路径间进行运算。

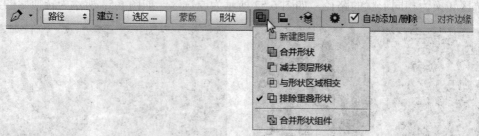

图6.56 路径运算命令选项

- 合并形状选项📷：选择该选项可向现有路径中添加新路径所定义的区域。
- 减去顶层形状选项📷：选择该选项可从现有路径中删除新路径与原路径的重叠区域。
- 与形状区域相交选项📷：选择该选项后生成的新区域被定义为新路径与现有路径交叉的区域。
- 排除重叠形状选项📷：选择该选项定义生成新路径和现有路径的非重叠区域。

① 打开随书所附光盘中的文件"d6z\6-4- 素材 .psd"，选择"路径"面板，单击"路径 1"以在页面上显示路径，然后使用路径选择工具▶选择中间的圆并选择📷选项后，绘制的路径及在"路径"面板上的显示如图 6.57（a）所示，转换为选择区域后如图 6.57（b）所示。

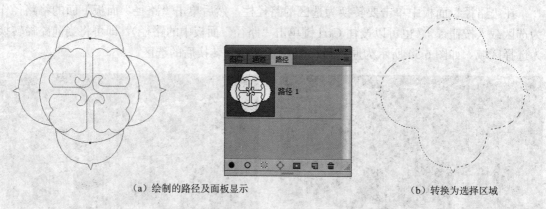

（a）绘制的路径及面板显示　　　　　　　　　　　　　（b）转换为选择区域

图6.57 选择合并形状选项生成的选择区域

② 使用路径选择工具▶选择中间的圆并选择📷选项后，绘制的路径及在"路径"面板上的显示如图 6.58（a）所示，转换为选择区域后如图 6.58（b）所示。

③ 使用路径选择工具▶选择中间的圆并选择📷选项后，绘制的路径及在"路径"面板上的显示如图 6.59（a）所示，转换为选择区域后如图 6.59（b）所示。

④ 使用路径选择工具▶选择中间的圆并选择📷选项后，绘制的路径及在"路径"面板上的显示如图 6.60（a）所示，转换为选择区域后如图 6.60（b）所示。

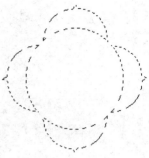

（a）绘制的路径及面板显示　　　　　　　　　　　　　（b）转换为选择区域

图6.58　选择减去顶层形状选项生成的选择区域

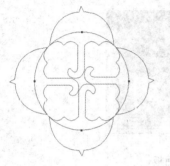

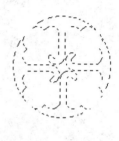

（a）绘制的路径及面板显示　　　　　　　　　　　　　（b）转换为选择区域

图6.59　选择与形状区域相交选项生成的选择区域

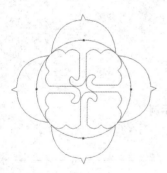

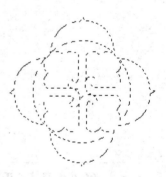

（a）绘制的路径及面板显示　　　　　　　　　　　　　（b）转换为选择区域

图6.60　选择排除重叠形状选项生成的选择区域

通过以上示例，可以看出在绘制路径时选择不同的选项可以得到不同的路径效果。

选择工具选项条中的"合并形状组件"选项，可以按所选的模式得到新路径。在圆形路径被选中的情况下，路径、"路径"面板显示如图 6.61 所示，选择工具选项条上的"合并形状组件"选项后，新生成的路径、"路径"面板将显示如图 6.62 所示。

如果分别选择 4 种不同的路径运算模式并选择"合并形状组件"选项，可以分别得到如图 6.63 所示的 4 种路径。

可以看出通过先绘制形状简单的路径，再通过单击路径运算选项，可以得到形状复杂的或难以直接绘制的路径。

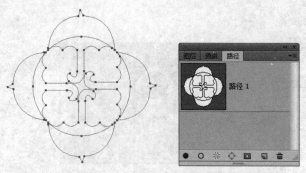

图6.61 操作前的路径与"路径"面板

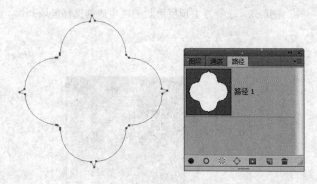

图6.62 操作后的路径与"路径"面板

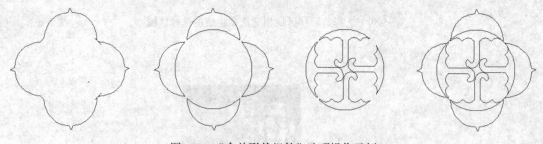

图6.63 "合并形状组件"选项操作示例

6.5 绘制几何形状

在工具箱中单击矩形工具▣不放将弹出如图 6.64 所示的形状工具组，使用这些工具可以快速绘制出矩形、圆角矩形、椭圆形、多边形、直线及各类自定形状图形。

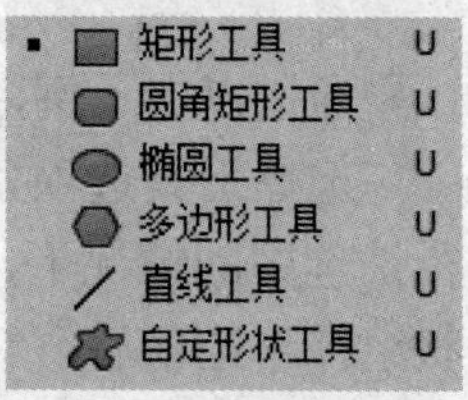

无论选择哪一种形状工具，工具选项条中都将显示如图 6.65 所示的选项。

■ ▢ 矩形工具	U
▢ 圆角矩形工具	U
⬭ 椭圆工具	U
⬡ 多边形工具	U
╱ 直线工具	U
✿ 自定形状工具	U

图6.64 形状工具组

- 如果在工具选项条上选择"形状"选项，再使用形状工具▣进行绘制操作，将创建一个形状图层。
- 如果在工具选项条上选择"路径"选项，再使用形状工具▣进行绘制操作，将创建一条路径。

- 如果在工具选项条上选择"像素"选项，再使用形状工具进行绘制操作，将在当前图层中创建一个填充前景色的图像。

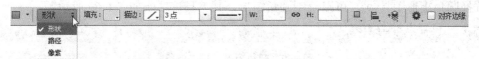

图6.65　形状工具选项条

下面分别讲述 6 个形状工具的使用方法。

▶▶6.5.1　矩形工具

选择矩形工具，将显示如图 6.66 所示的矩形工具选项条。

图6.66　矩形工具选项条

单击工具选项条右侧的花形图标，弹出如图 6.67 所示的面板，在此可以根据需要设置相应的选项。

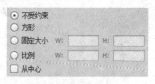

下面讲述面板中的重要参数选项。

- 不受约束：选择该选项，可以绘制长宽比任意的矩形。
- 方形：选择该选项，可以绘制不同大小的正方形。

图6.67　矩形工具选项

- 固定大小：选择该选项后，可以在 W 和 H 文本框输入数值，定义矩形的宽度与高度。
- 比例：选择该选项，可以在 W 和 H 文本框输入数值，定义矩形宽、高比例。
- 从中心：选择该选项，可使绘制的矩形从中心向外扩展。

图 6.68 所示为使用矩形工具创作的图案及设计作品中的矩形效果。

 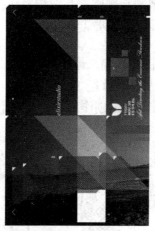 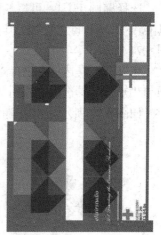

图6.68　使用矩形工具创作的图案及设计作品中的矩形效果

提示

　　在使用矩形绘制图形时，按Shift键可以直接绘制出正方形，而无需选择矩形选项对话框中的"方形"选项。按住 Alt 键可实现从中心开始向四周扩展绘图的效果，在 Alt 键与 Shift 键同时被按下的情况下，可以实现从中心绘制出正方形的效果。在未释放左键之前如果按住空格键，可以移动当前正在绘制的矩形。

>>> 6.5.2 圆角矩形工具

选择圆角矩形工具 ▣，可以绘制圆角矩形，其工具选项条如图 6.69 所示。

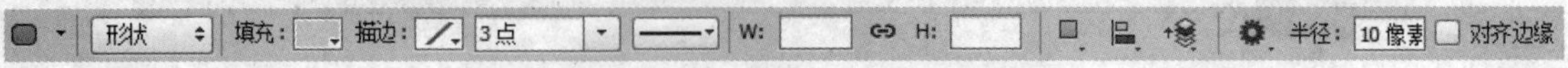

▣ · ┊ 形状 ┊ ┊ 填充: ┊ ┊ 描边: ┊ ┊ 3点 ┊ ┊ W: ┊ ┅┆ H: ┊ ▢ ┊ ┊ ⚙ ┊ 半径:┊10 像素 ┊□ 对齐边缘

图6.69　圆角矩形工具选项条

在"半径"文本框中输入数值，可以设置圆角的半径值。数值越大角度越圆滑，如果该数值为 0 像素，可创建矩形。如图 6.70 所示为半径不同的圆角矩形应用效果。

绘制圆角矩形的方法与绘制矩形的方法完全相同，不再赘述。

半径为0
半径为10
半径为30
半径为50

图6.70　半径不同的圆角矩形

>>> 6.5.3 椭圆工具

选择椭圆工具 ▣ 可以绘制圆和椭圆，其使用方法与矩形工具 ▣ 一样，不同之处在于其选项与矩形工具 ▣ 有略微区别，如图 6.71 所示。

在椭圆工具选项中选择"圆"选项，可绘制正圆形。其他选项与"矩形工具选项"相同，故不再赘述。

⊙ 不受约束
○ 圆(绘制直径或半径)
○ 固定大小　W:　　　H:
○ 比例　　　W:　　　H:
□ 从中心

图6.71　椭圆工具选项

如图 6.72 所示为使用椭圆工具 ▣ 创作的图案及设计作品中的圆形效果。

图6.72　使用椭圆工具创作的图案及设计作品中的圆形效果

6.5.4 多边形工具

使用多边形工具可以绘制不同边数的多边形，其工具选项条如图 6.73 所示。

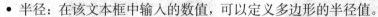

图6.73 多边形工具选项条

此工具被选中的情况下直接拖动即可创建多边形，如果在拖动时需要旋转多边形的角度可以向左侧或右侧拖动光标，操作较为简单。

在"边"文本框中输入数值可以确定多边形的边数，边数数值范围在 3 ～ 100。

在选择多边形工具的情况下，单击工具选项条右侧的花形图标，将弹出如图 6.74 所示的面板。

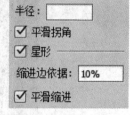

图6.74 多边形工具选项

- 半径：在该文本框中输入的数值，可以定义多边形的半径值。
- 平滑拐角：选择该选项，所绘制的多边形具有圆滑型拐角，如图 6.75 所示的多边形为未选中此选项情况下所绘制的，图 6.76 所示的星形是选中此选项的情况下所绘制的。

图6.75 未选中平滑拐角选项

图6.76 选中平滑拐角选项

- 星形：在此选项被选中的情况下，将绘制出如图 6.77 所示星形，否则将绘制出多边形，如图 6.78 所示。

图6.77 星形

图6.78 多边形

- 缩进边依据：在此文本框中输入百分比可定义星形缩进量，其范围在 1% ～ 99%。数值越大星形的内缩效果越明显，当该数值设置为 99% 时，所创建的对象类似于放射状星形线条。如图 6.79 所示为数值为 50% 时的效果，图 6.80 所示为数值为 80% 时的效果。

图6.79　数值为50%时的星形效果　　　图6.80　数值为80%时的星形效果

- 平滑缩进：选择该选项使星形平滑缩进。如图 6.81 所示为未选中此选项情况下所绘制的星形，图 6.82 所示为选中此选项的情况下所绘制的星形。

图6.81　未选中此选项所绘制的星形　　　图6.82　选中此选项的情况下所绘制的星形

▶▶6.5.5　直线工具

使用直线工具 可以在图像中绘制不同粗细的直线，根据需要还可以为直线增加单向或双向箭头，其工具选项条如图 6.83 所示。

图6.83　直线工具选项条

在"粗细"文本框中输入数值可确定直线宽度，范围在 1 ～ 1000 像素。

在直线工具 被选中的情况下，单击工具选项条右侧的花形图标 ，将弹出如图 6.84 所示的"箭头"面板，在此面板中可以设置箭头形状，创建如图 6.85 所示有箭头的直线。

箭头
□ 起点 □ 终点
宽度：500%
长度：1000%
凹度：0%

图6.84　"箭头"面板　　　　　　图6.85　有箭头的直线

- 起点、终点：在"箭头"面板中选择"起点"和"终点"，可指定箭头的方向，如果需要直线的两端均有箭头。可选择"起点"和"终点"两个复选框。
- 宽度、长度：在"宽度"和"长度"文本框中输入数值，可指定箭头的比例，宽度为10% ～ 1000%，长度为10% ～ 5000%。
- 凹度：在该文本框中输入数值，可以定义箭头尖锐程度，范围为 –50% ～ +50%。

▶▶ 6.5.6　自定形状工具

使用自定形状工具 ，可以绘制出形状多变的图像，其工具选项条如图 6.86 所示。

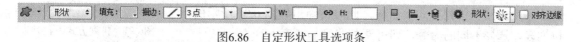

图6.86　自定形状工具选项条

单击工具选项条右侧的花形图标 ，将弹出如图 6.87 所示的选项面板。

> 由于自定形状工具选项中的各选项在前面已有所述，故在此不再赘述。

提示

单击绘图图标右侧三角按钮 ，弹出如图 6.88 所示的"形状"面板。在"形状"面板中选择任意图形后在页面中拖动，即可得到相应形状的图像。

○ 不受约束
○ 定义的比例
○ 定义的大小
○ 固定大小　W:　　　H:
□ 从中心

图6.87　自定形状工具选项

图6.88　"形状"面板

图 6.88 所示为默认情况下"形状"面板中的形状，要调出更多 Photoshop 预置形状，可以选择面板弹出菜单中的"全部"选项，在弹出的如图 6.89 所示的对话框中单击"追加"按钮。

图6.89　增加形状对话框

▶▶ 6.5.7 精确创建图形

在 Photoshop CS6 中，在矢量绘图方面提供了更强大的功能，在使用矩形工具■、椭圆工具●、自定形状工具❀等图形绘制工具时，可以在画布中单击，此时会弹出一个相应的对话框，以使用椭圆工具●在画布中单击为例，将弹出如图 6.90 所示的参数设置对话框，在其中设置适当的参数并选择选项，然后单击"确定"按钮，即可精确创建圆角矩形。

图6.90 "创建圆角矩形"对话框

▶▶ 6.5.8 调整形状大小

在 Photoshop CS6 中，对于形状图层中的路径，可以在工具选项上精确调整其大小。使用路径选择工具选中要改变大小的路径后，在工具选项上的 W 和 H 数值输入框中输入具体的数值，即可改变其大小。

若是选中 W 与 H 之间的链接形状的宽度和高度按钮∞，则可以等比例调整当前选中路径的大小。

▶▶ 6.5.9 调整路径的上下顺序

在绘制多个路径时，常需要调整各条路径的上下顺序，在 Photoshop CS6 中，提供了专门用于调整路径顺序的功能。

在使用路径选择工具▶选择要调整的路径后，可以单击工具选项条上的路径排列方式按钮❖，此时将弹出如图 6.91 所示的下拉列表，选择不同的命令，即可调整路径的顺序。

图6.91 排列方式下拉列表

▶▶ 6.5.10 创建自定形状

如果经常要使用某一种路径，则可以将此路径保存为形状，从而在以后的工作中提高操作效率。

要创建自定形状，可以按下述步骤操作。

① 选择钢笔工具✎，用钢笔工具✎创建所需要的形状的外轮廓路径，如图 6.92 所示。

② 选择路径选择工具▶，将路径全部选中。

图6.92 钢笔工具所绘路径

③ 选择"编辑"|"定义自定形状"命令，在弹出的如图 6.93 所示的对话框中输入新形状的名称，然后单击"确定"按钮确认。

图6.94　新定义的形状

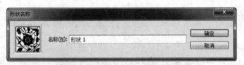

图6.93　定义自定形状对话框

④ 选择自定形状工具 ，在形状列表框中即可看见自定义的形状，如图 6.94 所示。

> **提示**　本例最终效果为随书所附光盘中的文件"d6z\6-5-10.tif"。

▶▶ 6.5.11　保存形状

"形状"列表框中的形状与笔刷一样，都可以以文件形式保存，以方便保存及共享。要将"形状"列表框中的形状保存为文件，可以按下述步骤操作。

① 单击"形状"列表框右侧的花形图标 ✿。

② 在弹出的菜单中选择"存储形状"命令。

③ 在弹出的如图 6.95 所示的对话框中设置保存路径并输入名称。

④ 单击"保存"按钮。

图6.95　"存储"对话框

6.6　为形状设置填充与描边

在 Photoshop CS6 中，可以直接为形状图层设置多种渐变及描边的颜色、粗细、线型等属性，从而可以更加方便地对矢量图形进行控制。

要为形状图层中的图形设置填充或描边属性,可以在"图层"面板中选择相应的形状图层,然后在工具箱中选择任意一种形状绘制工具或路径选择工具 ⬆️,然后在工具选项条上显示类似如图 6.96 所示的参数。

图6.96   工具选项条中关于设置形状填充及线条属性参数

- 填充或描边颜色:单击填充颜色或描边颜色按钮,在弹出的类似如图 6.97 所示的面板中可以选择形状的填充或描边颜色,其中可以设置的填充或描边颜色类型为无、纯色、渐变和图案 4 种。
- 描边粗细:在此可以设置描边的线条粗细数值。例如图 6.98 所示是将描边颜色设置为紫色,且描边粗细为 6 点时得到的效果。

图6.97   可设置的颜色

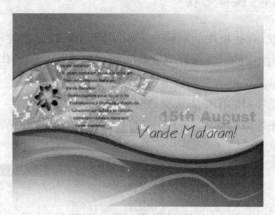

图6.98   设置描边后的效果

- 描边线型:在此下拉列表中,如图 6.99 所示,可以设置描边的线型、对齐方式、端点及角点的样式。若单击"更多选项"按钮,将弹出如图 6.100 所示的对话框,在其中可以更详细地设置描边的线型属性。

图6.99   "描边选项"面板

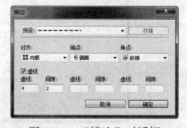

图6.100   "描边"对话框

习　题

一、选择题

1.将选区转换为路径时,将创建哪种类型的路径?(　　　)

A. 工作路径   B. 打开的子路径   C. 剪贴路径   D. 填充路径

2. 路径是由什么组成的？（　　）

A. 直线   B. 曲线   C. 锚点   D. 像素

3. 使用钢笔工具 ✐ 可以绘制最简单的线条是什么？（　　）

A. 直线   B. 曲线   C. 锚点   D. 像素

二、填空题

1. 路径可以分为 _____ 和闭合路径。

2. 在路径曲线线段上，方向线和方向点的位置决定了曲线段的 _____ 和 _____。

三、简答题

1. 保存形状有什么用处？

2. 路径有哪几种运算模式？

3. 如何移动路径的若干个节点，以改变路径的形状？

4. 如何将选区转换成为路径后，再转换成为选区？

5. 如何创建一个自定义的形状？

第 7 章

掌握文字的编排

本章主要讲解如何在 Photoshop 中创建文字、改变文字的属性、格式化文字段落及如何将文字转换成为路径等方面的知识，其中对沿路径排文字、将文字排列于路径中、扭曲文字等大量方便、实用的功能进行了透彻地讲解。

- 输入文字
- 点文字与段落文字
- 格式化文字与段落
- 设置字符样式与段落样式
- 特效文字
- 文字转换

在各类设计尤其是平面设计中，文字是不可缺少的设计元素，它能直接传递设计者要表达的信息，因此对文字的设计和编排是不容忽视的。

Photoshop 具有强大的文字处理功能，配合图层、通道与滤镜等功能，可以制作出各种精美的艺术效果字，如图 7.1 和图 7.2 所示，甚至可以在 Photoshop 中进行适量的排版操作。

图7.1 艺术文字示例1　　　　　　　　　　　　　　图7.2 艺术文字示例2

7.1 输入文字

▶▶7.1.1 输入水平或垂直文字

在 Photoshop 中输入水平与垂直文字时，在操作步骤方面没有本质的区别。故以为图像添加水平排列的文字为例，讲解其操作步骤。

① 在工具箱中选择横排文字工具 T 或直排文字工具 IT，工具选项条显示如图 7.3 所示。

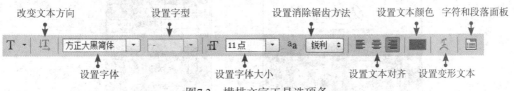

图7.3 横排文字工具选项条

② 在工具选项条中设置文字属性参数，再在需要输入文字的位置单击一下，插入一个文本光标。

③ 输入图像中所需要的文字。

④ 完成文字输入工作后，单击文字工具选项条右侧的提交所有当前编辑按钮 ✓ 即可完成输入文字，单击取消所有当前编辑按钮 ⊘ 可取消文字的输入。

如图 7.4 和图 7.5 所示分别为水平文字和垂直文字的示例。

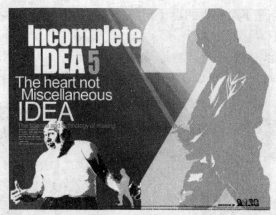

图7.4 水平方向排列的文本　　　　　　　图7.5 垂直方向排列的文本

>> **7.1.2 创建文字型选区**

文字型选区也是选区，但与其他选区不同，此类选区是使用文字工具组中的工具创建的。

创建文字选区与创建文字的方法基本相同，只是确认输入文字得到文字选区后，便无法再对其文字属性进行编辑，所以在单击工具选项条右侧的提交所有当前编辑按钮 ✔ 前，应该确认是否已经设置好所有的文字属性。

如图 7.6 所示为利用横排文字蒙版工具 ▢，见下面 ② 中创建的文字选区，使用此工具可以创建图像型文字。

图像型文字在平面设计中很常用，下面讲解创建图像型文字的方法。

图7.6 文字选区

① 打开随书所附光盘中的文件 "d7z\7-1-2- 素材 .psd"，如图 7.7 所示，其 "图层" 面板状态如图 7.8 所示。

图7.7 打开文件　　　　　　图7.8 "图层"面板状态

② 在工具箱中选择横排文字蒙版工具 ▢，创建如图 7.9 所示的文字型选择区域。

③ 选择 "图层 1"，单击 "图层" 面板下方的 "添加图层蒙版" 按钮 ▢，得到如图 7.10 所示的图像文字效果。

图7.9　文字型选择区域　　　　　　　　图7.10　图像文字效果

提示
本例最终效果为随书所附光盘中的文件 "d7z\7-1-2.psd"。

▶▶7.1.3　转换横排文字与直排文字

在 Photoshop 中水平排列的文本和垂直排列的文本之间可以相互转换，要完成这一操作，可以按以下步骤进行。

① 用横排文字工具 T 或直排文字工具 ⏇T 在要转换的文字上单击一下，以插入一个文本光标。

② 单击工具选项条中的切换文本取向按钮 ⏄，或选择 "文字" | "取向" | "垂直"、"文字" | "取向" | "水平" 命令，即可转换文字的排列方向。

提示
Photoshop 无法转换一段文字中的某一行或某几行文字，同样也无法转换一行或一列文字中的某一个或某几个文字，只能对整段文字进行转换操作。

▶▶7.1.4　文字图层的特点

当使用文字工具在图像中创建文字后，在 "图层" 面板中会自动创建一个以输入的文字内容为名字的文字图层，如图 7.11 所示。

文字图层具有与普通图层不一样的操作性。例如在文字图层中无法使用画笔工具 🖊、铅笔工具 ✏、渐变工具 ▣ 等工具进行绘制操作，也无法使用 "滤镜" 菜单中的滤镜命令对该图层进行操作，只能对文字进行变换、改变颜色等简单操作。

但可以改变文字图层中的文字属性，同时保持原文字所具有的其他基本属性不变，其中包括自由变换、颜色、图层效果、字体、字号、角度等。例如，对于图 7.12 所示的文字效果，如果需要将文字 "GOLF" 的字体从黑体改变为 Times New Roman，可以将文字选中，在工具选项条中选择 Times New Roman 字体，则在改变字体后文字的颜色和大小都不会改变，如图 7.13 所示。

提示
在执行上面的操作时，即使文字 "GOLF" 具有一定的倾斜角度与图层样式，也不会因为文字的字体发生变化而变化，关于这一点，读者可以自行尝试。

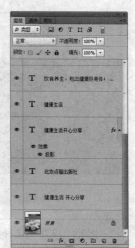

图7.11　图像中的文字及对应在"图层"面板生成的文字图层

图7.12　原文字效果

图7.13　改变后的文字效果

7.2　点文字与段落文字

无论用哪一种文字工具创建的文本都有两种方式，即点文字和段落文字。

- 点文字的文字行是独立的，即文字行的长度随文本的增加而变长，不会自动换行，因此，如果在输入点文字时要换行必须按回车键。
- 段落文字与点文字的不同之处为，输入的文字长度到达段落定界框的边缘时，文字会自动换行，当段落定界框的大小发生变化时，文字同样会根据定界框的变化而发生变化。

7.2.1　点文字

要输入点文字可按下面的操作步骤进行。

① 选择横排文字工具 T 或直排文字工具 IT 。

② 用光标在图像中单击，得到一个文本插入点。

③ 在光标后面输入所需要的文字，如果需要文字折行可按回车键，完成输入后单击提交所有当前编辑按钮☑确认。

7.2.2 编辑点文字

要对输入完成的文字进行修改或编辑，有以下两种方法可以进入文字编辑状态。

- 选择文字工具，在已输入完成的文字上单击，将出现一个闪动的光标，即可对文字进行删除、修改等操作。
- 在"图层"面板中双击文字图层缩略图，相对应的所有文字将被刷黑选中，可以在文字工具的工具选项条中通过设置文字的属性，对所有的文字进行字体、字号等文字属性的更改。

7.2.3 输入段落文字

要创建段落文字，选择文字工具后在图像中单击并拖曳光标，拖动过程中将在图像中出现一个虚线框，如图 7.14 所示。释放鼠标左键后，在图像中将显示段落定界框，如图 7.15 所示，然后在段落定界框中输入相应的文字即可。

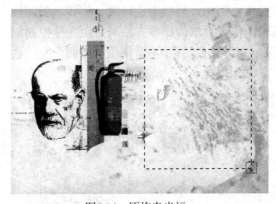

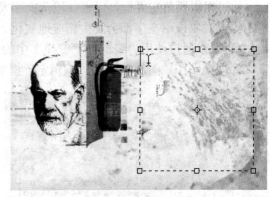

图7.14 原拖曳光标   图7.15 段落定界框

下面以为一幅海报输入说明文字为例，讲解输入段落文字的操作步骤。

① 打开随书所附光盘中的文件"d7z\7-2-3- 素材 .tif"。

② 由于说明文字为水平排列，因此在工具箱中选择横排文字工具 T 。

③ 在页面中拖动光标创建一个段落定界框，由于段落定界框将决定段落文字的位置与水平宽度，因此在拖动光标的过程中应该做到心中有数，完成拖动操作后，文字光标显示在定界框内，如图 7.16 所示。

提示   如果在拖动光标的过程中未释放左键之前，希望移动段落定界框，可以按住空格键，此时移动光标，则段落定界框会同时被移动。

④ 在工具选项条中设置文字选项。

⑤ 在文字光标后输入文字，如图 7.17 所示，按提交所有当前编辑按钮☑确认。

图7.16 创建定界框

图7.17 输入文字

提示

本例最终效果为随书所附光盘中的文件"d7z\7-2-3.psd"。

7.2.4 编辑段落定界框

通过编辑段落定界框，可以使段落文字发生变化。例如，当缩小、扩大、旋转、斜切段落定界框时，段落文字都会发生相应地变化。编辑段落定界框的操作方法与自由变换控制框类似，也可以通过使用"编辑"|"变换"中的子菜单命令完成，只是不常使用"扭曲"及"透视"等变换操作。图7.18所示为编辑定界框前后的效果对比。

图7.18 编辑定界框前后的效果对比

编辑段落定界框的详细操作步骤如下。

① 打开第7.2.3节所制作的最终效果文件，用文字工具在页面的文本框中单击以插入光标，此时会自动显示段落定界框。

② 将光标放在定界框的句柄上，待光标变为双向箭头 时拖动，可以缩放定界框，如图7.19所示为改变定界框高度的效果，图7.20所示为改变定界框宽度的效果。

提示

按②所述的方法改变段落定界框的高度与宽度时，定界框中的文字大小不会发生变化，如果希望文字大小发生变化，可以按住Ctrl键拖动定界框的控制句柄。

图7.19 改变定界框的高度

图7.20 改变定界框的宽度

③ 将光标放在定界框的外面，待光标变为弯曲的双向箭头"↰↱"时拖动，可旋转定界框，如图 7.21 所示。

④ 要拉斜变形定界框时可以按住 Ctrl 键，待光标变为小箭头"▹"时拖动句柄即可使定界框发生变形，如图 7.22 所示。

图7.21 旋转定界框

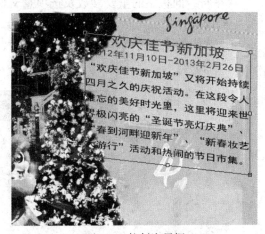

图7.22 拉斜定界框

≫7.2.5 转换点文本与段落文本

选择"文字"|"转换为点文本"或"文字"|"转换为段落文本"命令，可以相互转换点文本和段落文本。

7.3 格式化文字与段落

≫7.3.1 格式化文字

要格式化文字属性可以按以下步骤操作：

① 在"图层"面板中双击要设置字符的文字层缩略图，或利用相应的文字工具在图像中的文字上双击，以选择当前文字层的所有或部分文字。

② 单击工具选项条中的切换字符和段落面板按钮，弹出如图 7.23 所示的"字符"面板。

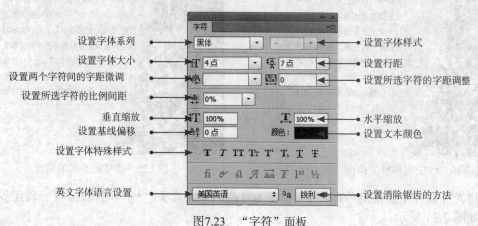

设置字体系列　　　　　　　　　　　　　　　　　　设置字体样式
设置字体大小　　　　　　　　　　　　　　　　　　设置行距
设置两个字符间的字距微调　　　　　　　　　　　　设置所选字符的字距调整
设置所选字符的比例间距
垂直缩放　　　　　　　　　　　　　　　　　　　　水平缩放
设置基线偏移　　　　　　　　　　　　　　　　　　设置文本颜色
设置字体特殊样式
英文字体语言设置　　　　　　　　　　　　　　　　设置消除锯齿的方法

图7.23　"字符"面板

③ 在"字符"面板中设置属性后，单击工具选项条中的提交所有当前编辑按钮☑确认。"字符"面板中的重要参数及选项意义如下所述。

- 设置行距：在此数值框中输入数值或在下拉菜单中选择一个数值，可以设置两行文字之间的距离，数值越大行间距越大，如图 7.24 所示是为同一段文字应用不同行间距后的效果。

图7.24　为段落设置不同行间距的效果

- 设置所选字符的字距调整：此数值控制了所有选中的文字的间距，数值越大字间距越大，如图 7.25 所示是设置不同字间距的效果。

图7.25　设置不同字间距的效果

- 设置基线偏移：此参数仅用于设置选中的文字的基线值，对于水平排列的文字而言，正数向上偏移、负值向下偏移，如图7.26所示是原文字及基线偏移数值设置为30pt的效果。

图7.26 调整基线位置

- 设置字体特殊样式：单击其中的按钮，可以将选中的文字改变为该种形式显示。其中的按钮依次为，仿粗体、仿斜体、全部大写字母、小型大写字母、上标、下标、下划线和删除线。图7.27所示为原图，图7.28和图7.29所示为单击全部大写及小型大写按钮后的效果。

图7.27 原图　　　图7.28 单击全部大写字母按钮的效果　图7.29 单击小型大写字母按钮的效果

- 设置消除锯齿的方法：在此下拉列表中选择一种消除锯齿的方法。

7.3.2 格式化段落

通过格式化段落，可以设置文字段落的段间距、对齐方式、左空与右空数值等参数，此项操作主要是在"段落"面板中进行的，其操作步骤如下。

① 选择相应的文字工具，在要设置段落属性的文字中单击插入光标。如果要一次性设置多段文字的属性，用文字光标刷黑选中这些段落中的文字。

② 单击"字符"面板右侧的"段落"标签，弹出如图7.30所示的"段落"面板。

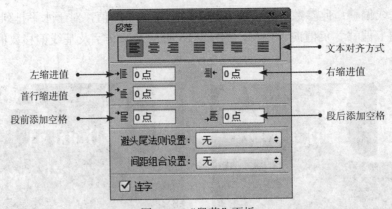

图7.30　"段落"面板

③ 设置好属性后单击工具选项条中的提交所有当前编辑按钮☑确认。

此面板中的重要参数及选项说明如下。

- 文本对齐方式：单击其中的选项，光标所在的段落将以相应的方式对齐。
- 左缩进值：设置文字段落的左侧相对于定界框左侧的缩进值。
- 右缩进值：设置文字段落的右侧相对于定界框右侧的缩进值。
- 首行缩进值：设置选中段落的首行相对于其他行的缩进值。
- 段前添加空格：设置当前文字段与上一文字段之间的垂直间距。
- 段后添加空格：设置当前文字段与下一文字段之间的垂直间距。

如图 7.31 所示为原文字段落效果，如图 7.32 所示为改变文字段落对齐方式后的效果。

图7.31　原文字段落效果　　　　　图7.32　改变文字段落属性后的效果

7.4　设置字符样式与段落样式

>> 7.4.1　设置字符样式

在 Photoshop CS6 中，为了满足多元化的排版需求加入了字符样式功能，它相当于对文字属性设置的一个集合，并能够统一、快速地应用于文本中，且便于进行统一编辑及修改。

要设置和编辑字符样式，首先要选择"窗口"|"字符样式"命令，以显示"字符样式"面板，如图 7.33 所示。

1. 创建字符样式

要创建字符样式，可以在"字符样式"面板中单击创建新的字符样式按钮 ，即可按照默认的参数创建一个字符样式，如图 7.34 所示。

图7.33 "字符样式"面板

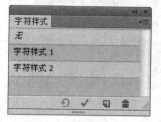
图7.34 "字符样式"面板

若是在创建字符样式时，刷黑选中了文本内容，则会按照当前文本所设置的格式创建新的字符样式。

2. 编辑字符样式

在创建了字符样式后，双击要编辑的字符样式，即可弹出如图 7.35 所示的对话框。

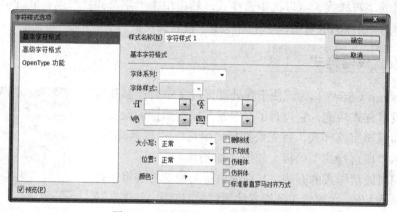
图7.35 "字符样式选项"对话框

在"字符样式选项"对话框中，在左侧分别可以选择"基本字符格式""高级字符格式"以及"OpenType 功能"等 3 个选项，然后在右侧的对话框中，可以设置不同的字符属性。

3. 应用字符样式

当选中一个文字图层时，在"字符样式"面板中单击某个字符样式，即可为当前文字图层中所有的文本应用字符样式。

若是刷黑选中文本，则字符样式仅应用于选中的文本。

4. 覆盖与重新定义字符样式

在创建字符样式以后，若当前选择的文本中，含有与当前所选字符样式不同的参数，则该样式上会显示一个"+"，如图 7.36 所示。

此时，单击清除覆盖按钮 ↺，则可以将当前字符样式所定义的属性，应用于所选的文本中，并清除与字符样式不同的属性；若单击通过合并覆盖重新定义字符样式按钮 ✔，则可以依据当前所选文本的属性，将其更新至所选中的字符样式中。

5. 复制字符样式

若要创建一个与某字符样式相似的新字符样式，则可以选中该字符样式，然后单击"字符样式"面板中上角的面板按钮，在弹出的菜单中选择"复制字符样式"命令，即可创建一个所选样式的副本，如图 7.37 所示。

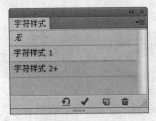 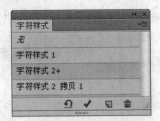

图7.36 "字符样式"面板（一）　　图7.37 "字符样式"面板（二）

6. 载入字符样式

若要调用某 PSD 格式文件中保存的字符样式，则可以单击"字符样式"面板右上角的面板按钮，在弹出的菜单中选择"载入字符样式"命令，在弹出的对话框中选择包含要载入的字符样式的 PSD 文件即可。

7. 删除字符样式

对于无用的字符样式，可以选中该样式，然后单击"字符样式"面板底部的删除当前字符样式按钮，在弹出的对话框中单击"是"按钮即可。

7.4.2 设置段落样式

在 Photoshop CS6 中，为了便于在处理多段文本时控制其属性而新增了段落样式功能，它包含了对字符及段落属性的设置。

要设置和编辑字符样式，首先要选择"窗口" | "段落样式"命令，以显示"段落样式"面板，如图 7.38 所示。

创建与编辑段落样式的方法，与前面讲解的创建与编辑字符样式的方法基本相同,在编辑段落样式的属性时,将弹出如图 7.39所示的对话框，在左侧的列表中选择不同的选项，然后在右侧设置不同的参数即可。

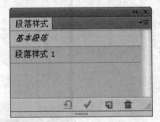

图7.38 "段落样式"面板

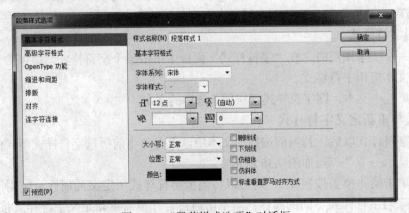

图7.39 "段落样式选项"对话框

提示　当同时对文本应用字符样式与段落样式时，将优先应用字符样式中的属性。

7.5　特效文字

在一些广告、海报和宣传单上经常可以看到一些扭曲的文字和一些特殊排列的文字，既新颖又能得到很好的版式效果，其实这些效果在 Photoshop 中很容易实现。下面具体讲解文字的扭曲变形操作，绕排文字和区域文字的制作及编辑。

7.5.1　扭曲文字

Photoshop 具有扭曲文字的功能，值得一提的是扭曲后的文字仍然可以被编辑。在文字被选中的情况下，只需单击工具选项条上的创建文字变形按钮，即可弹出如图 7.40 所示的对话框。

在对话框下拉菜单中，可以选择一种变形选项对文字进行变形，如图 7.41 中的弯曲文字均为对水平排列的文字使用此功能得到的效果。

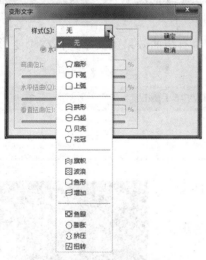

图7.40　"变形文字"对话框

图7.41　变形后的文字效果

"变形文字"对话框中的重要参数说明如下。

- 样式：在此可以选择各种 Photoshop 默认的文字扭曲效果。
- 水平 / 垂直：在此可以选择是使文字在水平方向上扭曲还是在垂直方向上扭曲。
- 弯曲：在此输入数值可以控制文字扭曲的程度，数值越大，扭曲程度也越大。
- 水平扭曲：在此输入数值可以控制文字在水平方向上扭曲的程度，数值越大则文字在水平方向上扭曲的程度越大。
- 垂直扭曲：在此输入的数值可以控制文字在垂直方向上扭曲的程度，数值越大则文字在垂直方向上扭曲的程度越大。

下面以一个实例讲解其操作步骤。

① 打开随书所附光盘中的文件"d7z\7-5-1-素材.psd"。

② 在"图层"面板中选择要变形的文字层为当前操作层，并选择文字工具。或直接将文字光标插入到要变形的文字中，如图 7.42 所示。

③ 单击工具选项条中的创建文字变形按钮，弹出"变形文字"对话框，在"样式"下拉列表框中选择"扇形"样式，如图 7.43 所示。

④ 单击"变形文字"对话框中的"确定"按钮，确认变形效果，得到如图 7.44 所示的变形文字效果。

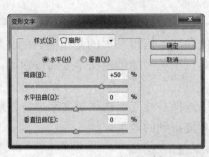

图7.42 要变形的文字　　　　图7.43 选择"扇形"样式　　　　图7.44 变形文字效果

　　如果要取消文字变形效果，在图像中先选中具有扭曲效果的文字，再在"变形文字"对话框的"样式"下拉列表中选择"无"选项。

提示　　本例最终效果为随书所附光盘中的文件"d7z\7-5-1.psd"。

7.5.2 沿路径排文

　　在 Photoshop CS6 中可以轻松地实现沿路径排文的效果，如图 7.45 所示。

　　要取得沿路径绕排文字的效果，可以按下面的步骤进行操作。

① 选择钢笔工具，在工具选项条中选择"路径"选项，绘制一条用于绕排文字的路径。

② 选择横排文字工具，将此工具放于路径线上，直至光标变化为的形状，用光标在路径线上单击，以在路径线上创建一个文本光标点。

③ 在文本光标点的后面输入所需要的文字，完成输入后单击"提交所有当前编辑"按钮确认，即可得到所需的效果。

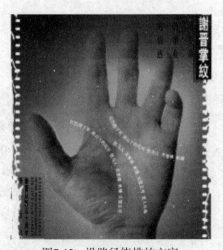

图7.45 沿路径绕排的文字

下面讲解如何改变绕排于路径上的文字的位置及文字属性等操作。

1．改变绕排文字位置

要改变绕排于路径上的文字，可以在选中文字工具的同时按住 Ctrl 键，此时鼠标的光标将变化为"⅃"形，用此光标拖动文本前面的文本位置点，如图 7.46 所示，即可沿着路径移动文字，其效果如图 7.47 所示。

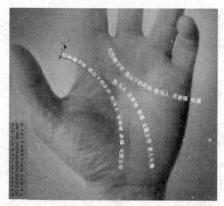

图7.46　移动文字

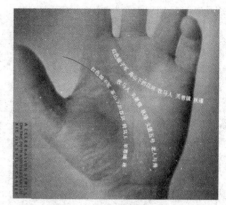

图7.47　移动位置后的效果

也可以选择路径选择工具，并将光标放于绕排于路径上的文字上，此时光标同样会变化为"⅃"形，用此光标进行移动文字的操作即可。

2．改变绕排文字属性

用文字工具将路径线上的文字刷黑选中，然后在"字符"面板中修改相应的参数，可以修改绕排于路径上的文字的各种属性，其中包括字号、字体、水平或垂直排列方式及其他文字的属性，如图 7.48 所示为笔者修改文字的字号与字体后的效果。

3．改变绕排路径

如果修改了路径的曲率、角度或节点的位置，则会自动修改绕排于路径上的文字的形状及文字相对于路径的位置。如图 7.49 所示为通过修改节点的位置及路径线曲率后的文字绕排效果，可以看出文字的绕排形状已经随着路径形状的改变而发生了变化。

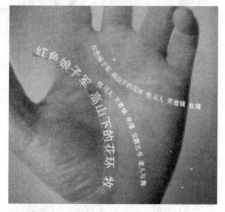

图7.48　修改文字属性后的效果

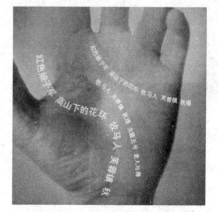

图7.49　修改路径形状后的效果

▶▶▶7.5.3　区域文字

在 Photoshop 中可以将文字"装入"一个规则或不规则的路径形状内，从而得到异形文字轮廓，如图 7.50 所示。

下面讲解将文字"载入"路径中的方法，其操作步骤如下。

① 打开随书所附光盘中的文件"d7z\7-5-3- 素材 .tif"，如图 7.51 所示。

② 在工具箱中选择钢笔工具 ⬚，绘制需要添加的异形轮廓，如图 7.52 所示。

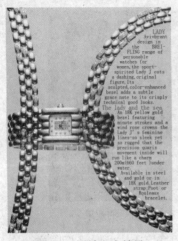  

图7.50　区域文字效果　　　　　　图7.51　素材图像　　　　　　图7.52　绘制路径

③ 在工具箱中选择横排文字工具 T，将工具光标放于绘制的路径中间，直至光标转换
成为" 🛈 "状，如图 7.53 所示。

④ 用此光标在路径中单击一下，在光标点后面输入所需要的文字，即可得到所需要的效
果，如图 7.54 所示。

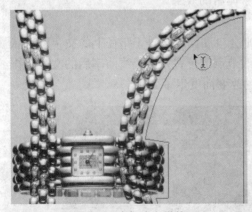 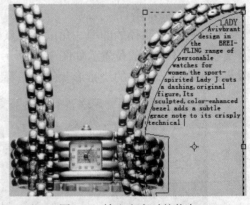

图7.53　光标改变形状　　　　　　　　　　图7.54　输入文字时的状态

⑤ 输入完成后单击工具选项条中的提交所有当前编辑按钮 ✓，确认输入完成。

下面讲解如何改变文字的属性及区域的形状。

1．改变区域文字的属性

对于具有异形轮廓的文字，同样可以用前面讲解的方法修改其中文字的各种属性，例如，
字体、字号、行间距等属性，如图 7.55 所示为改变文字字号前后的效果对比。

2．改变区域文字的形状

如果用直接选择工具 ▸、钢笔工具 ⬚ 或其他工具修改了路径的形状，则排列于路径中
的文字的外形也将随之发生变化，如图 7.56 所示。

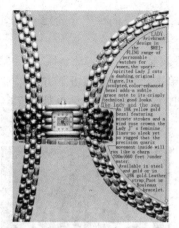 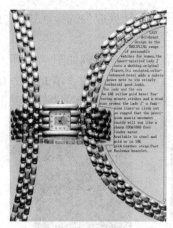 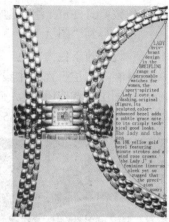

图7.55　修改字号后的前后对比效果　　　　　　图7.56　修改路径后的文字效果

提示

> 本例最终效果为随书所附光盘中的文件"d7z\7-5-3.psd"。

7.6　文字转换

7.6.1　转换为普通图层

如果要用工具箱中的工具或"滤镜"菜单下的命令对文字图层中的文字进行操作，必须将文字图层转换成为普通图层。

要完成这一操作，可以选择"文字"|"栅格化文字图层"命令，将文字图层转换为普通图层，再进行上述操作。

7.6.2　由文字生成路径

选择"文字"|"创建工作路径"命令，可以由文字图层生成工作路径。如图 7.57 所示为用于生成工作路径的文字，如图 7.58 中所示为生成工作路径并对其进行编辑得到的联体文字效果。

下面以此例讲解如何将文字转换为路径并对其进行编辑的方法。

① 打开随书所附光盘中的文件"d7z\7-6-2- 素材 .tif"，输入如图 7.59 所示的文字。

② 选择"文字"|"创建工作路径"命令，得到如图 7.60 所示的文字路径。

③ 单击文字图层前面的眼睛图标 👁 ，隐藏文字图层。在工具箱中选择路径选择工具 ，调整文字路径的位置，直至得到如图 7.61 所示的效果。选择直接选择工具 ，调整路径的形状至如图 7.62 所示的效果。

图7.57　输入文字

④ 按 Ctrl+Enter 组合键将路径转换成为选择区域，切换至"图层"面板中并新建一个图层得到"图层 1"。

⑤ 设置前景色为白色，填充前景色得到如图 7.63 所示的特效文字。

⑥ 在"图层"面板中设置"图层 1"的"填充"为 0%，单击"图层"面板下方的添加图层样式按钮 fx. ，在弹出的菜单中选择"外发光"选项，设置弹出的对话框如图 7.64 所示，得到如图 7.65 所示的最终效果。

图7.58　编辑路径得到的联体字效果

图7.59　输入文字后的效果

图7.60　转换成为路径后的效果

图7.61　移动路径后的效果

图7.62　调整路径形状后的效果

图7.63　联体文字效果

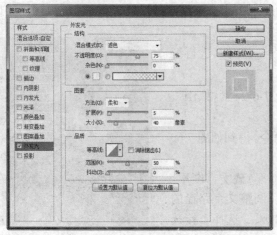
图7.64　"外发光"对话框

图7.65　得到的最终效果

提示 　　“外发光”对话框中的外发光颜色为白色，本例最终效果为随书所附光盘中的文件“d7z\7-6-2. psd”。

习　题

一、选择题

1. 文字图层中的文字信息有哪些可以进行修改和编辑？（　　）

    A. 文字颜色

    B. 文字内容，如加字或减字

    C. 文字大小

    D. 将文字图层转换为像素图层后可以改变文字的排列方式

2. 当对文字图层执行滤镜效果时，首先应当执行什么命令？（　　）

    A. 选择“文字”|“栅格化文字图层”命令

    B. 直接在滤镜菜单下选择一个滤镜命令

    C. 确认文字图层和其他图层没有链接

    D. 使得这些文字变成选择状态，然后在滤镜菜单下选择一个滤镜命令

3. 段落文字框可以进行哪些操作？（　　）

    A. 缩放　　　　　　　B. 旋转　　　　　　　C. 裁切　　　　　　　D. 倾斜

二、填空题

1. 改变文字图层内容的取向，主要用 _____、_____ 文字命令。

2. Photoshop 中的文本对齐方式有左对齐、_____、_____。

三、简答题

1. 在“变形文字”对话框中提供了哪几种文字弯曲样式？

2. 如何将文字转换为形状？

3. 扭曲文字与变形图像的区别是什么？

4. 如何在输入文字的过程中移动文字？

5. 点文本与段落文本的区别是什么？

6. 怎样编辑操作路径文字？

7. 如何制作具有异形形状的区别文字？

第 8 章

掌握图层的应用

本章主要讲解 Photoshop 的核心功能之一——图层，其中包括图层的基础操作，如新建、选择、复制、删除图层等，以及剪贴蒙版、图层样式、图层复合、图层的混合模式等。

由于 Photoshop 中的所有操作都是基于图层的，因此本章是本书的重点章节之一，希望读者认真学习这一章的内容。

学 习 重 点

- 图层概念
- 图层操作
- 对齐或分布图层
- 图层组及嵌套图层组
- 剪贴蒙版
- 图层样式
- 图层的混合模式
- 智能对象
- 调整图层及"调整"面板

图层在 Photoshop 中扮演着重要的角色,所有的操作都基于图层,就像写字必须写在纸上,画画必须画在画布上一样。所有在 Photoshop 中打开的图像都有一个或多个图层。图层的种类分为图像图层、调整图层、填充图层、形状图层、文字图层等,通过对不同的图层进行编辑操作,便可以得到丰富多彩的图像效果。

8.1　图层概念

"图层"顾名思义就是图像的层次,在 Photoshop 中可以将图层想像成是一张张叠起来的透明胶片,如果图层上没有图像,就可以一直看到底下的图层,其示意图如图 8.1 所示。

使用图层绘图的优点在于可以非常方便地在相对独立的情况下对图像进行编辑或修改,可以为不同胶片(即 Photoshop 中的图层)设置混合模式及透明度。可以通过更改图层的顺序和属性改变图像的合成效果,而且当对其中的一个图层进行处理时,不会影响到其他图层中的图像。

如上所述,在 Photoshop 中透明胶片被称为图层。对应于如图 8.1 所示的分层胶片,实际上就是不同的图层,如图 8.2 所示。

由于每个图层相对独立,因此可以向上或向下移动图层,从而达到改变图层相互覆盖关系的目的,得到各种不同效果的图像。

图8.1　透明胶片示意图

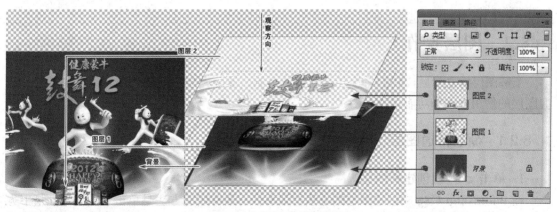

图8.2　透明胶片对应的图层

图层的显示和操作都集中在"图层"面板中,选择"窗口"|"图层"命令,显示"图层"面板,如图 8.3 所示。

"图层"面板中的各个控制按钮的意义如下。

图8.3　"图层"面板

- 类型：在其下拉菜单中可以快速查找、选择及编辑不同属性的图层。
- 图层混合模式 正常：在此下拉列表框中可以选择相应选项以为当前图层设置一种混合模式。
- 不透明度 不透明度：100%：在此文本框中输入数值，可以设置当前图层的不透明度。也可以在选中多个图层的情况下，在此设置它们的不透明度属性。
- 锁定图层控制 锁定：☒ ✓ ⊕ 🔒：在此单击各个按钮，可以锁定图层的"透明像素""图像像素""位置"和"所有属性"。
- 填充 填充：100%：在此文本框中输入数值，可以设置在图层中绘图笔画的不透明度。也可以在选中多个图层的情况下，在此设置它们的填充透明度数值。
- 显示/隐藏图层图标 👁：用于标志当前图层是否处于显示状态。如果单击此图标使其消失，则可以隐藏该图层中的内容，再次单击眼睛图标区域，可以显示眼睛图标及图层内容。
- 链接图层按钮 🔗：在选中多个图层的情况下，单击此按钮可以将选中的图层链接起来，这样可以让用户对图层中的图像执行对齐、统一缩放等操作。
- 添加图层样式按钮 fx：单击此按钮，在弹出的下拉菜单中选择一种样式，可为当前图层添加相应的图层样式。
- 添加图层蒙版按钮 ▢：单击该按钮，即可为当前操作图层添加蒙版。
- 创建新的填充或调整图层按钮 ◐：单击该按钮，可以在当前图层的上面添加一个调整图层。
- 创建新组按钮 ▢：单击该按钮，可创建一个组。
- 创建新图层按钮 ▭：单击该按钮，可以在当前图层的上面创建一个新图层。
- 删除图层按钮 🗑：单击该按钮，在弹出的提示框中单击"是"按钮，可以删除当前选择的图层。

8.2　图层操作

了解图层的概念后，我们将逐步从新建、复制、删除图层等对图层的基本操作开始，掌握图层的使用方法和功能。

8.2.1　新建普通图层

1. 单击 ▭ 按钮创建新图层

在 Photoshop CS6 中创建图层的方法有很多种，最常用的方法是单击"图层"面板下方的创建新图层按钮 ▭。

按此方法操作，可以直接在当前操作图层的上方创建一个新图层，在默认情况下，Photoshop 将新建的图层按顺序命名为"图层1""图层2"……依次类推。

提示

按住 Alt 键单击创建新图层按钮 回，可以弹出"新建图层"对话框；按 Ctrl 键单击创建新图层按钮 回，可在当前图层的下方创建新图层。

2. 通过拷贝新建图层

通过当前存在的选区也可以创建新图层，其方法如下。

在当前图层存在选区的情况下，选择"图层"|"新建"|"通过拷贝的图层"命令，即可将当前选区中的图像拷贝至一个新图层中。

也可以选择"图层"|"新建"|"通过剪切的图层"命令，将当前选区中的图像剪切到一个新图层中。

图 8.4 所示是原图中的选区及对应的"图层"面板；图 8.5 所示是选择"图层"|"新建"|"通过拷贝的图层"命令得到新图层，变换图层中的图像后的效果；图 8.6 所示为选择"图层"|"新建"|"通过剪切的图层"命令得到的新图层。

图8.4 原图像及对应的"图层"面板

图8.5 通过拷贝得到新图层

图8.6 通过剪切得到新图层

▶▶8.2.2 新建调整图层

调整图层本身表现为一个图层，其作用是调整图像的颜色，使用调整图层可以对图像使用颜色和色调调整，而不会永久地修改图像中的像素。

所有颜色和色调的调整参数位于调整图层内，调整图层会影响它下面的所有图层，该图层像一层透明膜一样，下层图像图层可以透过它显示出来。可在调整图层中通过调整单个图层来校正多个图层，而不是分别对每个图层进行调整。

图 8.7 所示为原图像（由两个图层合成）及对应的"图层"面板，图 8.8 所示为在所有图层的上方增加反相调整图层后的效果及对应的"图层"面板，可以看出所有图层中的图像均被反相。

图8.7 原图像及对应的"图层"面板

要创建调整图层，可以单击"图层"面板底部的"创建新的填充或调整图层"按钮 ◢.，在其弹出的下拉菜单中选择需要创建的调整图层的类型。

图8.8 增加反相调整图层后的图像及对应的"图层"面板

例如，要创建一个将所有图层加亮的调整图层，可以按下述步骤操作。

①打开随书所附光盘中的文件"d8z\8-2-2-素材.psd"。如图8.9所示。在"图层"面板中选择最上方的图层。

②单击"图层"面板底部的创建新的填充或调整图层按钮 。

③在弹出的菜单中选择"色阶"命令。

④在弹出的"色阶"面板中，将灰色滑块与白色滑块向左侧拖动。

完成操作后，可以在"图层"面板最上方看到如图8.10所示的调整图层。

图8.9 原图像

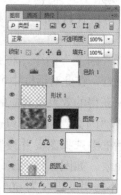

图8.10 调整亮度后的效果以及对应的"图层"面板

提示

由于调整图层仅影响其下方的所有可见图层，故在增加调整图层时，图层位置的选择非常重要，在默认情况下调整图层创建于当前选择的图层上方。

...

可以看出，创建调整图层的过程最重要的是设置相关颜色调整命令的参数，因此如果要使调整图层发挥较好的作用，关键在于调节调整对话框中的参数。

在使用调整图层时，还可以充分使用调整图层本身所具有图层的灵活性与优点，为调整图层增加蒙版以屏蔽对某些区域的调整，如图 8.11 所示。

图8.11　编辑蒙版后的效果以及对应的"图层"面板

提示　本例最终效果为随书所附光盘中的文件"d8z\8-2-2.psd"。

▶▶8.2.3　创建填充图层

使用填充图层可以创建填充有"纯色""渐变"和"图案" 3 类内容的图层，与调整图层不同，填充图层不影响其下方的图层。

单击"图层"面板底部的创建新的填充或调整图层按钮 ◎.，在其下拉菜单中选择一种填充类型，设置弹出对话框，即可在目标图层之上创建一个填充图层。

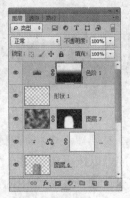

图8.12　"渐变填充"对话框

- 选择"纯色"命令，可以创建一个纯色填充图层。
- 选择"渐变"命令，将弹出如图 8.12 所示的渐变对话框，在此对话框中可以设置填充图层的渐变效果。如图 8.13 所示为创建渐变填充图层所获得的效果及对应的"图层"面板。
- 选择"图案"命令可以创建图案填充图层，此命令弹出对话框如图 8.14 所示。

在对话框中选择图案并设置相关参数后，单击"确定"按钮，即可在目标图层上方创建图案填充图层，如图 8.15 所示为使用载入的图案创建的图案图层，并将混合模式设置为"线性加深"、不透明度设置为 60% 后的效果及对应的"图层"面板。

▶▶8.2.4　新建形状图层

在工具箱中选择形状工具可以绘制几何形状、创建几何形状的路径，还可以创建形状图层。在工具箱中选择形状工具后，选择工具选项条中的"形状"选项即可创建形状图层。

当使用形状工具绘图时，得到的将是形状图层，如图 8.16 所示为创建的形状图层及"图层"面板状态。

图8.13　使用渐变填充图层所得的效果

图8.14　"图案填充"对话框　　图8.15　使用载入的图案创建的效果及"图层"面板状态

图8.16　形状图层

> 提示　　　在一个形状图层上绘制多个形状时，用户在工具选项条上选择的作图模式不同，因此得到的效果也各不相同。

1. 编辑形状图层

双击形状图层缩览图，在弹出的"拾色器（纯色）"对话框中选择另外一种颜色，即可改变形状图层填充的颜色。

2. 将形状图层栅格化

由于形状图层具有矢量特性，因此在此图层中无法使用对像素进行处理的各种工具与命令，要去除形状图层的矢量特性使其像素化，可以选择"图层"|"栅格化"|"形状"命令，将形状图层转换为普通图层。

8.2.5　选择图层

正确地选择图层是正确操作的前提条件，只有选择了正确的图层，所有基于此图层的操作才有意义。下面详细讲解 Photoshop 中各种选择图层的方法。

1. 选择一个图层

要选择某一个图层，只需在"图层"面板中单击需要的图层即可，如图 8.17 所示。处于选择状态的图层与普通图层具有一定区别，被选择的图层以蓝底显示。

2. 选择所有图层

使用"选择"|"所有图层"命令可以快速选择除"背景"图层以外的所有图层，其操作方法是按 Ctrl+Alt+A 键或选择"选择"|"所有图层"命令。

3. 选择连续图层

如果要选择连续的多个图层，在选择一个图层后，按住 Shift 键在"图层"面板中单击另一图层的图层名称，则两个图层间的所有图层都会被选中，如图 8.18 所示。

4. 选择非连续图层

如果要选择不连续的多个图层，在选择一个图层后，按住 Ctrl 键在"图层"面板中单击其他图层的图层名称，如图 8.19 所示。

5. 选择链接图层

当要选择的图层处于链接状态时，可以选择"图层"|"选择链接图层"命令，此时所有与当前图层存在链接关系的图层都会被选中，如图 8.20 所示。

6. 利用图像选择图层

除了在"图层"面板中选择图层外，还可以直接在图像中使用移动工具 ➤➡ 来选择图层，其方法如下。

- 选择移动工具 ➤➡，直接在图像中按住 Ctrl 键单击要选择的图层中的图像。如果已经在此工具的工具选项条中选择"自动选择"选项，则不必按住 Ctrl 键。
- 如果要选择多个图层，可以按住 Shift 键直接在图像中单击要选择的其他图层的图像，则可以选择多个图层。

8.2.6　复制图层

要复制图层，可按以下任意一种方法操作。

- 在图层被选中的情况下，选择"图层"|"复制图层"命令。
- 在"图层"面板弹出菜单中选择"复制图层"命令。
- 将图层拖至面板下面的"创建新图层"按钮 上，待高光显示线出现时释放鼠标。

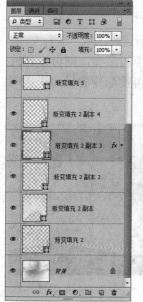

图8.17 选择单个图层

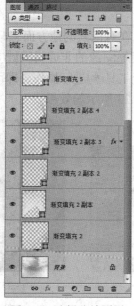

图8.18 选择连续图层

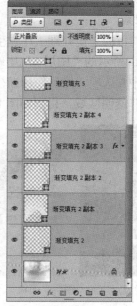

图8.19 选择非连续图层

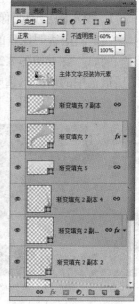

图8.20 选择链接图标

8.2.7 删除图层

在对图像进行操作的过程中，经常会产生一些无用的图层或临时图层，设计完成后可以将这些多余的图层删除，以降低文件大小。

图8.21 删除图层提示对话框

删除图层可以执行以下操作之一。

- 单击"图层"面板右上角的按钮 ，在弹出的下拉菜单中选择"删除图层"命令，就会弹出如图 8.21 所示的提示对话框，单击"是"按钮即可删除该图层。
- 选择一个或多个要删除的图层，单击"删除图层"按钮 ，在弹出的提示对话框中单击"是"按钮即可删除该图层。
- 在"图层"面板中选中需要删除的图层并将其拖至"图层"面板下方的"删除图层"按钮 上即可。
- 如果要删除处于隐藏状态的图层，可以选择"图层"|"删除"|"隐藏图层"命令，在弹出的提示对话框中单击"是"按钮。
- 在当前没有选区且选择移动工具 的情况下，按 Delete 键即可删除当前所选图层。

8.2.8 锁定图层

Photoshop 具有锁定图层属性的功能，根据需要用户可以选择锁定图层的透明像素、可编辑性、位置等属性，从而保证被锁定的属性不被编辑。

图层在任一属性被锁定的情况下，图层名称的右边会出现一个锁形图标。如果该图层的所有属性被锁定，则图标为实心锁状态 🔒；如果图层的部分属性被锁定，则图标为空心锁状态 🔓。

下面分别讲解各个锁定功能的作用。

1. 锁定图层透明像素

锁定图层透明像素的目的是使处理工作发生在有像素的地方而忽略透明区域。

例如，要对如图 8.22 所示的"图层 1"中蝴蝶图像的非透明区域应用渐变，则可以在此图层被选中的情况下选中 ▣ 选项，然后使用渐变工具 ▣ 进行操作，即可使渐变效果由于透明像素被锁定而仅应用于非透明区域，得到如图 8.23 所示的效果。

图8.22　原图像及对应的"图层"面板　　　　　　　图8.23　绘制渐变后的效果

观察应用渐变后的效果，可看出在图层的非透明区域具有渐变效果，而透明区域无变化。

2. 锁定图层的图像像素

单击 ✎ 图标可锁定图层的可编辑性，以防止无意间更改或删除图层中的像素，但在此状态下仍然可以改变图层的混合模式、不透明度及图层样式。在图层的可编辑性被锁定的情况下，工具箱中所有绘图类工具及图像调整命令都会被禁止在该图层上使用。

3. 锁定图层的位置

单击 ✛ 图标可锁定图层的位置属性，以防止图层中的图像位置被移动。在此状态下如果使用工具箱中的移动工具 ►✛ 移动图像，则 Photoshop 将弹出如图 8.24 所示的警告对话框。

4. 锁定图层所有属性

单击 🔒 图标可锁定图层的所有属性，在此状态下 ▣、✎、✛

图8.24　警告对话框

均处于被锁定的状态，而且不透明度、填充透明度及混合模式等数值框及选项也会同时被锁定。

5. 锁定选中图层

如果要锁定多个图层的相同属性，可以先将要锁定的图层选中，再将它们一起锁定。

6. 锁定组中的图层

要锁定组中的全部图层时，可以选中此图层组，然后单击"图层"面板按钮 ▤ ，在弹出的菜单中选择"锁定组内的所有图层"命令，在弹出的对话框中设置与"锁定图层"对话框完全相同的参数，然后单击"确定"按钮即可。

▶▶ 8.2.9　链接图层

链接图层是指若干个彼此相链接的图层，链接图层不会自动出现，需要手动链接。将图层链接起来的优点在于我们可以同时移动、缩放、旋转被链接的图层。

要链接图层，可先选择要链接的两个或两个以上的图层，然后单击"图层"面板左下角的链接图层按钮 | ∞ | ，这时图层名称右边就出现链接图标 ∞ ，表示这几个图层链接在一起。

如果要取消图层链接，先选择要取消链接的图层，然后单击图层面板左下角的链接图层按钮 | ∞ | ，即可解除该图层与链接图层组中图层的链接。

图 8.25 所示是将链接图层中的对象同时缩放时的状态，可以看到，此时变换控制框包含了有链接关系的两个图层中的两个对象。

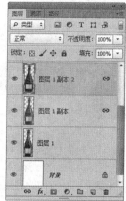

图8.25　链接图层操作示例

提示　删除链接图层中的一个图层时，其他的图层不受影响，改变当前图层的"混合模式"、"不透明度"、"锁定"等属性时，其他与之保持链接关系的图层也不受影响。

▶▶8.2.10　设置图层不透明度属性

通过设置图层的不透明度值可以改变图层的透明度，当图层不透明度为 100% 时，当前图层完全遮盖下方的图层，如图 8.26 所示。

而当不透明度小于 100% 时，可以隐约显示下方图层的图像，如图 8.27 所示为不透明度分别设置为 60% 时及 30% 时的对比效果。

图8.26　不透明度为100%的效果　　　　图8.27　设置不透明度数值为60%和30%的效果

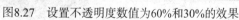

▶▶8.2.11　图层过滤

在 Photoshop CS6 中，新增了根据不同图层类型、名称、混合模式及颜色等属性，对图层进行过滤及筛选的功能，从而便于用户快速查找、选择及编辑不同属性的图层。

要执行图层过滤操作，可以在"图层"面板左上角单击"类型"按钮，在弹出的菜单中可以选择图层过滤的条件，如图 8.28 所示。

当选择不同的过滤条件时，在其右侧会显示不同的选项，例如在上图中，当选择"类型"选项时，其右侧分别显示了像素图层滤镜 、调整图层滤镜 、文字图层滤镜 、形状图层滤镜及智能对象滤镜[图]等 5 个按钮，单击不同的按钮，即可在"图层"面板中仅显示所选类型的图层。

例如图 8.29 所示是单击调整图层滤镜按钮[图]时，"图层"面板中显示了所有的调整图层。图 8.30 所示是单击文字图层滤镜按钮[T]后的效果，由于当前文件中不存在文字图层，因此显示"没有图层匹配此滤镜"的提示。

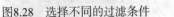

图8.28　选择不同的过滤条件　　　图8.29　过滤调整图层时的状态　　　图8.30　过滤文字图层时的状态

若要关闭图层过滤功能，可以单击过滤条件最右侧的打开或关闭图层滤镜按钮[图]，使其变为[图]状态即可。

8.3　对齐或分布图层

通过对齐或分布图层操作，可以使分别位于多个图层中的图像规则排列，这一功能对于排列分布于多个图层中的网页按钮或小标志特别有用。

在按下述方法执行对齐或分布图层操作前，需要将对齐及分布的图层链接起来，或同时选中多个图层。

8.3.1　对齐图层

选择"图层"|"对齐"命令下的子菜单命令，可以将所有链接图层的内容与当前操作图层的内容相互对齐。

* 选择"顶边"命令，可将链接图层最顶端像素与当前图层的最顶端像素对齐。
* 选择"垂直居中"命令，可将链接图层垂直方向的中心像素与当前图层垂直方向中心的像素对齐。如图 8.31 为未对齐前图层及"图层"面板，图 8.32 为按垂直居中对齐后效果。

图8.31　未对齐前图层效果及"图层"面板

- 选择"底边"命令，可将链
  接图层最底端的像素与当前
  图层最底端的像素对齐。
- 选择"左边"命令，可将链
  接图层最左端的像素与当前
  图层最左端的像素对齐。
- 选择"水平居中"命令，可
  将链接图层的水平方向的中
  心像素与当前图层的水平方
  向的中心像素对齐。
- 选择"右边"命令，可将链

图8.32　同时按垂直居中对齐后效果

接图层最右端的像素与当前图层的最右端的像素对齐。

▶▶8.3.2　分布图层

选择"图层"|"分布"命令下的子菜单命令，可以平均分布链接图层，其子菜单命令如下所述。

- 选择"顶边"命令，将从每个图层的顶端像素开始，以平均间隔分布链接的图层，图8.33 所示为原图像，图 8.34 所示为对"Baby"执行此分布操作后的效果。
- 选择"垂直居中"命令，将从图层的垂直居中像素开始，以平均间隔分布链接图层。
- 选择"底边"命令，将从图层的底部像素开始，以平均间隔分布链接的图层。
- 选择"左边"命令，将从图层的最左边像素开始，以平均间隔分布链接的图层。
- 选择"水平居中"命令，将从图层的水平中心像素开始，以平均间隔分布链接图层。
- 选择"右边"命令，将从每个图层最右边像素开始，以平均间隔分布链接的图层。

图8.33　原图像

图8.34　执行"顶边"后的效果

▶▶8.3.3　合并图层

通过合并图层、图层组，可以将多个图层合并到一个目标图层，从而降低文件的大小，使图层更易于管理。

在 Photoshop 中，可根据不同情况选择以下 3 种不同的合并图层的方法。

1. 向下合并

如果需要将当前图层与其下方的图层合并，可以在"图层"面板弹出菜单中选择"向下合并"命令或选择"图层"|"向下合并"命令。

> 💬 提示
>
> 合并时应确保需要合并的两个图层都处于显示状态下。

2. 合并可见图层

如要一次性合并图像中所有可见图层，可以选择"图层"|"合并可见图层"命令或从"图层"面板弹出菜单中选择"合并可见图层"命令。

3. 拼合图像

选择"图层"|"拼合图像"命令，或从"图层"面板弹出菜单中选择"拼合图像"命令，可以合并所有图层。

在执行此操作的过程中，如果当前面板中存在隐藏图层，将弹出如图 8.35 所示的提示对话框，单击"确定"按钮将删除隐藏图层并拼合所有图层。

图8.35 提示对话框

8.4 图层组及嵌套图层组

图层组的使用方法有些类似于文件夹，即用于保存同一类图层。例如，可以将文字类图层放于一个图层组中，线条类图像的图层放于一个图层组，从而更容易对这些图层进行管理。另外，通过复制、删除图层组，可以非常方便地复制或删除该图层组所保存的所有图层。

▶▶8.4.1 新建图层组

单击"图层"面板下方的创新建组按钮 ▭ ，即可在当前操作图层的上方创建一个新的图层组。

默认情况下，Photoshop 将新的图层组命名为"组 1"，再次使用此方法创建图层组时，则各个图层组的名称将依此类推被命名为"组 2""组 3"……

▶▶8.4.2 复制与删除图层组

要复制整个图层组，可在图层组被选中的情况下，选择"图层"|"复制组"命令，或在"图层"面板弹出菜单中选择"复制组"命令。

也可以将图层组拖至面板上创建新图层按钮 ▭ 上，待高光显示线出现时释放左键。

要删除图层组，可将目标图层组拖移至"图层"面板下面的删除图层 🗑 按钮上。

▶▶8.4.3 嵌套图层组

嵌套图层组是指一个图层组中可以包含另外一个或多个图层组，使用嵌套图层组可以使图层的管理更加高效。

图 8.36 所示是一个非常典型的多级嵌套图层组，将嵌套于某一个图层组中的图层组称为"子图层组"。

在不同状态下，可按照下面的方法创建嵌套图层组。

- 当一个图层组中已经有了图层（至少一个），在选中该图层组中图层的情况下，单击"创建新组"按钮 ▢，即可在当前图层中创建一个子图层组。
- 在执行复制图层操作时（将图层组拖至"创建新组"按钮 ▢ 上），原图层组将成为复制得到的新图层组的子图层组。
- 选中一个图层组，按住 Ctrl 键单击"创建新组"按钮 ▢，即可在当前图层组内创建一个嵌套图层组。
- 将要作为子图层组的图层组选中，并拖至目的图层的图层名称上，当该图层名称反白显示时，释放鼠标即可。

图8.36 多级嵌套图层组

8.5 调整图层

在本书前面的内容中已经讲解了大量的调色功能，而调整图层则是在其中常用调色功能的基础上，同时兼备图层特性的产物，下面讲解调整图层的使用方法。

8.5.1 调整图层的优点

调整图层是在图像处理过程中经常用到的功能，从功能上来说，它与"图像"|"调整"子菜单中的图像调整命令的功能是完全相同的，只不过它是以一个图层的形式存在，从而更便于进行编辑和调整，其优点归纳如下：

- 不破坏图像：调整图层即为调整命令与图层的结合体，它以一个图层的形式对其下方图层中的图像进行调整，因此，在有需要的情况下，可以删除这个图层，这样就可以将图像恢复至调整前的状态了。
- 可反复编辑参数：调整图层最大的特点之一就是可以反复编辑其参数，这在尝试调整图像时非常方便。
- 可调整多个图层：在使用调整命令调整图像时，每次只能对一个图层中的图像进行调整，而调整图层则可以对所有其下方图层中的图像进行调整。当然，如果仅需要调整某个图层中的图像，那么可以在调整图层与该图层之间创建剪贴蒙版。
- 可设置图层属性：上面已经提到过，调整图层是一个图层，因此可以对它应用很多对普通图层的操作，除了最基本复制、删除等操作外，还可以根据需要，为调整图层设置混合模式、添加蒙版、设置不透明度等很多操作，因此在调整过程中，更是极大地方便了对于调整效果的控制，这一点，读者可以在后面的讲解及实例操作过程中细细体会。

》》8.5.2 了解"调整"面板

"调整"面板的作用就是在创建调整图层时，将不再通过对应的调整命令对话框设置其参数，而是转为在此面板中。

在没有创建或选择任意一个调整图层的情况下，选择"窗口"|"调整"命令将调出如图 8.37 所示的"调整"面板。

在选中或创建了调整图层后，则根据调整图层的不同，在面板中显示出对应的参数，如图 8.38 所示是在选择了不同调整图层时的面板状态。

在此状态下，面板底部的按钮功能解释如下：

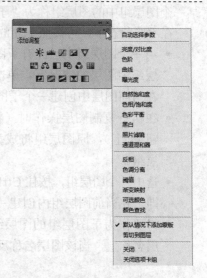

- 剪切到图层按钮｜≡｜：单击此按钮可以在当前调整图层与下面的图层之间创建剪贴蒙版，再次单击则取消剪贴蒙版。

图8.37 默认状态下的"调整"面板

- 查看上一状态按钮｜◑｜：在按住此按钮的情况下，可以预览本次编辑调整图层参数时，最初始与刚刚调整完参数时的对比状态。

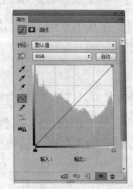 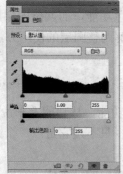  

图8.38 选择不同调整图层时的"属性"面板

提示　　这里所说的"本次编辑调整图层参数时"，是指刚刚创建调整图层，或切换至其他图层后再重新选择此调整图层。

- 复位到调整默认值按钮｜↺｜：单击此按钮，则完全复位到该调整图层默认的参数状态。
- 切换图层可见性按钮｜◉｜：单击此按钮可以控制当前所选调整图层的显示状态。
- 删除此调整图层按钮｜🗑｜：单击此按钮，并在弹出的对话框中单击"确定"，则可以删除当前所选的调整图层。

在 Photoshop CS6 中，单击"蒙版"按钮 ，将进入选中的调整图层的蒙版编辑状态，如图 8.39 所示。此面板能够提供用于调整蒙版的多种控制参数，使操作者可以轻松修改蒙版的不透明度、边缘柔化等属性，并可以方便地增加矢量

图8.39 调整图层蒙版编辑状态

蒙版、反相蒙版或者调整蒙版边缘等。

使用"属性"面板可以对蒙版进行如羽化、反相及显示 / 隐藏蒙版等操作，具体的操作将在本书第 9.5 节做讲解。

8.5.3 创建调整图层

自 Photoshop CS4 以来，由于新增了"调整"面板功能，所以创建调整图层的方式大大丰富且方便了。可以使用以下方法创建调整图层。

图8.40 "新建图层"对话框

- 选择"图层"|"新建调整图层"子菜单中的命令，此时将弹出如图 8.40 所示的对话框，可以看出与创建普通图层时的"新建图层"对话框是基本相同的，单击"确定"按钮退出对话框即可创建得到一个调整图层。

提示　如果希望在创建的调整图层与当前选中的图层之间创建剪贴蒙版，可以选中"使用前一图层创建剪贴蒙版"选项。

- 单击"图层"面板底部创建新的填充或调整图层按钮 ，在弹出的菜单中选择需要的命令，然后在"属性"面板中设置参数即可。

提示　由于调整图层仅影响其下方的所有可见图层，所以在创建调整图层时，图层位置的选择非常重要。在默认情况下，调整图层创建于当前选择的图层上方。

- 在"调整"面板中单击各个图标，即可创建对应的调整图层。

如图 8.41 所示，组成画面的人物及溅起的水花等图像，分别位于不同的图层上，如图 8.42 所示是创建多个调整图层，对整体的色彩进行修改后的效果。

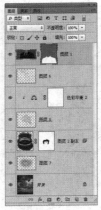

图8.41　原图像及对应的"图层"面板

图8.42　创建调整图层后的效果及"图层"面板

8.5.4 重新设置调整参数

重新设置调整图层中所包含的命令参数，可以先选择要修改的调整图层，然后双击调整图层的图层缩览图即可在"属性"面板中调整其参数。

> 　　如果用户当前已经显示了"属性"面板，则只需要选择要编辑参数的调整图层，即可在面板中进行修改了。如果用户添加的是"反相"调整图层，则无法对其进行调整，因为该命令没有任何参数。

8.6　剪贴蒙版

　　剪贴蒙版通过使处于下方图层的形状限制上方图层的显示状态，来创造一种剪贴画的效果。如图 8.43 所示为创建剪贴蒙版前的图层效果及"图层"面板状态，图 8.44 所示为创建剪贴蒙版后的效果及"图层"面板状态。

图8.43　未创建剪贴蒙版的图像及"图层"面板

图8.44　创建剪贴蒙版后的图像效果及"图层"面板

　　可以看出建立剪贴蒙版后，两个剪贴蒙版图层间出现点状线，而且上方图层的缩览图被缩进，这与普通图层不同。如果需要还可以创建有多个图层的剪贴蒙版，如图 8.45 所示。

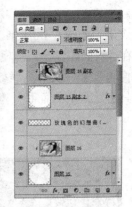

图8.45 多个图层的剪贴蒙版

8.6.1 创建剪贴蒙版

要创建剪贴蒙版，可以按下述步骤操作。

① 在"图层"面板中，将要剪切的两个图层放在合适的上下层位置上。

② 按 Alt 键将光标放在两个图层的中间。

③ 当光标变为 形状时单击，即可创建剪贴蒙版效果。

也可以选择处于上方的图层然后按 Alt+Ctrl+G 键。

8.6.2 取消剪贴蒙版

要取消上下两个图层的剪切关系，再次按 Alt 键将光标放在两个图层的中间，当光标变为 形状时单击，即可取消剪贴蒙版的关系。

8.7 图层样式

使用图层样式可以快速制作阴影、发光、浮雕、凹陷等多种效果，而通过组合图层样式则可以得到更为丰富的图层效果。另外，"图层样式"对话框中的"设置为默认值"和"复位为默认值" 2 个按钮，前者可以将当前的参数保存成为默认的数值，以便后面应用；后者可以复位到系统或之前保存过的默认参数。

Photoshop 中的图层样式共有 10 种，其中包括"斜面和浮雕""描边""内阴影""内发光""光泽""颜色叠加""渐变叠加""图案叠加""外发光""投影"。

虽然每一种图层样式得到的效果不同，但其使用基本相同，其方法如下。

① 在"图层"面板中选择需要添加图层样式的图层。

② 在"图层"面板中单击"添加图层样式"按钮 *fx* ，在弹出的菜单中选择合适的图层样式。

③ 在弹出的对应的图层样式对话框中设置其参数，即可得到需要的效果。

8.7.1 "斜面和浮雕"图层样式

图 8.46 所示为添加"斜面和浮雕"样式前的效果，将两侧文字的填充值设置为 0%，选中"斜面和浮雕"选项，在弹出的对话框中设置其参数如图 8.47 所示，为图层添加斜面和浮雕效果，如图 8.48 所示。

在"斜面和浮雕"选项的下方有"等高线"和"纹理"两个选项。选中"等高线"复选框，为图像再添加一次等高线效果，使其边缘效果更加明显。选中"纹理"复选框，可以为图像添加具有纹理的斜面和浮雕效果，如图 8.49 所示。

图8.46 添加"斜面和浮雕"样式前的效果

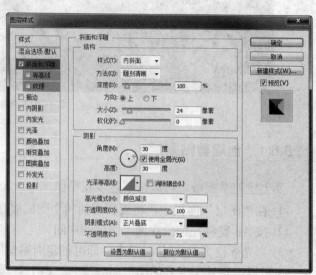

图8.47 "斜面和浮雕"参数设置

图8.48 斜面和浮雕效果

图8.49 纹理效果

8.7.2 "描边"图层样式

在"图层"面板中单击添加图层样式按钮 *fx*，在弹出的菜单中选择"描边"选项，弹出的对话框如图 8.50 所示，可以得到在图像的周围描绘纯色或渐变线条的效果，如图 8.51 所示为给文字图层添加描边的前后对比效果。

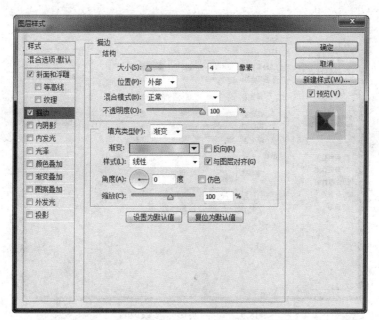

图8.50 "描边"参数设置

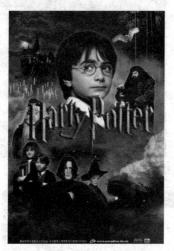

图8.51 描边效果

≫8.7.3 "内阴影"图层样式

在"图层"面板中单击添加图层样式按钮 *fx.*，在弹出的菜单中选择"内阴影"选项，弹出的对话框如图 8.52 所示，即可得到具有内阴影图层样式的效果，如图 8.53 所示为原图及添加"内阴影"图层样式后的效果，内阴影图层样式增强了相框的层次感。

≫8.7.4 "内发光"图层样式

在"图层"面板中单击添加图层样式按钮 *fx.*，在弹出的菜单中选择"内发光"选项，弹出的对话框如图 8.54 所示，即可得到内发光效果，如图 8.55 所示为添加"内发光"后的前后对比效果。

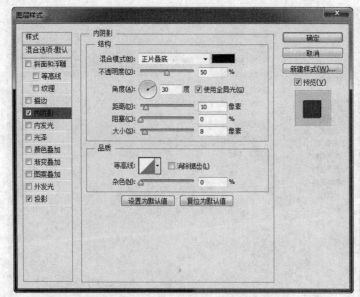

图8.52 "内阴影"参数设置

图8.53 原图及添加内阴影图层样式的效果

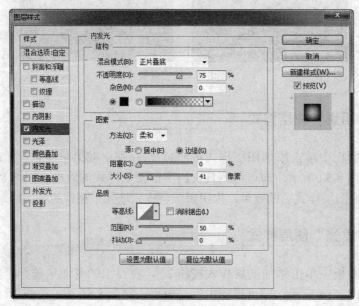

图8.54 "内发光"参数设置

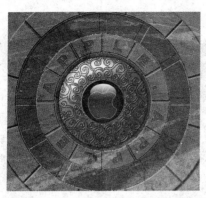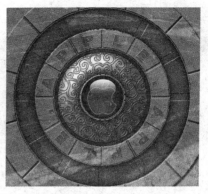

图8.55 添加"内发光"的前后对比效果

8.7.5 "光泽"图层样式

在"图层"面板中单击添加图层样式按钮 *fx.*，在弹出的菜单中选择"光泽"选项，弹出的对话框如图 8.56 所示，即可得到如图 8.57 所示的具有光泽的图像效果。如果在"等高线"下拉菜单中选择不同的等高线，还可以得到不同的光泽效果。

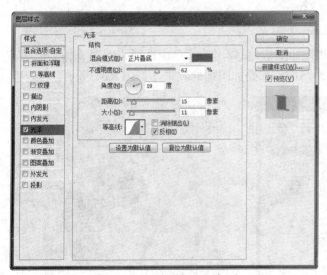

图8.56 "光泽"参数设置　　　　　　　　　图8.57 光泽效果

8.7.6 "颜色叠加"图层样式

此图层样式的功能非常简单，只能为当前图层中图像叠加一种颜色，由于其参数非常简单，故在此不做重点讲解。

8.7.7 "渐变叠加"图层样式

在"图层"面板中单击添加图层样式按钮 *fx.*，在弹出的菜单中选择"渐变叠加"选项，弹出的对话框如图 8.58 所示，可以为图像叠加渐变效果，如图 8.59 所示为将图像中的文字应用"渐变叠加"的前后对比效果。

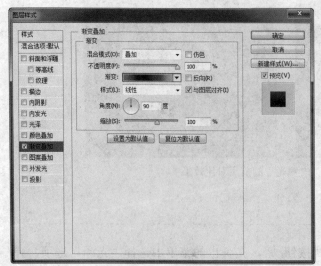

图8.58 "渐变叠加"参数设置　　图8.59 应用"渐变叠加"命令的前后对比效果

≫≫8.7.8 "图案叠加"图层样式

在"图层"面板中单击添加图层样式按钮 fx.，在弹出的菜单中选择"图案叠加"选项，弹出的对话框如图 8.60 所示，可以得到为图像添加叠加图案的效果，如图 8.61 所示。

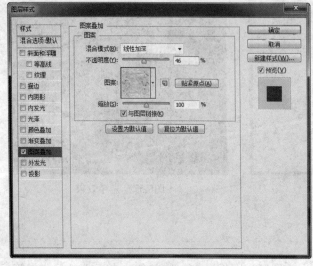

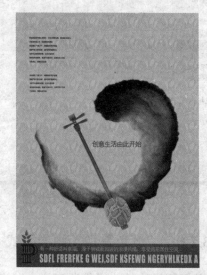

图8.60 "图案叠加"参数设置　　图8.61 利用"图案叠加"制作的纹理背景效果

≫≫8.7.9 "外发光"图层样式

在"图层"面板中单击添加图层样式按钮 fx.，在弹出的菜单中选择"外发光"选项，弹出的对话框如图 8.62 所示，图 8.63 所示为使用外发光后的效果。

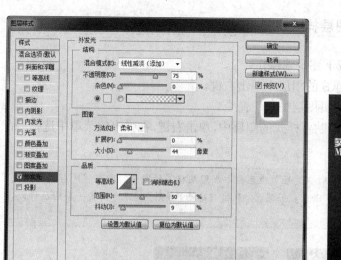

图8.62 "外发光"参数设置   图8.63 外发光效果

8.7.10 "投影"图层样式

在"图层"面板中单击添加图层样式按钮 **fx.** |，在弹出的菜单中选择"投影"命令选项，弹出的对话框如图 8.64 所示，如图 8.65 所示为原图及添加投影样式后的效果。

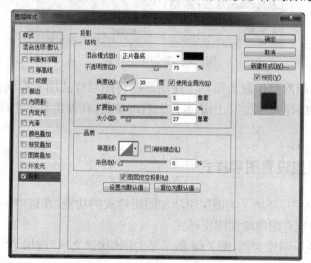

图8.64 "投影"参数设置

图8.65 原图及添加投影样式后的效果

8.7.11　复制、粘贴、删除图层样式

要复制与粘贴图层样式，可以按下述步骤操作。

① 在"图层"面板中具有图层样式的图层中单击右键。

② 在弹出的快捷菜单中选择"拷贝图层样式"命令。

③ 在"图层"面板中切换至需要粘贴新样式的图层中，单击右键，在弹出的菜单中选择"粘贴图层样式"命令。

提示

　　在"图层"面板中按 Alt 键拖动"效果"栏至要添加图层样式的图层，即可将所有的样式应用到此图层中，其操作示例如图 8.66 所示。如果按 Alt 键只拖动"效果"栏下方的某一个图层样式，则仅复制拖动的图层样式。

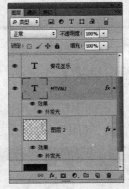

图8.66　复制图层样式

对于图层样式的删除操作较为简单，使用鼠标将图层样式图标拖到删除图层按钮 🗑 上即可完成删除操作图层样式，或者在图层名称上右键单击，在弹出菜单中选择"清除图层样式"命令即可。

8.7.12　为图层组设置图层样式

在 Photoshop CS6 中，新增了为图层组增加图层样式的功能，在选中一个图层组的情况下，可以为该图层组中的所有图像增加图层样式。

以图 8.67 所示的原图像为例，图 8.68 所示是为图层组"文字"增加了"投影"和"渐变叠加"图层样式后的效果。

8.8　设置填充透明度

与图层的不透明度不同，图层的"填充"透明度仅改变在当前图层上使用绘图类绘制得到的图像的不透明度，不会影响图层样式的透明效果。

图 8.69 所示为一个具有图层样式的图层，图 8.70 所示为将图层不透明度改变为 50% 时的效果，图 8.71 所示为将填充透明度改变为 50% 的效果。

可以看出，在改变填充透明度后，图层样式的透明度不会受到影响。

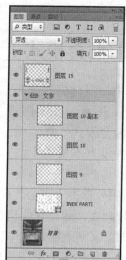

图8.67 素材图像

图8.68 为图层组添加图层样式后的效果

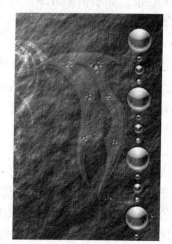

图8.69 具有图层样式的图层 图8.70 改变图层不透明度后的效果 图 8.71 改变填充透明度后的效果

8.9 图层的混合模式

在 Photoshop 中，混合模式分为工具的混合模式和图层的混合模式，在工具箱中选择画笔工具 、渐变工具 、图案图章工具 、涂抹工具 等工具后，在其相应的工具选项条中都能设置其混合模式，在"图层"面板中除背景图层外的其他图层都能设置其混合模式。这两者之间并没有本质的不同，在此以"图层"面板中的混合模式为例讲解其功能与用法。

在当前操作图层中，单击"图层"面板"正常"右侧的双向三角按钮 ⇕，会弹出如图 8.72 所示的混合模式下拉列表，通过在此选择不同的选项，即可得到不同的混合效果。

各个混合模式的意义如下所述。

- 正常：选择此选项，上方的图层完全遮盖下方的图层。
- 溶解：选择此选项，将创建像素点状效果。
- 变暗：选择此选项，将显示上方图层与其下方图层相比较暗的色调处。
- 正片叠底：选择此选项，将显示上方图层与其下方图层的像素值中较暗的像素合成的效果。
- 颜色加深：选择此选项，将创建非常暗的阴影效果。
- 线性加深：选择此选项，Photoshop 将对比查看上下两个图层的每一个颜色通道的颜色信息，加暗所有通道的基色，并通过提高其他颜色的亮度来反映混合颜色。
- 深色：选择此选项，可以依据图像的饱和度，用当前图层中的颜色直接覆盖下方图层中的暗调区域颜色。
- 变亮：选择此选项，则以较亮的像素代替下方图层中与之相对应的较暗像素，且下方图层中的较亮区域代替画笔中的较暗区域，因此叠加后整体图像呈亮色调。
- 滤色：选择此选项，在整体效果上显示由上方图层及下方图层的像素值中较亮的像素合成的图像效果。

图8.72 图层混合模式列表框

- 颜色减淡：选择此选项，可以生成非常亮的合成效果，其原理为上方图层的像素值与下方图层的像素值采取一定的算法相加，此模式通常被用于创建极亮的效果。
- 线性减淡（添加）：选择此选项，查看每一个颜色通道的颜色信息，加亮所有通道的基色，并通过降低其他颜色的亮度来反映混合颜色，此模式对于黑色无效。
- 浅色：选择此选项，与"深色"模式刚好相反，可以依据图像的饱和度，用当前图层中的颜色直接覆盖下方图层中的高光区域颜色。
- 叠加：选择此选项，图像最终的效果取决于下方图层。但上方图层的明暗对比效果也将直接影响到整体效果，叠加后下方图层的亮度区与阴影区仍被保留。
- 柔光：选择此选项，使颜色变亮或变暗，具体效果取决于上下两个图层的像素的亮度值。如果上方图层的像素比 50% 灰色亮，则图像变亮；反之，则图像变暗。

- 强光：选择此选项，叠加效果与柔光类似，但其加亮与变暗的程度较柔光模式更大。
- 亮光：选择此选项，如果混合色比 50％灰度亮，图像通过降低对比度来加亮图像；反之通过提高对比度来使图像变暗。
- 线性光：选择此选项，如果混合色比 50％灰度亮，则通过提高对比度来加亮图像；反之，通过降低对比度来使图像变暗。
- 点光：选择此选项，将通过置换颜色像素来混合图像，如果混合色比 50％灰度亮，则比源图像暗的像素会被置换，而比源图像亮的像素无变化；反之，比源图像亮的像素会被置换，而比源图像暗的像素无变化。
- 实色混合：选择此选项，将会根据上下图层中图像的颜色分布情况，取两者的中间值，对图像中相交的部分进行填充，利用该混合模式可制作出强对比度的色块效果。
- 差值：选择此选项，可从上方图层中减去下方图层相应处像素的颜色值，此模式通常使图像变暗并取得反相效果。
- 排除：选择此选项，可创建一种与差值模式相似但对比较低的效果。
- 减去：选择此选项，可以使用上方图层中亮调的图像隐藏下方的内容。
- 划分：选择此选项，可以在上方图层中加上下方图层相应处像素的颜色值，通常用于使图像变亮。
- 色相：选择此选项，最终图像的像素值由下方图层的亮度与饱和度值及上方图层的色相值构成。
- 饱和度：选择此选项，最终图像的像素值由下方图层的亮度和色相值及上方图层的饱和度值构成。
- 颜色：选择此选项，最终图像的像素值由下方图层的亮度及上方图层的色相和饱和度值构成。
- 明度：选择此选项，最终图像的像素值由下方图层的色相和饱和度值及上方图层的亮度构成。

以图 8.73 所示的两幅素材图像为例，当两幅图像分别以上述混合模式相互叠加后的效果，如图 8.74 所示。

图8.73 素材图像

图8.74　设置混合模式后的效果

8.10　智能对象

简单地说，智能对象就是将一个图像文件 A 嵌入到另外一个图像文件 B 之中，同时可以对图像 A 进行常规的编辑操作，例如复制、缩放、旋转以及扭曲等，还可以为其添加图层蒙版以及图层样式。而特殊的是，当复制了多个图像 A（智能对象）后，只需要对其中任意一个图像 A（智能对象）进行编辑，则所有的图像 A 都会发生相同的变化。

值得一提的是，智能对象所能包括的内容不仅仅是位图图像，同时也可以包含矢量图形，这样就可以避免在置入到 Photoshop 中必须对其进行栅格化才能使用，也可以无限制地对其进行缩放及旋转等编辑操作，而不会出现图像质量下降的情况。

在 Photoshop 中智能对象表现为一个图层，类似于文字图层、调整图层或填充图层，如图 8.75 所示图层的缩览图右下方有明显的标志。

下面通过一个具体的示例来认识智能对象，如图 8.76 所示为示例图，图 8.77 所示为转换智能对象前后的"图层"面板状态，在此智能对象即"图层 1"。

智能对象
图层特有
的标志

图8.75　对象图层

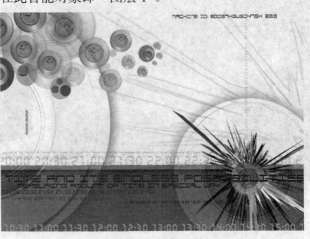

图8.76　示例图

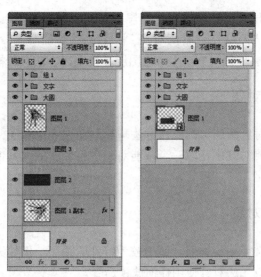

图8.77 转换智能对象前后的"图层"面板

双击"图层 1"，通常会弹出如图 8.78 所示的对话框。

单击"确定"按钮，Photoshop 将打开一个新文件，此文件就是嵌入到智能对象"图层 1"中的子文件，可以看出该智能对象由几个普通图层构成，"图层"面板如图 8.79 所示。

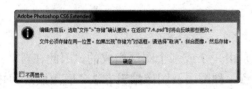

图8.78 对话框

图8.79 对象对应的"图层"面板

>>>8.10.1 创建智能对象

创建智能对象有多种操作方法，可以根据实际工作情况选择最适合的方法。

- 选择一个或多个图层后，在"图层"面板菜单中选择"转换为智能对象"命令，或选择"图层"|"智能对象"|"转换为智能对象"命令。
- 选择"文件"|"置入"命令，在弹出的对话框中选择一个矢量格式、PSD 格式或其他格式的图像文件。
- 在矢量软件中对矢量对象执行拷贝操作，到 Photoshop 中执行粘贴操作。
- 从外部直接拖入到当前图像的窗口内，即可将其以智能对象的形式置入到当前图像中。

智能对象图层可以像图层组那样支持多级嵌套功能，即一个智能对象中可以包含另一个智能对象，要创建多级嵌套的智能对象，可以按下面的方法操作：

① 选择智能对象图层及另一个或多个图层，在"图层"面板中选择"转换为智能对象"或选择菜单命令"图层"|"智能对象"|"转换为智能对象"。

② 选择智能对象图层及另一个智能对象图层，按上述方法进行操作。

8.10.2 复制智能对象

可以任意复制智能对象图层，其操作方法与复制图层完全相同，而其最大优点就是无论复制了多少图层，只需要对其中任意一个智能对象进行编辑后，其他所有相关的智能对象的状态都会发生相应的变化。

8.10.3 编辑智能对象

智能对象图层也和文字图层类似，属于较为特殊的图层，例如无法使用绘图工具在智能对象图层中绘制图像，也无法对其使用任何滤镜命令。

通常情况下，可以对智能对象执行以下几种操作。

- 变换：可以像编辑普通图像一样对智能对象进行缩放、旋转、变形、透视或扭曲等变换操作。
- 设置图层属性：对于一个智能对象，可以像对待普通图层一样设置其图层属性，例如混合模式、不透明度、填充不透明度以及添加图层样式等。
- 调色：虽然无法直接使用多数图像调整命令对智能对象进行调整，但可以利用部分调整图层对智能对象进行调色等操作。

8.10.4 编辑智能对象源文件

与上一节讲解的编辑智能对象不同，上一节讲解的是对智能对象整体进行编辑，而本节讲解的则是对组成智能对象的图像进行编辑。

通过前面的讲解，已经知道了智能对象是由一个或多个图层组成的，因此在对其源文件进行编辑时，完全可以采用以往讲解过的任意一种图层及图像编辑方法，直至满意为止。

要编辑智能对象的源文件可以按以下的步骤操作。

① 在"图层"面板中选择智能对象图层。

② 双击智能对象图层,或选择"图层"|"智能对象"|"编辑内容"命令,也可以直接在"图层"面板的菜单中选择"编辑内容"命令。

③ 在默认情况下，无论是使用上面的哪一种方法，都会弹出如图 8.80 所示对话框，以提示操作者。

④ 单击"确定"按钮，则进入智能对象的源文件中。

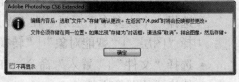

图8.80 对话框

⑤ 在源文件中进行修改操作，然后选择"文件"|"存储"命令，并关闭此文件。

⑥ 执行上面的操作后，修改后源文件的变化会反应在智能对象中。

如果希望取消对智能对象的修改，可以按 Ctrl+Z 键，此操作不仅能够取消对当前 Photoshop 文件中智能对象的修改效果，而且还能使被修改的源文件也回退至未修改前的状态。

8.10.5 导出智能对象

通过导出智能对象的操作，可得到一个包含所有嵌入到智能对象中位图或矢量信息的文件。要导出智能对象，只需要选择要导出的智能对象图层，然后选择"图层"|"智能对象"|"导出内容"命令，在弹出的"存储"对话框中为文件选择保存位置并对其进行命名。

8.10.6 栅格化智能对象

在前面的讲解中已经提到，由于智能对象图层属于一类特殊属性的图层，所以很多图像编辑操作无法实现，唯一的解决方法就是将智能对象图层栅格化。其操作方法就是选择"图层"|"智能对象"|"删格化"命令即可将智能对象转换为图层。

需要注意的是，将智能对象图层栅格化后，即将其转换为普通图层，此时将无法再继续编辑其中的图像。

8.11 3D功能概述

8.11.1 了解3D功能

自 Photoshop CS3 新增了 3D 功能后，之后的每个版本中，3D 功能都明显地让人感觉到其逐步完善、功能逐渐强大的事实。在 Photoshop CS6 中，在原有的强大功能基础上，又大大地简化并优化了 3D 对象的编辑与处理流程，并增加了新的阴影拖动、素描或卡通外观渲染等功能。

图 8.81 展示了导入的原始 3D 模型，图 8.82 所示为使用 Photoshop 的 3D 功能为该模型赋予纹理贴图，并渲染生成的效果。

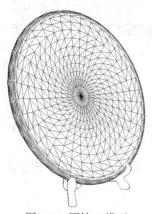

图8.81　原始3D模型　　　　　　　　图8.82　赋予纹理贴图及渲染后的效果

8.11.2 使用"3D"面板

3D 面板是 3D 模型的控制中心，选择"窗口"|"3D"命令或在"图层"面板中双击某

3D图层的缩览图，都可以显示如图8.83所示的"3D"面板。

默认情况下，3D面板选中的是顶部的"整个场景"按钮▣，此时会显示每一个选中的3D图层中3D模型的网格、材质和光源，还可以在此面板对这些属性进行灵活的控制。

图8.84展示了分别单击"网格"按钮▣、"材质"按钮▣、"光源"按钮▣后3D面板的状态。

   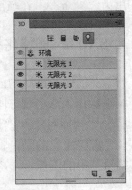

图8.83　选择"整个场景"　　　　　　　图8.84　选择另外3个按钮时的3D面板
　　　 按钮时的3D面板

在大多数情况下，应该保持▣按钮被按下，以显示整个3D场景的状态，从而在面板上方的列表中单击不同的对象时，能够在"属性"面板中显示该对象的参数，以方便对其进行控制。

提示

当在3D面板中选择不同的对象时，在画布中单击右键，即可弹出与之相关于的参数面板，从而进行快速的参数设置。

▶▶▶8.11.3　启用图形处理器

在Photoshop CS6中，至少要在Windows 7系统下，并启用了图形处理器功能，才可以使用3D功能。用户可以选择"编辑"|"首选项"|"性能"命令，在弹出的对话框右下方，选中"使用图形处理器"选项。

若"使用图形处理器"选项显示为灰色不可用状态，则可能是电脑的显卡不支持此功能，用户可尝试更新显卡的驱动程序。

▶▶▶8.11.4　栅格化3D模型

3D图层是一类特殊的图层，在此类图层中，无法进行绘画等编辑操作，要应用的话，必须将此类图层栅格化。

选择"图层"|"栅格化"|"3D"命令，或直接在此类图层中右键单击，在弹出的快捷菜单中选择"栅格化"命令，均可将此类图层栅格化。

▶▶▶8.11.5　导入3D模型

如果读者拥有一些3D资源或自己会使用一些三维软件，也可以将这些软件制作的模型导出成为3DS、DAE、FL3、KMZ、U3D、OBJ等格式，然后使用下面的方法将其导入至Photoshop中使用。

- 选择"文件"|"打开"命令，在弹出的对话框中直接打开三维模型文件，即可导入
  3D 模型。
- 选择"3D"|"从 3D 文件新建图层"命令，在弹出的对话框中打开三维模型文件，即
  可导入 3D 模型。

8.11.6　认识3D图层

3D 图层属于一类非常特殊的图层，为了便于与其他图层区别开来，其缩览图上存在一个特殊的标识，另外，根据设置的不同，其下方还有不等数量的贴图列表，如图 8.85 所示。

下面介绍 3D 图层各组成部分的功能。

- 双击 3D 图层缩览图可以调出 3D 面板，以对模型进行更多的属性设置。
- 3D 图层标志：可以方便认识并找到 3D 图层的主要标识。
- 纹理：Photoshop CS6 提供了很多种纹理

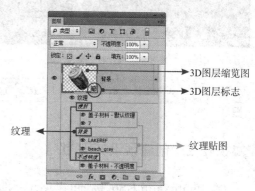

图8.85　认识3D图层

类型，比如用于模拟物体表面肌理的"漫射"类贴图，以及用于模拟物休表面反光的"环境"类贴图等，每种纹理类型下面都可以为其设置不同数量的贴图。本书将在后面的章节中详细讲解贴图的类型。

- 纹理贴图：此处列出了在不同的纹理类型中所包含的纹理贴图数量及名称，当光标置于不同的贴图上时，还可以即时预览其中的图像内容。关于纹理及纹理贴图的详细讲解，请参见本章 8.14 节的讲解。

提示　　不能在 3D 图层上直接使用各类变换操作命令、颜色调整命令和滤镜命令，除非将此图层栅格化或转换成为智能对象。

8.12　3D模型操作基础

8.12.1　创建3D明信片

使用"明信片"命令可以将平面图像转换为 3D 明信片两面的贴图材料，该平面图层也相应被转换为 3D 图层，其具体步骤如下。

① 打开随书所附光盘中的文件"d8z\8-12-1-素材.jpg"，其效果如图 8.86 所示，选择图层"背景 副本"。

② 执行"3D"|"从图层新建网格"|"明信片"命令，如图 8.87 所示为使用此命令后在 3D 空间内进行旋转的效果。

图8.86　素材图像

图8.87　3D明信片效果

提示

本例最终效果为随书所附光盘中的文件"d8z\8-12-1.psd"。

▶▶8.12.2　创建预设3D形状

在 Photoshop CS6 中，可以创建新的 3D 模型（如锥形、立方体或者圆柱体等），并在 3D 空间中移动此 3D 模型、更改其渲染设置、添加灯光或者将其与其他 3D 图层合并等。

下面讲解创建新的 3D 模型的基本操作步骤。

① 打开或者新建一个平面图像文件。

② 执行"3D" | "从图层新建网格" | "网格预设"命令，然后在其子菜单中选择一种形状，包括圆环、球面或者帽子等单一网格对象，以及圆环、圆柱体、汽水或者酒瓶等对象。

③ 被创建的 3D 模型将直接以默认状态显示在图像中，可以通过旋转、缩放等操作对其进行基本编辑，图 8.88 展示了使用此命令创建的几种最基本的 3D 模型。

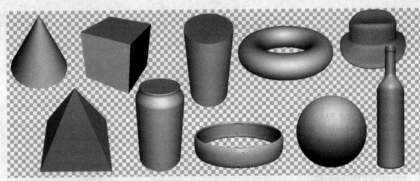

图8.88　不同的网格预设

提示

　要创建 3D 模型，应该在"图层"面板中选择一个 2D 图层。如果选择 3D 图层，则无法激活"3D" | "从图层新建网格" | "网格预设"命令。

▶▶8.12.3　创建凸出模型

创建凸出模型功能最大的特点就在于，支持从文字图层、普通图层、选区以及路径等对象上创建模型，使得创建模型的工作更加丰富、易用，下面讲解其创建及编辑方法。

1. 创建凸出模型

在依据不同的对象创建模型时，也需要当前所选中的图层或当前画布中显示了相应的对象，如要依据路径创建模型，则当前应显示一或多条封闭路径。

以图 8.89 所示的图像为例，其选区是在"通道"面板中，按住 Ctrl 键单击"Alpha1"的缩览图载入的选区，此时，选择图层"浪漫七夕"并选择"3D"|"从当前选区创建 3D 凸出"命令，或在 3D 面板的"源"下拉列表中选择"当前选区"选项，并在面板中选择"3D 凸出"选项，单击"创建"按钮后，即可以当前的选区为轮廓、以当前图层中的图像为贴图，创建一个 3D 模型，默认情况下，即可生成一个凸出模型，图 8.90 所示是适当调整了其光源属性后的效果及对应的 3D 面板。

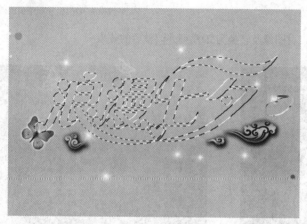
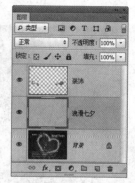

图8.89　素材图像

图8.90　创建凸出后的效果

2. 从文字生成3D模型

在 Photoshop CS6 中，可以从文字图层创建凸出模型，可以输入并设置文字的基本属性，然后选择"3D"|"从所选图层创建 3D 凸出"命令即可。

另外，在使用文本工具刷黑选中文字的情况下，也可以单击其工具选项条上的 按钮，从而快速将文字转换为 3D 模型。

图 8.91 所示是在图像中输入字母"T"并设置了适当的字符属性后的状态，图 8.92 所示是创建 3D 凸出并调整了其角度、厚度等属性后的效果。

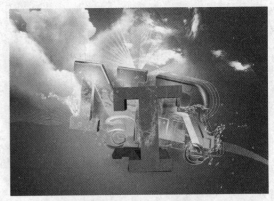

（a）素材图像 　　　　　　　　　　　　（b）将文字转换为3D模型并调整后的效果

图8.91　素材图像及转换为3D模型并调整后的效果

（a）调整角度及厚度后的效果 　　　　　　　（b）调整贴图、光照及投影后的效果

图8.92　调整角度及厚度，调整贴图、光照及投影后的效果

8.12.4　创建3D体积网格

在 Photoshop CS6 中，提供了一种新的创建网格的方法，即"体积"命令。使用它可以在选中 2 个或更多个图层时，依据图层中图像的明暗映射，来创建一个图像堆叠在一起的3D 网格。

以图 8.93 所示的图像为例，将它们置于一个图像文件中，然后将它们选中，再选择"3D"|"从图层新建网格"|"体积"命令，即可创建得到如图 8.94 所示的"图层"面板，图 8.95所示是调整 3D 对象的位置及角度后的效果。

图8.93　素材图像

图8.94 "图层"面板

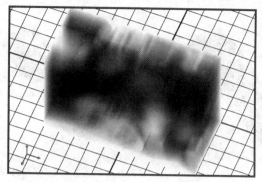

图8.95 调整3D对象的位置及角度后的效果

8.13 调整3D模型

8.13.1 使用3D轴编辑模型

3D轴用于控制 3D 模型，使用 3D 轴可以在 3D 空间中移动、旋转、缩放 3D 模型。要显示如图 8.96 所示的 3D 轴，需要在选择移动工具的情况下，在 3D 面板中选择"场景"，如图 8.97 所示此时可以对模型整体进行调整，若是选中了模型中的单个网络，则可以仅对该网络进行编辑。

在 3D 轴中，红色代表 X 轴，绿色代表 Y 轴，蓝色代表 Z 轴。

图8.96 3D轴

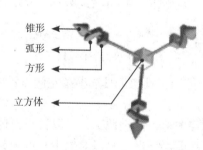

图8.97 在3D面板中选择"场景"

要使用 3D 轴，将光标移至轴控件处，使其高亮显示，然后进行拖动，根据光标所在控件的不同，操作得到的效果也各不相同，详细操作如下所述。

- 要沿着 X、Y 或 Z 轴移动 3D 模型，将光标放在任意轴的锥形，使其高亮显示，拖动左键即可以任意方向沿轴拖动，状态如图 8.98 所示。
- 要旋转 3D 模型，单击 3D 轴上的弧线，围绕 3D 轴中心沿顺时针或逆时针方向拖动圆环，状态如图 8.99 所示，拖动过程显示的旋转平面指示旋转的角度。
- 要沿轴压缩或拉长 3D 模型，将光标放在 3D 轴的方形上，然后左右拖动即可。
- 要缩放 3D 模型，将光标放在 3D 轴中间位置的立方体上，然后向上或向下拖动。

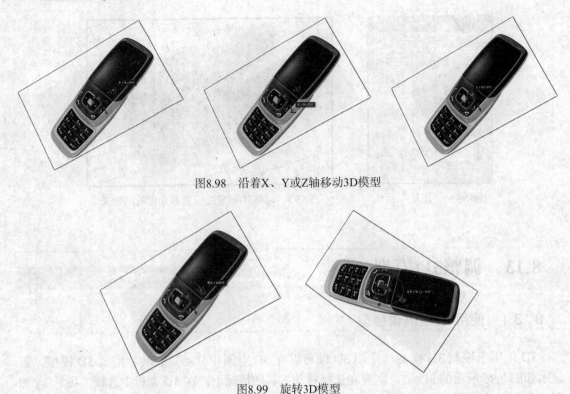

图8.98　沿着X、Y或Z轴移动3D模型

图8.99　旋转3D模型

8.13.2　使用工具调整模型

除了使用 3D 轴对 3D 模型进行控制外，还可以使用工具箱中的 3D 模型控制工具对其进行控制。在 Photoshop CS6 中，所有用于编辑 3D 模型的工具都被整合在移动工具 ▶╋ 的选项条上，选择任何一个 3D 模型控制工具后，移动工具的选项条将显示为如图 8.100 所示的状态。

图8.100　激活3D编辑工具后的移动工具选项条

工具箱中的 5 个控制工具与工具选项条左侧显示的 5 个工具图标相同，其功能及意义也完全相同，下面分别讲解。

- 旋转 3D 对象工具🔄：拖动此工具可以将对象进行旋转。
- 滚动 3D 对象工具🔄：此工具以对象中心点为参考点进行旋转。
- 拖动 3D 对象工具✥：此工具可以移动对象的位置。
- 滑动 3D 对象工具✥：此工具可以将对象向前或向后拖动，从而放大或缩小对象。
- 缩放 3D 对象工具🔄：此工具将仅调整 3D 对象的大小。

8.13.3　使用参数精确设置模型

要通过输入数值来精确控制模型的方向、位置及缩放属性，可以在选择 3D 图层的情况下，在 3D 面板中选择"场景"，然后在"属性"面板中单击坐标按钮，在此面板中，从左至右可分别设置模型的位置、旋转及缩放的 X/Y/Z 轴上的数值，如图 8.101 所示。

图8.101　选择"坐标"选项的"属性"面板

8.14　3D模型纹理操作详解

8.14.1　材质、纹理及纹理贴图

在 Photoshop 中,模型表面质感(如岩石质感、光泽感以及不透明度等)主要包括了材质、纹理及纹理贴图三大部分,而它们之间的联系又是密不可分的。其中材质是指当前 3D 模型中可设置贴图的区域,一个模型中可以包含多个材质,而每个材质可以设置 12 种纹理,这 12 种纹理中的大部分可以设置相应的图像内容,即纹理贴图。

以图 8.102 所示的模型为例,其中在 3D 面板中包括了 3 个材质,如图 8.103 所示,选择不同的材质后,在"属性"面板中设置其详细的纹理及纹理贴图参数,如图 8.104 所示。

图8.102　酒瓶模型

图8.103　显示材质的3D面板

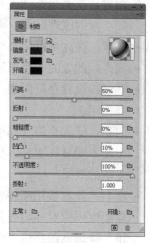

图8.104　"属性"面板

下面分别介绍这 3 个组成部分的作用及关系。

- 材质:指模型中可以设置贴图的区域,例如图 8.102 所示的酒瓶模型包括了 3 个材质,即标签材质、玻璃材质及木塞材质,这 3 部分即代表了可以用于设置贴图的区域。

对于由 Photoshop 创建的模型来说,其材质的数量及贴图区域由软件自定义生成,用户无法对其进行修改，比如球体只具有 1 种材质、圆柱体具有 3 种材质；对于从外部导入的模型而言，其材质数量及贴图区域是由三维软件中的设置决定的，虽然它可以根据用户的需要随意进行修改，但难点就在于，它需要用户对三维软件有一定的了解，才能够正确地进行设置。

- 纹理：Photoshop 提供了 12 类纹理以用于模拟不同的模型效果，如用于设置材质表面基本质感的"漫射"纹理、用于设置材质表面凸凹程度的"凸凹"纹理等，也有些纹理是要相互匹配使用的，比如"环境"与"反射"纹理等。
- 纹理贴图：简单来说，材质的"纹理"是指它的纹理类型，而"纹理贴图"则决定了纹理表面的内容。如为模型附加"漫射"类纹理，当为其指定不同的纹理贴图时，得到的效果会有很大的差异，如图 8.105 所示是分别将"漫射"纹理贴图设置为火焰、金属及布纹时的状态。

图8.105　设置不同纹理贴图时的效果

8.14.2　12种纹理属性

在 Photoshop 中，每一种材质都可以为其定义 12 种纹理属性，综合调整这些纹理属性，就能够使不同的材质展现出千变万化的效果，下面分别讲解 12 种纹理的意义。

- 漫射：这是最常用的纹理映射，在此可以定义 3D 模型的基本颜色，如果为此属性添加了漫射纹理贴图，则该贴图将包裹整个 3D 模型。
- 镜像：在此可以定义镜面属性显示的颜色。
- 发光：此处的颜色指由 3D 模型自身发出的光线的颜色。
- 环境：设置在反射表面上可见的环境光颜色，该颜色与用于整个场景的全局环境色相互作用。
- 闪亮：低闪亮值（高散射）产生更明显的光照，而焦点不足。高反光度（低散射）产生较不明显、更亮、更耀眼的高光，此参数通常与"粗糙度"组合使用，以产生更多光洁的效果。
- 反射：此参数用于控制 3D 模型对环境的反射强弱，需要通过为其指定相对应的映射贴图以模拟对环境或其他物体的反射效果。图 8.106 所示是设置了 3D 面板右下角的"环境"纹理贴图并将"反射"值分别设置 5、20、50 时的效果。
- 粗糙度：在此定义来自灯光的光线经表面反射折回到人眼中的光线数量。数值越大表示模型表面越粗糙，产生的反射光就越少；反之，此数值越小，表示模型表面越光滑，产生的反射光也就越多。此参数常与"闪亮"参数搭配使用，图 8.107 所示为采用不同的参数组合所取得的不同效果。

图8.106 "反射"值分别设置5、20、50时的效果

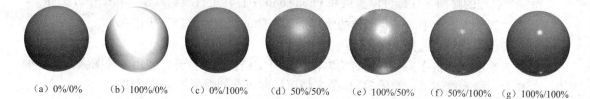

(a) 0%/0% (b) 100%/0% (c) 0%/100% (d) 50%/50% (e) 100%/50% (f) 50%/100% (g) 100%/100%

图8.107 不同的参数组合所取得的不同效果

- 凹凸：在材质表面创建凹凸效果，此属性需要借助于凹凸映射纹理贴图，凹凸映射纹理贴图是一种灰度图像，其中较亮的值创建凸出的表面区域，较暗的值创建平坦的表面区域。以图 8.108 所示的图片为例，图 8.109 所示是将其凹凸数值设置为 10、50 后的效果。

图8.108 素材图像

图8.109 设置凹凸数值为10、50后的效果

- 不透明度：此参数用于定义材质的不透明度，数值越大，3D 模型的透明度越高。而 3D 模型不透明区域则由此参数右侧的贴图文件决定，贴图文件中的白色使 3D 模型完全不透明，而黑色则使其完全透明，中间的过渡色可取得不同级别的不透明度。
- 折射：在此可以设置折射率。
- 正常：像凹凸映射纹理一样，正常映射用于为 3D 模型表面增加细节。与基于灰度图像的凹凸出理不同，正常映射基于 RGB 图像，每个颜色通道的值代表模型表面上正常映射的 X、Y 和 Z 分量。正常映射可使多边形网格的表面变得平滑。
- 环境：环境映射模拟将当前 3D 模型放在一个有贴图效果的球体内，3D 模型的反射区域中能够反映出环境映射贴图的效果。

》》8.14.3 创建及打开纹理

1. 创建纹理

要为某一个纹理新建一个纹理贴图，可以按下面的步骤操作。

① 在"属性"面板中单击要创建的纹理类型右侧的"编辑纹理"按钮🖼。

② 在弹出的菜单中选择"新建纹理"命令。

③ 在弹出的对话框中，输入新映射贴图文件的名称、尺寸、分辨率和颜色模式，然后单击"确定"按钮。

④ 此时新纹理的名称会显示在"材质"面板中纹理类型的旁边。该名称还会添加到"图层"面板中 3D 图层下的纹理贴图列表中。

2. 打开并编辑纹理

每一个纹理的贴图文件都可以直接在 Photoshop 中打开进行编辑操作，其操作方法如下。

① 在"属性"面板中单击要创建的纹理类型右侧的"编辑纹理"按钮🖼。

② 在弹出的菜单中选择"打开纹理"命令。

③ 纹理贴图文件将作为"智能对象"在其自身文档窗口中打开，使用各种图像调整、编辑命令编辑纹理后，激活 3D 模型文档窗口即可看到模型发生的变化。

》8.14.4 载入及删除纹理贴图文件

1. 载入纹理贴图文件

如果贴图文件已经完成了制作，可以按下面的步骤操作载入相关文件。

① 在"属性"面板中单击要创建的纹理类型右侧的"编辑纹理"按钮🖼。

② 在弹出的菜单中选择"载入纹理"命令。

③ 选择并打开纹理文件。

2. 删除纹理贴图文件

如果要删除纹理贴图文件，可以按下面的步骤操作。

① 在"属性"面板中单击要创建的纹理类型右侧的"编辑纹理"按钮🖼。

② 在弹出的菜单中选择"移去纹理"命令。

③ 如果希望再次恢复被移去的纹理贴图，可以根据纹理贴图的属性采用不同的操作方法。

- 如果已删除的纹理贴图是外部文件，可以使用纹理菜单中的"载入纹理"命令将其重新载入。

- 对于 3D 文件内部使用的纹理，选择"还原"或"后退一步"命令恢复纹理贴图。

8.15　3D模型光源操作

》8.15.1 了解光源类型

Photoshop CS6 提供了 3 类光源类型。

- 点光发光的原因类似于灯泡，向各个方向均匀发散式照射。
- 聚光灯照射出可调整的锥形光线，类似于影视作品中常见的探照灯。
- 无限光类似于远处的太阳光，从一个方向平面照射。

8.15.2 添加光源

要添加光源，可单击 3D 面板中的"将新光照添加到场景"按钮 ，然后在弹出的菜单中选择一种要创建的光源类型即可。以图 8.110 所示的模型为例，图 8.111 所示分别为添加了这 3 种光源后的渲染效果。

图8.110　原模型的光照效果　　　　　图8.111　添加3种不同光源后的光照效果

8.15.3 删除光源

要删除光源，可在 3D 面板上方的光源列表中选择要删除的光源，单击面板底部的"删除"按钮 。

8.15.4 改变光源类型

每一个 3D 场景中的光源都可以被任意设置为三种光源类型中的一种，要完成这一操作，可以在 3D 面板上方的光源列表中选择要调整的光源，然后在 3D 面板下方的"光照类型"下拉列表中选择一种光源类型。

8.15.5 调整光源位置

每一个光源都可以被灵活地移动、旋转和推拉，要完成此类光源位置的调整工作，可以在 3D 面板中选择要调整的光源，然后使用移动工具选项上的 3D 光源编辑工具进行调整。

另外，在选中某个光源时，"属性"面板中的"移至当前视图"按钮 ，可以将光源放置于与相机相同的位置上。

若要精确调整光源的位置，则可以在"属性"面板中单击"坐标"按钮 ，在其中输入具体的数值即可。需要注意的是，对于不同的光源，可调整的属性也不尽相同，例如图 8.112 所示的"无限光"的"属性"面板，其中仅可以调整"角度"的X、Y、Z 数值。

图8.112　选择"坐标"选项时的"属性"面板

▷▷▷ 8.15.6　调整光源属性

　　Photoshop 提供了丰富的光源属性控制参数，用户可以设置其强度、颜色、阴影以及阴影的柔和度等，在选中一个光源后，即可在"属性"面板中进行设置。下面分别讲解各参数的作用。

- 预设：在此可以选择 CS6 提供的预设灯光，以快速获得不同的光照效果，图 8.113 所示是选择"蓝光""CAD 优化""冷光""晨曦"和"日光"预设时的效果。

（a）蓝光　　　　（b）CAD优化　　　　（c）冷光　　　　（d）晨曦　　　　（e）日光

图8.113　设置不同光源预设时的效果

- 类型：每个 3D 场景都可以设置 3 种光源类型，并可以进行相互转换，要完成这一操作，可以在 3D 面板的光源列表中选择要调整的光源，然后在下拉列表中选择一种新的光源类型即可。
- 颜色：此参数定义光源的颜色，图 8.114 所示是分别设置此处的色彩为黄色和青蓝色时得到的效果。
- 强度：此参数调整光源的照明亮度，数值越大，亮度越高，如图 8.115 所示。

　　（a）黄色　　　　（b）青蓝光

图8.114　设置不同颜色时的效果　　　　图8.115　设置不同光照强度时的效果

- 阴影：如果当前 3D 模型具有多个网格组件，选择此复选框，可以创建从一个网格投射到另一个网格上的阴影，如图 8.116 所示。
- 柔和度：此参数控制阴影的边缘模糊效果，以产生逐渐的衰减，如图 8.117 所示。

图8.116 选中"阴影"选项前后的效果对比　　　图8.117 设置不同"柔和度"数值时的效果

- 聚光（仅限聚光灯）：设置光源明亮中心的宽度，图 8.118 所示是设置不同数值时得到的效果。

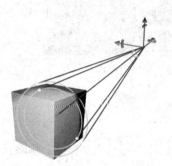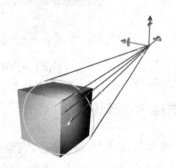

图8.118 设置不同"聚光"数值时的效果

- 锥形（仅限聚光灯）：设置光源的外部宽度，此数值与"聚光"数值的差值越大，得到的光照效果边缘越柔和，图 8.119 所示为不同的参数设置得到的不同光源照明效果。

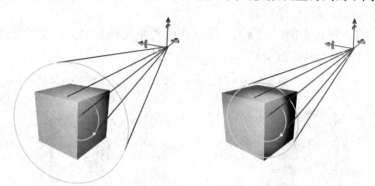

图8.119 设置不同"锥形"数值时的效果

- 光照衰减（针对光点与聚光灯）："内径"和"外径"选项决定衰减锥形，以及光源强度随对象距离的增加而减弱的速度。对象接近"内径"数值时，光源强度最大；对象接近"外径"数值时，光源强度为零；处于中间距离时，光源从最大强度线性衰减为零。

8.16　更改3D模型的渲染设置

在 Photoshop CS6 中，渲染功能被整合在"属性"面板中，在 3D 面板中选择"场景"后，即可在"属性"面板中设置相关的参数，如图 8.120 所示。

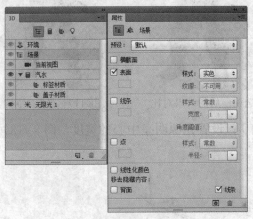

图8.120　3D与"属性"面板

▶▶8.16.1　选择渲染预设

Photoshop 提供了多达 20 种标准渲染预设，并支持载入、存储、删除预设等功能，在"预设"下拉菜单中选择不同的项目即可进行渲染。

▶▶8.16.2　自定渲染设置

除了使用预设的标准渲染设置，也可以通过选中"表面"、"线条"以及"点"3 个选项，分别对模型中的各部分进行渲染设置。

以"线条"渲染方式为例，图 8.121 所示为设置角度阈值为 0 时的渲染效果，图 8.122 所示为此数值被设置为 5 时的渲染效果。

图8.121　阈值为0时渲染效果

图8.122　阈值为5时渲染效果

▶▶8.16.3 渲染横截面效果

如果希望展示 3D 模型的结构，最好的方法是启用横截面渲染效果，在"属性"面板中选中"横截面"复选框，设置如图 8.123 所示的"横截面"渲染选项参数即可。图 8.124 所示为原 3D 模型效果，图 8.125 所示为横截面渲染效果。

图8.123 选中"横截面"选项

- 切片：如果希望改变剖面的轴向，可以单击选择 "X 轴" "Y 轴" "Z 轴" 3 个单选按钮。此选项同时定义"位移"及两个"倾斜"数值定义的轴向。

图8.124 原模型

图8.125 横截面渲染效果

- 位移：如果希望移动渲染剖面相对于 3D 模型的位置，可以在此参数右侧输入数值或拖动滑块条，其中拖动滑块条就能够看到明显的效果。
- 倾斜 Y/Z：如果希望以倾斜的角度渲染 3D 模型的剖面，可以控制"倾斜 Y"和"倾斜 Z"处的参数。
- 平面：选择此复选框，渲染时显示用于切分 3D 模型的平面，其中包括了 X、Y 或 Z 共 3 个选项。
- 不透明度：在此处可以设置横截面处平面的透明属性。
- 相交线：选择此复选框，渲染时在剖面处显示一条线，在此右侧可以控制该平面的颜色。
- 互换横截面侧面按钮：单击此按钮，可以交换渲染区域。
- 侧面 A/B：单击此处的 2 个按钮，可分别显示横截面 A 侧或 B 侧的内容。

习　题

一、选择题

1. 在下列选项中，哪些方法可以建立新图层？（　　）

　A. 双击"图层"面板的空白处

　B. 单击"图层"面板下方的"新建"按钮

C. 使用鼠标将当前图像拖动到另一张图像上

D. 使用文字工具在图像中添加文字

2. 当"图层"面板左侧的什么图标显示时，表示这个图层是可见的。（　　）

　　A. 链接图标　　　　　B. 眼睛图标　　　　　C. 毛笔图标　　　　　D. 蒙版图标

3. 怎样复制一个图层？（　　　）

　　A. 选择"编辑"|"复制"命令

　　B. 选择"图像"|"复制"命令

　　C. 选择"文件"|"复制图层"命令

　　D. 将图层拖放到"图层"面板下方"创建新图层"按钮 ⬛ 上

二、填空题

1. 锁定图层有 4 种方式，分别为 _____、位置、_____ 和全部。

2. 在 Photoshop 的图层样式中，选择使用"斜面和浮雕"模式，包括 _____、内斜面、浮雕效果、枕状效果、_____。

3. Photoshop CS6 提供了 3 类光源类型，分别为 _____、_____ 和 _____。

三、简答题

1. 创建新的图层有哪几种方法？

2. 使用什么工具可以创建几何形状图层？

3. 怎样创建剪贴蒙版？它有什么作用？

4. 在 Photoshop 中主要提供了哪几种图层样式？

5. 在图层样式中，合并可见图层与拼合图层的不同之处是什么？

6. 什么是智能对象？

7. 调整图层有哪些优点？

8. 在如图 8.126 所示的调整图层图标中，分别代表了哪个调整图层？

图8.126　调整图层图标

第 9 章

掌握通道与图层蒙版

本章主要讲解 Photoshop 的另一个核心功能——通道，其中还包括了与通道联系紧密的图层蒙版的相关知识。需要特别指出的是，本章详细、深入地讲解了 Alpha 通道的相关知识，学习并切实掌握这一部分知识对于在更深层次理解并掌握 Photoshop 的精髓有很大的益处。

- 关于通道
- Alpha 通道
- 专色通道
- 通道操作
- 通道运算
- 使用图层蒙版及"属性"面板

在 Photoshop 中通道具有与图层相同的重要性，这不仅是因为使用通道能够对图像进行非常细致地调节，更在于通道是 Photoshop 保存颜色信息的基本场所。

学完本章后，读者将会掌握"通道"面板中的基本操作方法，熟悉通道和选区相互转换的方法、通道运算及图层蒙版的相关操作。

9.1　关于通道

通道有两大功能，即存储图像颜色信息和存储选区。在 Photoshop 中，通道的数目取决于图像的颜色模式。例如，CMYK 模式的图像有 4 个通道，即 C 通道、M 通道、Y 通道、K 通道，以及由四个通道合成的合成通道，如图 9.1（a）图所示。而 RGB 模式图像则有 3 个通道，即 R 通道、G 通道、B 通道和一个合成通道，如图 9.1（b）所示。

（a）CMYK模式的图像　　　　　　　（b）RGB模式图像

图9.1　不同模式下的"通道"面板

这些不同的通道保存了图像的不同颜色信息，例如在 RGB 模式图像中，"红"通道保存了图像中红色像素的分布信息，"蓝"通道保存了图像中蓝色像素的分布信息，正是由于这些原色通道的存在，所有的原色通道合成在一起时，才会得到具有丰富色彩效果的图像。

在 Photoshop 中新建的通道被自动命名为 Alpha 通道，Alpha 通道用来存储选区。其具体功能将在 9.2 节中讲解。

9.2　Alpha通道

Alpha 通道与选区存在着密不可分的关系，通道可以转换成为选区，而选区也可以保存为通道。例如，图 9.2 所示为一个图像中的 Alpha 通道，在其被转换成为选区后，可以得到如图 9.3 所示的选区。

图9.2 图像中的通道

图9.3 转换后得到的选区

图 9.4 所示为一个使用钢笔工具 绘制的路径，然后转换得到的选区，在其被保存成为 Alpha 通道后，得到如图 9.5 所示的 Alpha 通道。

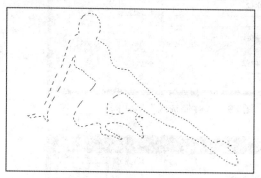

图9.4 钢笔工具制作的选

图9.5 保存选区后得到的通道

通过这两个示例可以看出，Alpha 通道中的黑色区域对应非选区，而白色区域对应选择区域，由于 Alpha 通道中可以创建从黑到白共 256 级灰度色，因此能够创建并通过编辑得到非常精细的选择区域。

9.2.1 通过操作认识Alpha通道

前面已经讲述过 Alpha 通道与选区的关系，下面通过一个操作实例来认识两者之间的关系。

① 选择"文件"|"新建"命令新建一个适当大小的文件，选择自定形状工具 ，在工具选项条中选择"蝴蝶"形状，并选择"路径"选项绘制形状路径，按 Ctrl+Enter 键将路径转换为选区，如图 9.6 所示。

② 选择"选择"|"存储选区"命令，设置弹出的对话框，如图 9.7 所示。

③ 按照第 1 步的方法绘制一只手的选区，如图 9.8 所示。

④ 再次选择"选择"|"存储选区"命令，设置弹出的对话框如图 9.9 所示。

⑤ 按照第 1 步的方法绘制一个太阳的选区，如图 9.10 所示，按 Shift+F6 键调出"羽化选区"对话框，在弹出的对话框中设置"羽化半径"为 20，单击"确定"按钮退出。

⑥ 再次选择"选择"|"存储选区"命令，设置弹出的对话框如图 9.11 所示。

图9.6　创建选区

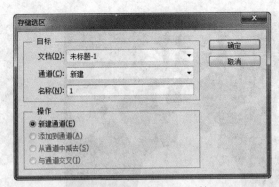

图9.7　"存储选区"对话框

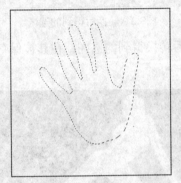

图9.8　创建手形选区

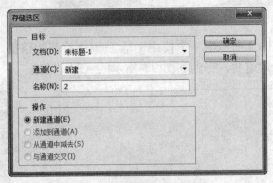

图9.9　"存储选区"对话框

图9.10　创建太阳选区

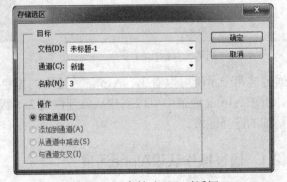

图9.11　"存储选区"对话框

⑦ 切换至"通道"面板中，可以发现"通道"面板中多了 3 个 Alpha 通道，如图 9.12 所示。

⑧ 分别切换至 3 个 Alpha 通道，图像显示如图 9.13 所示。

　　仔细观察 3 个 Alpha 通道可以看出，3 个通道中白色的部分对应的正是创建的 3 个选择区域的位置与大小，而黑色则对应于非选择区域。

　　而对于通道 3，除了黑色与白色外，出现了灰色柔和边缘，实际上这正是具有"羽化"值的选择区域保存于通道后的状态。在此状态下，Alpha 通道中的灰色区域代表部分选择，换言之，即具有羽化值的选择区域。

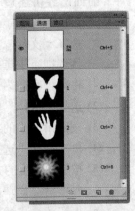

图9.12　"通道"面板

因此，创建的选择区域都可以被保存在"通道"面板中，而且选择区域被保存为白色，非选择区域被保存为黑色，具有不为 0 的"羽化"值的选择区域保存为具有灰色柔和边缘的通道。

（a）1号Alpha通道效果　　　　（b）2号Alpha通道效果　　　　（c）3号Alpha通道效果

图9.13　3个Alpha通道

9.2.2　将选区保存为通道

要将选择区域保存成为通道，可以在面板中直接单击将选区存储为通道按钮 ▣ 。除此之外，还可以选择"选择"|"存储选区"命令将选区保存为通道，这时弹出如图 9.14 所示的对话框。

此对话框中的重要参数及选项说明如下。

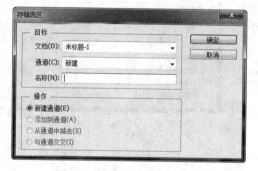

图9.14　"存储选区"对话框

- 文档：该下拉列表中显示了所有已打开的尺寸大小及与当前操作图像文件相同的文件的名称，选择这些文件名称可以将选择区域保存在该图像文件中。如果在下拉菜单中选择"新建"命令，则可以将选择区域保存在一个新文件中。
- 通道：在该下拉菜单中列有当前文件已存在的 Alpha 通道名称及"新建"选项。如果选择已有的 Alpha 通道，可以替换该 Alpha 通道所保存的选择区域。如果选择"新建"命令可以创建一个新 Alpha 通道。
- 新建通道：选择该选项，可以添加一个新通道。如果在"通道"下拉菜单中选择一个已存在的 Alpha 通道，"新建通道"选项将转换为"替换通道"，选择此选项可以用当前选择区域生成的新通道替换所选的通道。
- 添加到通道：在"通道"下拉列表中选择一个已存在的 Alpha 通道时，此选项可被激活。选择该选项，可以在原通道的基础上添加当前选择区域所定义的通道。
- 从通道中减去：在"通道"下拉列表中选择一个已存在 Alpha 通道时，此选项可被激活。选择该选项，可以在原通道的基础上减去当前选择区域所创建的通道，即在原通道中以黑色填充当前选择区域所确定的区域。
- 与通道交叉：在"通道"下拉列表中选择一个已存在的 Alpha 通道时，此选项可被激活。选择该选项，可以得到原通道与当前选择区域所创建的通道的重叠区域。

例如，图 9.15 所示为当前存在的选择区域，图 9.16 所示为已存在的一个 Alpha 通道及对应的"通道"面板。

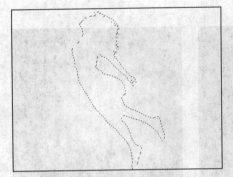

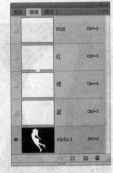

图9.15　当前操作的选择区域　　　　图9.16　已存在的Alpha通道及"通道"面板

- 如果选择"选择"|"存储选区"命令，且弹出的对话框设置如图 9.17（a）所示时，得到的通道如图 9.17（b）所示。

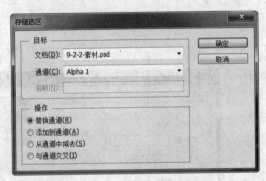

（a）对话框

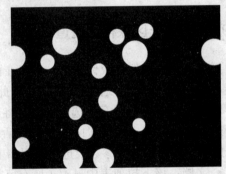

（b）效果

图9.17　选择"替换通道"选项的效果

- 如果选择"选择"|"存储选区"命令，且弹出的对话框设置如图 9.18（a）所示时，得到的通道如图 9.18（b）所示。

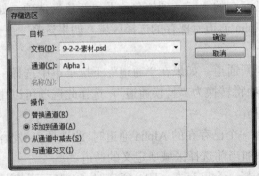

（a）对话框

（b）效果

图9.18　选择"添加到通道"选项的效果

- 如果选择"选择"|"存储选区"命令，且弹出的对话框设置如图 9.19（a）所示时，得到的通道如图 9.19（b）所示。

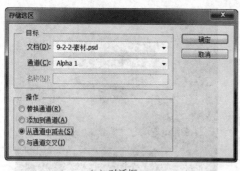 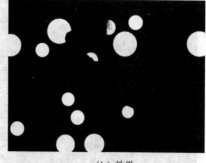

（a）对话框 （b）效果

图9.19 选择"从通道中减去"选项的效果

- 如果选择"选择"|"存储选区"命令，且弹出的对话框设置如图 9.20（a）所示时，得到的通道如图 9.20（b）所示。

 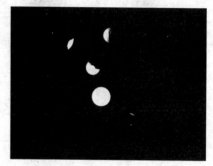

（a）对话框 （b）效果

图9.20 选择"与通道交叉"选项的效果

通过观察可以看出，在保存选择区域时，如果选择不同的选项可以得到不同的效果。

除可以按上述方法保存选择区域外，还可以在选择区域存在的情况下，直接切换至"通道"面板中，单击将选区存储为通道按钮 ▣ 将当前选择区域保存为一个默认的新通道。

▶▶▶ 9.2.3 编辑Alpha通道

Alpha 通道不仅仅能够用于保存选区，更重要的是通过编辑 Alpha 通道，可以得到灵活多样的选择区域。

下面通过一个简单的实例，讲解编辑 Alpha 通道的操作方法。

① 打开随书所附光盘中的文件"d9z\9-2-3- 素材 .tif"，切换至"通道"面板中，选择"Alpha 1"通道进入其编辑状态。

② 选择"滤镜"|"其他"|"最大值"命令，在弹出的对话框中设置"半径"数值为12，得到如图 9.21 所示的效果。选择"滤镜"|"模糊"|"高斯模糊"命令，在弹出的对话框中设置"半径"数值为30，得到如图 9.22 所示的效果。

③ 按 Ctrl+I 键应用"反相"命令，得到如图 9.23 所示的效果。选择"滤镜"|"像素化"|"彩色半调"命令，弹出的对话框设置如图 9.24 所示，得到如图 9.25 所示的效果。按 Ctrl+I 键应用"反相"命令。

图9.21 应用"最大值"后的效果

图9.22 模糊后的效果

图9.23 应用"反相"后的效果

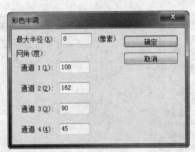

图9.24 "彩色半调"对话框

④ 按 Ctrl 键单击"Alpha 1"通道缩览图以载入其选区,切换至"图层"面板,选择"背景"图层,新建"图层 1",设置前景色为白色,按 Alt+Delete 键填充前景色,按 Ctrl+D 键取消选区,得到图 9.26 所示的效果。

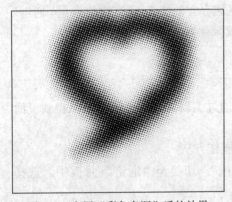

图9.25 应用"彩色半调"后的效果

图9.26 填充效果

图 9.27 为设置不透明度为 40% 以及添加心形花环后的尝试效果。

提示　本例最终效果为随书所附光盘中的文件"d9z\9-2-3.psd"。

　　可以看出通过对 Alpha 通道进行编辑,可以制作出使用常规方法不容易甚至无法得到的选择区域。对于这一点,各位读者可以尝试使用以下方法对通道进行编辑。

- 使用绘画工具。
- 使用调色命令。
- 使用滤镜命令。

图9.27 尝试效果

9.2.4 将通道作为选区载入

任意一个 Alpha 通道都可以作为选区调出。要调用 Alpha 通道所保存的选区，可以采用两种方法，第一种是在"通道"面板中选择该 Alpha 通道，单击面板中将通道作为选区载入按钮 ，即可调出此 Alpha 通道所保存的选区。

第二种方法是选择"选择"|"载入选区"命令，在图像中存在选区的情况下，将弹出如图 9.28 所示的"载入选区"对话框。由于此对话框中的选项与"存储选区"对话框中的选项的意义基本相同，故在此不再赘述。

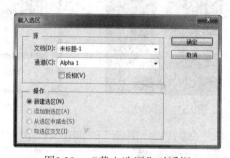

图9.28 "载入选区"对话框

 提示　　按 Ctrl 键击通道，可以直接调用此通道所保存的选择区域。如果按 Ctrl+Shift 键单击通道，可在当前选择区域中增加单击的通道所保存的选择区域。如果按 Alt+Ctrl 键单击通道，可以在当前选择区域中减去当前单击的通道所保存的选择区域。如果按 Alt+Ctrl+Shift 键单击通道，可以得到当前选择区域与该通道所保存的选择区域重叠的选择区域。

9.2.5 Alpha通道运用实例——选择纱质图像

下面练习利用 Alpha 通道选择具有半透明效果的纱质图像，其操作步骤如下。

① 打开随书所附光盘中的文件 "d9z\9-2-5- 素材 1.tif"，如图 9.29 所示。

② 切换至"通道"面板，复制"蓝"通道得到"蓝 副本"，按 Ctrl+I 键将其反相，得到如图 9.30 所示的效果。

③ 使用多边形套索工具 ，选择人物左侧的纱巾，如图 9.31 所示。

图9.29　素材图像

图9.30　反相后的效果

④ 选择"图像"|"调整"|"色阶"命令，设置弹出的对话框如图 9.32 所示，得到如图 9.33 所示的效果，按 Ctrl+D 键取消选区。

图9.31　绘制选区

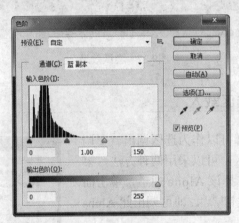

图9.32　"色阶"对话框

图9.33　调整后的效果

⑤ 选择"图像"|"调整"|"色阶"命令，设置弹出的对话框如图 9.34 所示，得到如图 9.35 所示的效果。

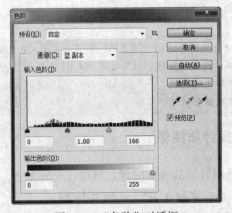

图9.34　"色阶"对话框

图9.35　调整后的效果

⑥ 使用多边形套索工具 将人物脸部、手、胳膊、脚和不透明的衣服区域选中，并将其填充为白色，得到如图 9.36 所示的效果。

⑦ 按住 Ctrl 键单击"蓝副本"通道,调出其选区,切换至"图层"面板中,选择背景图层,按 Ctrl+J 键执行"通过拷贝的图层"命令,得到"图层 1"。其"图层"面板状态如图 9.37 所示。

图9.36　填充选区后的效果

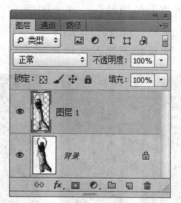

图9.37　"图层"面板状态

⑧ 打开随书所附光盘中的文件"d9z\9-2-5- 素材 2.tif",如图 9.38 所示。

⑨ 使用移动工具 ⊕ 将素材 1 中图像的"图层 1"移至"素材 2"图像中得到"图层 1",并调整其大小及位置,如图 9.39 所示。

图9.38　素材图像

图9.39　调整后的效果

⑩ 选择"图像"|"调整"|"亮度 / 对比度"命令,设置弹出的对话框如图 9.40 所示,得到如图 9.41 所示的效果。

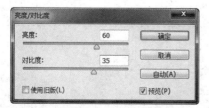

图9.40　"亮度/对比度"对话框

图9.41　调整颜色后的效果

⑪ 按住 Ctrl 键单击 "图层 1" 调出其选区,选择 "选择" | "修改" | "羽化" 命令,在弹出的对话框中设置 "羽化半径" 为 5,选择 "选择" | "变换选区" 命令,调整选区至如图 9.42 所示的效果,按 Enter 键确认操作。

⑫ 设置前景色为黑色,在 "图层 1" 下方新建一个图层得到 "图层 2",按 Alt+Delete 键填充选区,设置此图层的 "不透明度" 为 60%,得到如图 9.43 所示效果。此时的 "图层" 面板状态如图 9.44 所示。

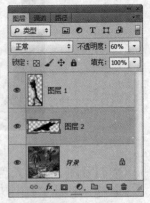

图9.42　变换选区　　　　图9.43　添加阴影后的最终效果　　　图9.44　最终的 "图层" 面板

提示

本例最终效果为随书所附光盘中的文件 "d9z\9-2-5.psd"。

9.3　专色通道

　　专色是指在印刷时使用的一种预制的油墨,使用专色的好处在于可以获得通过使用 CMYK 四色油墨无法合成的颜色效果,例如金色与银色,此外还可以降低印刷成本。

　　使用专色通道,可以在分色时输出第 5 块或第 6 块甚至更多的色片,用于定义需要使用专色印刷或处理的图像局部。

9.3.1　什么是专色和专色印刷

　　专色是指在印刷时,不是通过印刷 C、M、Y、K 四色合成的一种特殊颜色,这种颜色是由印刷厂预先混合好的或油墨厂生产的专色油墨来印刷的。使用专色可使颜色更准确,并且还能够起到节省印刷成本的作用。

9.3.2　Photoshop中制作专色通道

　　要得到专色通道可以采用以下三种方法:
- 直接创建一个空的专色通道;
- 根据当前选区创建专色通道;
- 直接将 Alpha 通道转换成专色通道。

下面分别讲解三种方法的操作步骤。

1. 直接创建专色通道

在"通道"面板弹出菜单中选择"新建专色通道"命令,将弹出如图 9.45 所示的对话框,通过设置此对话框即可完成创建专色通道的操作。

2. 从选区创建专色通道

如果当前已经存在一个选择区域,可以在"通道"面板弹出菜单中选择"新建专色通道"命令,直接依据当前选区创建专色通道。

3. 通过转换生成专色通道

如果希望将一个 Alpha 通道转换成为专色通道,可以在"通道"面板弹出菜单中选择"通道选项"命令,在弹出的对话框中选中"专色"选项,如图 9.46 所示。

图9.45　"新建专色通道"对话框

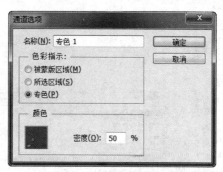

图9.46　"通道选项"对话框

单击"确定"按钮即可将一个 Alpha 通道转换成为一个专色通道。

9.3.3　指定专色选项

使用上面的方法创建专色通道时,需要设置对话框中"颜色"的色样与"密度"数值。

单击色样可以在弹出的"拾色器(专色)"中选择一种专色。在"密度"文本框中输入数值,能够定义专色在屏幕上显示的透明度。

9.3.4　专色图像文件保存格式

为了使含有专色通道图像能够正确输出,或在其他排版软件中应用,必须将文件保存为 DCS 2.0 EPS 格式,即选择"文件"|"存储"或"存储为"命令后,在弹出的对话框中的"格式"下拉列表菜单中选择"Photoshop DCS 2.0"选项,如图 9.47 所示。

在对话框中单击"保存"按钮后,设置弹出的"DCS 2.0 格式"对话框如图 9.48 所示。

9.4　复制与删除通道

要在一幅图像内复制通道,可直接将需要复制的通道拖至"通道"面板下方"创建新通道"按钮 上,或选择要复制的通道,在"通道"面板弹出菜单中选择"复制通道"命令,设置如图 9.49 所示的对话框。

要删除无用的通道,可以在"通道"面板中选择要删除的通道,并将其拖至面板下方的"删除当前通道"按钮 🗑 上。

> **提示**
>
> 除 Alpha 通道及专色通道外,图像的颜色通道例如"红"通道、"绿"通道、"蓝"通道等通道也可以被删除。但这些通道被删除后,当前图像的颜色模式自动转换为多通道模式,图 9.50 所示为一幅 CMYK 模式的图像中青色通道、黑色通道被删除后的"通道"面板状态。

图9.47　选择正确的文件格式

图9.48　设置DCS 2.0格式

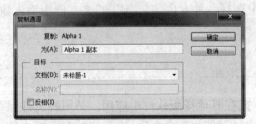

图9.49　"复制通道"对话框

图9.50　删除通道后的"通道"面板

9.5　图层蒙版

图层蒙版是另一种通道的表现形式,图层蒙版可用于为图层增加屏蔽效果,其优点在于可以通过改变图层蒙版不同区域的黑白程度,控制图像对应区域的显示或隐藏状态,从而为图层添加特殊效果。

图 9.51 为应用图层蒙版后的图像效果及对应的"图层"面板。

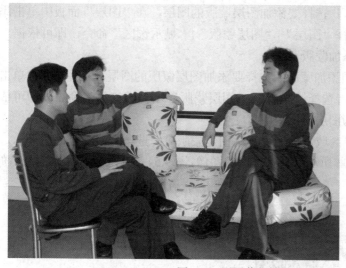

图9.51　图层蒙版效果示例

对比"图层"面板与使用蒙版后的实际效果可以看出,图层蒙版中黑色区域部分所对应的区域被隐藏,从而显示出底层图像;图层蒙版中的白色区域显示对应的图像区域;灰色部分使图像对应的区域半隐半显。

9.5.1　"属性"面板

"属性"面板能够提供用于图层蒙版及矢量蒙版的多种控制选项,使操作者可以轻松更改其不透明度、边缘柔化程度,可以方便地增加或删除蒙版、反相蒙版或调整蒙版边缘。

选择"窗口"|"属性"命令后,显示如图 9.52 所示的"属性"面板。

使用"属性"面板可以对蒙版进行如浓度、羽化、反相及显示 /隐藏蒙版等操作,下面将以此面板为中心,讲解与图层蒙版相关的操作。

图9.52　"属性"面板

9.5.2　创建或删除图层蒙版

在 Photoshop 中有很多种创建图层蒙版的方法,用户可以根据不同的情况来决定使用哪种方法最为简单、合适,下面分别讲解各种操作方法。

1. 直接添加蒙版

要直接为图层添加蒙版,可以使用下面的操作方法之一:

- 选择要添加图层蒙版的图层,单击"图层"面板底部的添加图层蒙版按钮 ◘ ,或选择"图层"|"图层蒙版"|"显示全部"命令。
- 如果在执行上述添加蒙版操作时,按住 Alt 键,或选择"图层"|"图层蒙版"|"隐藏全部"命令,即可为图层添加一个默认填充为黑色的图层蒙版,即隐藏全部图像。

2. 利用选区添加图层蒙版

如果当前图像中存在选区,可以利用该选区添加图层蒙版,并决定添加图层蒙版后是显示或者隐藏选区内部的图像。可以按照以下操作之一来利用选区添加图层蒙版。

- 依据选区范围添加蒙版：选择要添加图层蒙版的图层，在"图层"面板中单击添加图层蒙版按钮 ▣ ，或选择"图层"|"图层蒙版"|"显示选区"命令，即可依据当前选区的选择范围为图像添加蒙版。
- 依据与选区相反的范围添加蒙版：选择要添加图层蒙版的图层，按住 Alt 键单击添加图层蒙版按钮 ▣ ，或者选择"图层"|"图层蒙版"|"隐藏选区"命令，即可依据与当前选区相反的范围为图层添加蒙版。

如果当前图层中存在选择区域，按上述方法创建蒙版时，选区部分将呈白色显示，非选择区域将以黑色显示，如图 9.53 所示为存在选区的图像，图 9.54 所示为添加图层蒙版后的"图层"面板状态。

图9.53 存在选区的图像

图9.54 "图层"面板状态

▶▶9.5.3 编辑图层蒙版

添加图层蒙版只是完成了应用图层蒙版的第一步，要使用图层蒙版还必须对图层的蒙版进行编辑，这样才能取得所需的效果。

要编辑图层蒙版，可以参考以下操作步骤。

① 单击"图层"面板中的图层蒙版缩览图以将其激活。

② 选择任何一种编辑或绘画工具，按照下述准则进行编辑。

- 如果要隐藏当前图层，用黑色在蒙版中绘图。
- 如果要显示当前图层，用白色在蒙版中绘图。
- 如果要使当前图层部分可见，用灰色在蒙版中绘图。

③ 如果要编辑图层而不是编辑图层蒙版，单击"图层"面板中该图层的缩览图以将其激活。

▶▶9.5.4 更改图层蒙版的浓度

"属性"面板中的"浓度"滑块可以调整选定的图层蒙版或矢量蒙版的不透明度，其使用步骤如下所述。

① 在"图层"面板中，选择包含要编辑的蒙版的图层。

② 单击"属性"面板中的选择图层蒙版按钮 或选择矢量蒙版按钮 将其激活。

③ 拖动"浓度"滑块，当其数值为 100% 时，蒙版将完全不透明并遮挡图层下面的所有区域，此数值越低，蒙版下的更多区域变得可见。

图 9.55 所示为原图像，图 9.56 所示为在"属性"面板中将"浓度"数值降低时的效果，可以看出为由于蒙版中黑色变成为灰色，因此被隐藏的图层中的图像也开始显现出来。

图9.55 原图像效果及对应的"图层"面板

图9.56 设置浓度数值后的效果

》》9.5.5 羽化蒙版边缘

可以使用"属性"面板中的"羽化"滑块直接控制蒙版边缘的柔化程度，而无需像以前一样再使用"模糊"滤镜对其操作，其使用步骤如下所述。

① 在"图层"面板中，选择包含要编辑的蒙版的图层。

② 单击"属性"面板中的选择图层蒙版按钮 或选择矢量蒙版按钮 将其激活。

③ 在"属性"面板中，拖动"羽化"滑块将羽化效果应用至蒙版的边缘，使蒙版边缘在蒙住和未蒙住区域之间创建较柔和的过渡。

▶▶▶ 9.5.6 调整蒙版边缘及色彩范围

单击"蒙版边缘"按钮，将弹出"调整蒙版"对话框，此对话框功能及使用方法等同于"调整边缘"，使用此命令可以对蒙版进行平滑、羽化等操作。

单击"颜色范围"按钮，将弹出"色彩范围"对话框，可以使用对话框更好地对蒙版进行选择操作，调整得到的选区并直接应用于当前的蒙版中。

▶▶▶ 9.5.7 图层蒙版与通道的关系

在蒙版被选中的情况下，可以使用任何一种编辑或绘画工具对蒙版进行编辑，由于图层蒙版实际上是一个灰度 Alpha 通道，切换至"通道"面板中可以看到，此时"通道"面板中增加了一个名称为"图层蒙版"的通道。

图 9.57 所示为具有蒙版的"图层"面板，图 9.58 所示为切换至"通道"面板时，名称为"图层 5 蒙版"的 Alpha 通道的显示状态。

 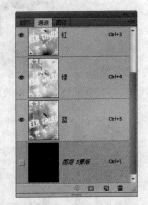

图9.57　"图层"面板　　　　图9.58　"通道"面板中的Alpha通道

▶▶▶ 9.5.8 删除与应用图层蒙版

应用图层蒙版可以将图层蒙版中黑色对应的图像删除，白色对应的图像保留，灰色过渡区域所对应的图像部分像素删除以得到一定的透明效果，从而保证图像效果在应用图层蒙版前后不会发生变化。要应用图层蒙版可以执行以下操作之一。

- 在"属性"面板中单击应用蒙版按钮 ◈ 。
- 选择"图层"|"图层蒙版"|"应用"命令。
- 在图层蒙版缩览图上单击右键，在弹出的菜单中选择"应用图层蒙版"命令。

图 9.59 所示为未应用图层蒙版前的"图层"面板，图 9.60 所示是为"图层 5"应用图层蒙版后的"图层"面板。此时隐藏其他图层可以看出，该图层中的图像显示为如图 9.61 所示的状态。

如果不想对图像进行任何修改，而直接删除图层蒙版，可以执行以下操作之一。

- 单击"属性"面板中的删除蒙版按钮 📖 。
- 执行"图层"|"图层蒙版"|"删除"命令。
- 在图层蒙版缩览图中单击鼠标右键，在弹出的菜单中选择"删除图层蒙版"命令。

图9.59 原"图层"面板

图9.60 应用图层蒙版后的状态

图9.61 图层中的图像效果

▶▶9.5.9 显示与屏蔽图层蒙版

要屏蔽图层蒙版可以按住 Shift 键单击图层蒙版缩略图,此时蒙版显示为一个红色叉,如图 9.62 所示,再次按住 Shift 键单击蒙版缩略图即可重新显示蒙版效果。

图9.62 被屏蔽的图层蒙版

除上述方法外,选择"图层"|"图层蒙版"|"停用"、"启用"命令也可以暂时屏蔽、显示图层蒙版效果。

习 题

一、选择题

1. 在 Photoshop 中有哪几种通道? ( )

    A. 颜色通道   B. Alpha 通道   C. 专色通道   D. 路径通道

2. Alpha 通道最主要用来（   ）。

    A. 保存图像色彩信息　　　　　　　　B. 创建新通道

    C. 存储和建立选择范围　　　　　　　D. 是为路径提供的通道

3. 要显示或屏蔽图层蒙版，可以配合（   ）功能键单击图层蒙版缩览图。

    A. Shift　　　　　　B. Ctrl　　　　　　C. Ctrl+Shift　　　　D. Alt

二、填空题

1. Alpha 通道相当于 _____ 位的灰度图。

2. Alpha 通道的默认前景色为 _____。

3. 在"属性"面板中，通过设置 _____ 参数可以降低蒙版的不透明度。

三、简答题

1. 如果在图层上增加一个蒙版，当要单独移动蒙版时应该怎么操作？

2. 如何将选区存储为 Alpha 通道？

3. 保存选择区域为通道有哪几种方法？

4. 怎样载入通道选区？

5. 什么是专色？它有什么好处？

6. 简述专色通道的制作方法及其操作步骤。

7. 怎样将两个或多个通道模式复合成为一个新的通道？

8. 编辑图层蒙版的原则是什么？

第 ⑩ 章

掌握滤镜的用法

本章将重点讲解那些使用频率较高的重要内置滤镜及特殊滤镜的使用方法，掌握这些滤镜的使用方法有助于制作特殊的文字、纹理、材质效果，并且能够提高处理图像的技巧。此外，本章重点讲解了新版本的新增滤镜功能"滤镜库"的使用方法与操作要点。

- 滤镜库
- 特殊滤镜
- 重要内置滤镜
- 智能滤镜

滤镜是 Photoshop 中制作特殊效果的重要工具。单个滤镜命令掌握起来非常简单，即便是初学者，也能够应用不同的滤镜将图像处理成不同的效果，但是将多个滤镜灵活地结合起来应用，却需要时间和经验的积累。

10.1 滤镜库

"滤镜库"是 Photoshop CS 及以后版本中新的功能，它可以在同一个对话框添加并调整一个或多个滤镜，并按照从下至上的顺序应用滤镜效果，"滤镜库"的最大特点就是在应用和修改多个滤镜时，效果非常直观，修改非常方便。下面详细讲解滤镜库的功能及应用效果。

10.1.1 认识滤镜库

选择"滤镜"|"滤镜库"命令，弹出如图 10.1 所示的对话框。由图 10.1 中所示的"滤镜库"对话框及对话框标注可以看出，滤镜库命令只是将众多的（并不是所有的）滤镜集合至该对话框中，通过打开某一个滤镜并单击相应命令的缩略图即可对当前图像应用该滤镜，应用滤镜后的效果显示在左侧的"预览区"中。

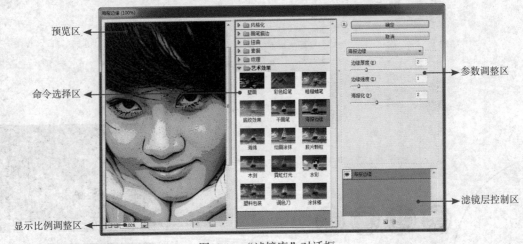

图10.1 "滤镜库"对话框

下面介绍"滤镜库"对话框中各个区域的作用。

1. 预览区

该区域中显示了由当前滤镜命令处理后的效果。

- 在该区域中，光标会自动变为抓手工具🖐，拖动可以查看图像其他部分应用滤镜命令后的效果。
- 按住 Ctrl 键则抓手工具🖐切换为放大缩放工具🔍，在"预览区"中单击可以放大当前效果的显示比例。
- 按住 Alt 键则抓手工具🖐切换为缩小缩放工具🔍，在"预览区"中单击可以缩小当前效果的显示比例。

- 按住 Ctrl 键的同时，"取消"按钮会变为"默认值"按钮；按住 Alt 键的同时，"取消"按钮会变为"复位"按钮。无论单击"默认值"还是"复位"按钮，"滤镜库"对话框都会切换至本次打开该对话框时的状态。

2. 显示比例调整区

在该区域中可以调整预览区中图像的显示比例。

3. 命令选择区

在该区域中，显示的是已经被集成的滤镜，单击各滤镜序列的名称即可将其展开，并显示出该序列中包含的命令，单击相应命令的缩略图即可应用该命令。

单击命令选择区右上角处的 ⊗ 按钮可以隐藏该区域，以扩大预览区，从而更方便地观看应用滤镜后的效果，再次单击该按钮可重新显示命令选择区。

4. 参数调整区

在该区域中，可以设置当前已选命令的参数。

5. 滤镜层控制区

这是滤镜库命令中的一大亮点，正是由于有了此区域所支持的功能，才使得用户可以在该对话框中对图像同时应用多个滤镜命令，并将所添加的命令效果叠加起来，而且还可以像在"图层"面板中修改图层的顺序那样调整各个滤镜层的顺序。

≫10.1.2 滤镜库的应用

在滤镜库中选择一种滤镜，滤镜层控制区将显示此滤镜，单击滤镜层控制区下方的新建效果图层按钮，将新增一种滤镜。

1. 多次应用同一滤镜

通过在滤镜库中应用多个同样的滤镜，可以增强滤镜对图像的作用，使滤镜效果更加显著，如图 10.2 所示为应用一次的效果，如图 10.3 所示为应用多次后的效果。

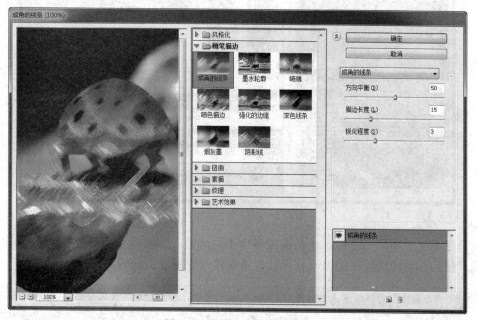

图10.2　应用一次滤镜的效果

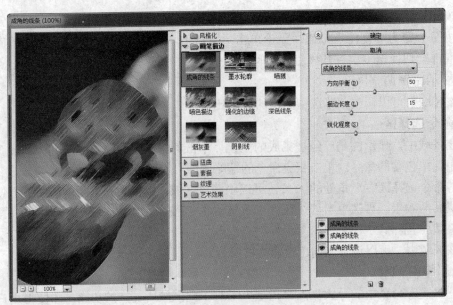

图10.3　应用3次滤镜的效果

2. 应用多个不同滤镜

要在"滤镜库"命令中应用多个不同滤镜，可以在对话框中单击滤镜的命令名称，然后单击新建效果图层按钮■，再单击要应用的新的滤镜的命令名称，则当前选中的滤镜被修改为新的滤镜，其效果如图 10.4 所示。

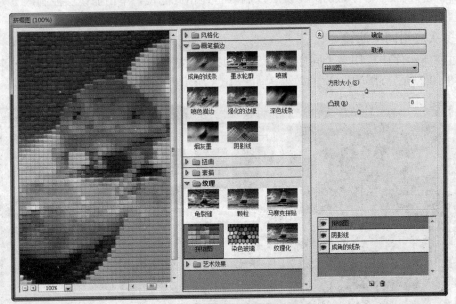

图10.4　应用多个不同滤镜

无论是多次应用同一滤镜，还是应用多个不同滤镜，都可以在滤镜效果列表中选中某一个滤镜，然后在滤镜选项区中修改其参数，从而修改应用滤镜的效果。

提示

"滤镜库"对话框中未包括所有 Photoshop 的滤镜，因此有些滤镜仅能够在"滤镜"菜单下选择使用。

3. 滤镜顺序

滤镜效果列表中的滤镜顺序决定了当前操作的图像的最终效果，因此当这些滤镜的应用顺序发生变化时，最终得到的图像效果也会发生变化。

图 10.5 所示为原效果，图 10.6 所示为改变滤镜效果列表中的滤镜顺序后的效果，可以看出其效果已发生了变化。

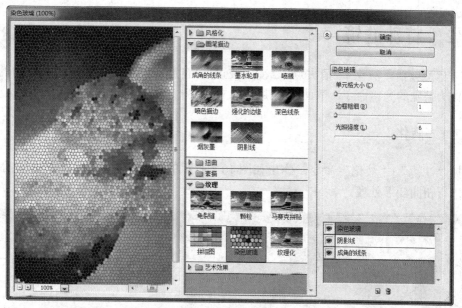

图10.5　原效果图

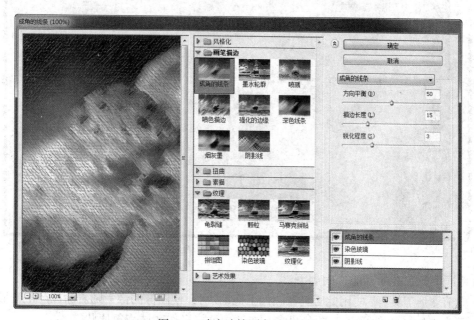

图10.6　改变滤镜顺序后的效果

修改滤镜顺序的操作很简单，直接在滤镜效果列表中将滤镜名称拖移到另一个位置即可重新排列它们。

4. 屏蔽及删除滤镜

单击滤镜旁边的眼睛图标 ，可屏蔽该滤镜，从而在预览图像中去除此滤镜对当前图像产生的影响。通过在滤镜效果列表中选择滤镜并单击删除效果图层按钮 ，可删除已应用的滤镜。

10.2 特殊滤镜

特殊滤镜包括"液化""消失点""镜头校正""自适应广角"和"油画"在内的 5 个使用方法较为特殊的滤镜命令，下面分别讲解这 5 个特殊滤镜的使用方法。

10.2.1 液化

选择"滤镜"|"液化"命令，弹出如图 10.7 所示的"液化"对话框，使用此命令可以对图像进行扭曲变形处理。

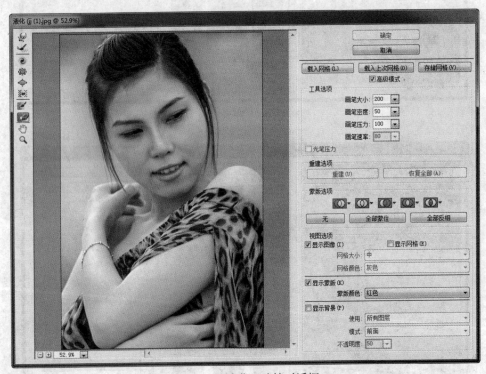

图10.7 "液化"滤镜对话框

对话框中各工具的功能说明如下。

- 向前变形工具 ：使用此工具在图像上拖动，可以使图像的像素随着涂抹产生变形效果。
- 重建工具 ：使用此工具在图像上拖动，可将操作区域恢复原状。
- 顺时针旋转扭曲工具 ：使用此工具在图像上拖动，可使图像产生顺时针旋转效果。
- 褶皱工具 ：使用此工具在图像上拖动，可以使图像产生挤压效果，即图像向操作中心点处收缩从而产生挤压效果。

- 膨胀工具 ⬡：使用此工具在图像上拖动，可以使图像产生膨胀效果，即图像背离操作中心点从而产生膨胀效果。
- 左推工具 ▦：使用此工具在图像上拖动，可以移动图像。
- 冻结蒙版工具 ✐：使用此工具可以冻结图像，被此工具涂抹过的图像区域，无法进行编辑操作。
- 解冻蒙版工具 ✐：使用此工具可以解除使用冻结工具所冻结的区域，使其还原为可编辑状态。
- 抓手工具 ✋：使用此工具可以显示出未在预览窗口中显示出来的图像。
- 缩放工具 🔍：使用此工具单击一次，图像就会放大到下一个预定的百分比。
- 拖动"画笔大小"三角滑块，可以设置使用上述各工具操作时，图像受影响区域的大小，数值越大则一次操作影响的图像区域也越大；反之，则越小。
- 拖动"画笔压力"三角滑块，可以设置使用上述各工具操作时，一次操作影响图像的程度大小，数值越大则图像受画笔操作影响的程度也越大；反之，则越小。
- 在"重建选项"区域中单击"重建"按钮，可使图像以该模式动态向原图像效果恢复。在动态恢复过程中，按空格键可以终止恢复进程，从而中断进程并截获恢复过程的某个图像状态。
- 选中"显示图像"复选框，在对话框预览窗口中显示当前操作的图像。
- 选中"显示网格"复选框，在对话框预览窗口中显示辅助操作的网格。
- 在"网格大小"下拉列表中选择相应的选项，可以定义网格的大小。
- 在"网格颜色"下拉列表中选择相应的颜色选项，可以定义网格的颜色。

此命令的使用方法较为任意，只需在工具箱中选择需要的工具，然后在预览窗口中单击或拖动即可，如图 10.8 所示为原图及使用液化命令变形脸型后的效果。

图10.8 原图及应用"液化"滤镜后的效果图

此命令常被用于人像照片的修饰，例如使用此命令将眼睛变大、腰部变细等，读者可以尝试进行操作。

▶▶10.2.2 "消失点"命令

"消失点"滤镜的特殊之处就在于可以使用它对图像进行透视处理，使之与其他对象的

透视保持一致，选择"滤镜"|"消失点"命令后弹出的对话框如图 10.9 所示。

图10.9　"消失点"对话框

下面分别介绍对话框中各个区域及工具的功能。

- 工具区：在该区域中包含了用于选择和编辑图像的工具。
- 工具选项区：该区域用于显示所选工具的选项及参数。
- 工具提示区：在该区域中显示了对该工具的提示信息。
- 图像编辑区：在此可对图像进行复制、修复等操作，同时可以即时预览调整后的效果。
- 编辑平面工具：使用该工具可以选择和移动透视网格。
- 创建平面工具：使用该工具可以绘制透视网格来确定图像的透视角度。在工具选项区中的"网格大小"输入框中可以设置每个网格的大小。

　提示　　透视网格是随 PSD 格式文件存储在一起的，当用户需要再次进行编辑时，再次选择该命令即可看到以前所绘制的透视网格。

- 选框工具：使用该工具可以在透视网格内绘制选区，以选中要复制的图像，而且所绘制的选区与透视网格的透视角度是相同的。选择此工具时，在工具选项区域中的"羽化"和"不透明度"文本框中输入数值，可以设置选区的羽化和透明属性；在"修复"下拉菜单中选择"关"选项，则可以直接复制图像，选择"明亮度"选项则按照目标位置的亮度对图像进行调整，选择"开"选项则根据目标位置的状态自动对图像进行调整；在"移动模式"下拉菜单中选择"目标"选项，则将选区中的图像复制到目标位置，选择"源"选项则将目标位置的图像复制到当前选区中。

　提示　　没有任何网格时则无法绘制选区。

- 图章工具：按住 Alt 键使用该工具可以在透视网格内定义一个源图像，然后在需要的地方进行涂抹即可。在其工具选项区中可以设置仿制图像时的"直径""硬度""不透明度"及"修复"选项等参数。

- 画笔工具：使用该工具可以在透视网格内进行绘图。在其工具选项区中可以设置画笔绘图时的"直径""硬度""不透明度"及"修复"选项等参数，单击"画笔颜色"右侧的色块，在弹出的"拾色器"对话框中还可以设置画笔绘图时的颜色。

- 变换工具：由于复制图像时，图像的大小是自动变化的，当对图像大小不满意时，即可使用此工具对图像进行放大或缩小操作。选择其工具选项区域中的"水平翻转"和"垂直翻转"选项后，图像会被执行水平和垂直方向上的翻转操作。

- 吸管工具：使用该工具可以在图像中单击以吸取画笔绘图时所用的颜色。

- 抓手工具：使用该工具在图像中拖动可以查看未完全显示出来的图像。

- 缩放工具：使用该工具在图像中单击可以放大图像的显示比例，按住 Alt 键在图像中单击即可缩小图像显示比例。

下面通过一个具体的实例讲解"消失点"滤镜的使用方法。

① 打开随书所附光盘中的文件"d10z\10-2-2-素材 1.psd"，如图 10.10 所示。在本例中，利用这幅在 3ds max 中制作出的简单场景，为其附加封面图像。

图10.10　素材图像

② 选择"滤镜"│"消失点"命令，在弹出的对话框左侧选择创建平面工具，然后沿右侧图书的正面角点绘制网格，如图 10.11 所示。

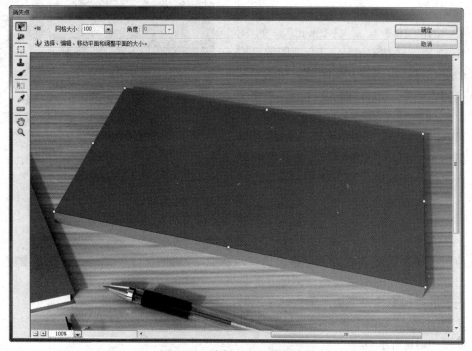

图10.11　绘制正面的透视网格

③ 仍然使用创建平面工具 ▦，在刚刚绘制的网格底部中间的句柄上，向下拖动至如图 10.12 所示的状态，使网格能够覆盖书脊区域。

图10.12　绘制书脊的网格

④ 绘制网格完毕后，单击"确定"按钮退出对话框。下面开始向网格中增加封面图像。打开随书所附光盘中的文件"d10z\10-2-2-素材 2.psd"，如图 10.13 所示，按 Ctrl+A 键全选图像，按 Ctrl+C 键拷贝图像，关闭该文件。

⑤ 返回本例第 1 步打开的文件中，新建一个图层得到"图层 1"，然后选择"滤镜"|"消失点"命令，在弹出的对话框中按 Ctrl+V 键粘贴上一步复制的封面图像，并使用变换工具 ▦ 将其缩小，如图 10.14 所示。

图10.13　素材图像

提示　在粘贴图像后，一定要保证周围的选区没有取消，否则后面的操作将无法继续执行。

⑥ 使用变换工具 ▦ 将封面图像拖至透视网格中，如图 10.15 所示。此时观察图像不难看出，由于此处的网格与封面图像并非是同一角度，因此图像拖至网格中后，发生了不正确的透视变换，下面来解决这个问题。

⑦ 按 Ctrl+Z 键撤消上面将图像拖至透视网格中的操作，然后将图像逆时针旋转 90°，如图 10.16 所示。

⑧ 按照⑥的方法使用变换工具 将封面图像拖至透视网格中，注意随时根据需要缩放图像的尺寸，并对齐书脊的位置，直至得到类似图 10.17 所示的效果。

⑨ 单击"确定"按钮退出对话框，设置"图层 1"的混合模式为"强光"，使封面图像与下面的模型融合在一起，得到如图 10.18 所示的效果。

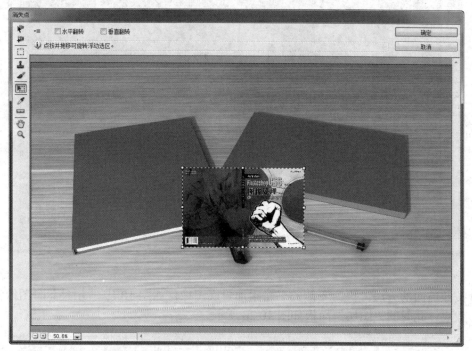

图10.14　缩小图像

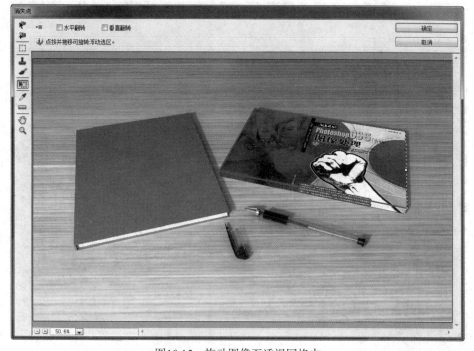

图10.15　拖动图像至透视网格中

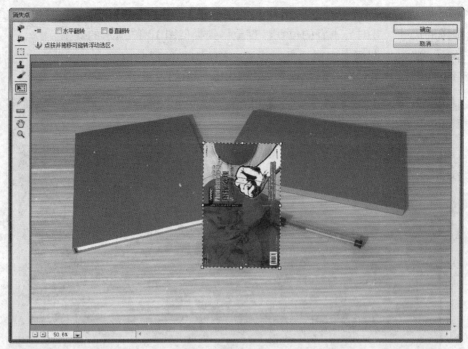

图10.16　旋转图像

⑩ 按照前面的方法，再为左侧的书籍附加封底图像，如图 10.19 所示是此时图像的整体效果，此时的"图层"面板如图 10.20 所示。

提示

本例最终效果为随书所附光盘中的文件"d10z\10-2-2.psd"。

图10.17　调整图像位置后的效果

图10.18　设置混合模式后的效果

图10.19　最终效果

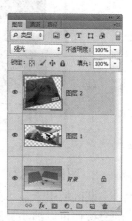

图10.20　"图层"面板

▶▶10.2.3　镜头校正

在 Photoshop CS6 中，"镜头校正"命令在功能上更加强大，甚至内置了大量常见镜头的畸变、色差等参数，用于在校正时选用，这对于使用数码单反相机的摄影师而言无疑是极为有利的。

选择"滤镜"│"镜头校正"命令，弹出如图 10.21 所示的对话框。

下面分别介绍对话框中各个区域的功能：

1. 工具区

工具区显示了用于对图像进行查看和编辑的工具，下面分别讲解各工具的功能。

* 移去扭曲工具▦：使用该工具在图像中拖动可以校正图像的凸起或凹陷状态。
* 拉直工具▦：使用此工具可以校正画面的倾斜。

- 移动网格工具 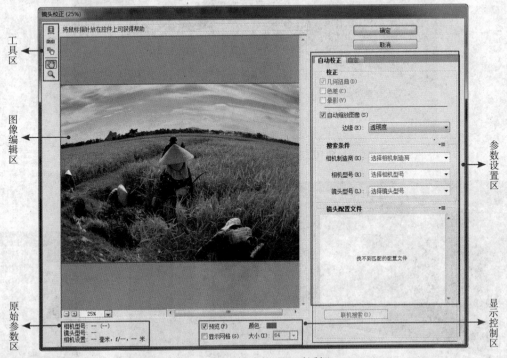：使用该工具可以拖动"图像编辑区"中的网格，使其与图像对齐。
- 抓手工具 ：使用该工具在图像中拖动可以查看未完全显示出来的图像。
- 缩放工具 ：使用该工具在图像中单击可以放大图像的显示比例，按住 Alt 键在图像中单击即可缩小图像显示比例。

图10.21 "镜头校正"对话框

2. 图像编辑区
该区域用于显示被编辑的图像，还可以即时预览编辑图像后的效果。单击该区域左下角的 按钮可以缩小显示比例，单击 按钮可以放大显示比例。

3. 原始参数区
此处显示了当前照片的相机及镜头等基本参数。

4. 显示控制区
在该区域可以对"图像编辑区"中的显示情况进行控制。下面分别对其中的参数进行讲解：
- 预览：选择该选项后，将在"图像编辑区"中即时观看调整图像后的效果，否则将一直显示原图像的效果。
- 显示网格：选择该选项则在"图像编辑区"中显示网格，以精确地对图像进行调整。
- 大小：在此输入数值可以控制"图像编辑区"中显示的网格大小。
- 颜色：单击该色块，在弹出的"拾色器"对话框中选择一种颜色，即可重新定义网格的颜色。

5. 参数设置区——自动校正
选择"自动校正"选项卡，可以使用此命令内置的相机、镜头等数据做智能校正。下面分别对其中的参数进行讲解。
- 几何扭曲：选中此选项后，可依据所选的相机及镜头，自动校正桶形或枕形畸变。

- 色差：选中此选项后，可依据所选的相机及镜头，自动校正可能产生的紫、青、蓝等不同的颜色杂边。
- 晕影：选中此选项后，可依据所选的相机及镜头，自动校正在照片周围产生的暗角。
- 自动缩放图像：选中此选项后，在校正畸变时，将自动对图像进行裁剪，以避免边缘出现镂空或杂点等。
- 边缘：当图像由于旋转或凹陷等原因出现位置偏差时，在此可以选择这些偏差的位置如何显示，其中包括"边缘扩展""透明度""黑色"和"白色"4 个选项。
- 相机制造商：此处列举了一些常见的相机生产商供选择，如 NIKON（尼康）、Canon（佳能）以及 SONY（索尼）等。
- 相机 / 镜头型号：此处列举了很多主流相机及镜头供选择。
- 镜头配置文件：此出列出了符合上面所选相机及镜头型号的配置文件供选择，选择好以后，就可以根据相机及镜头的特性，自动进行几何扭曲、色差及晕影等方面的校正。

在选择配置文件时，如果能找到匹配的相机及镜头配置当然最好，如果选择不了，那么也可以尝试选择其他类似的配置，虽然不能达到完全的校整效果，但也可以在此基础上继续进行调整，从而在一定程度上节约调整的时间和难度。

例如图 10.22 所示是使用 Pentax（宾得）K200D 相机，搭配 10mm 鱼眼镜头拍摄的照片，但在 Photoshop 提供的配置文件中，找不到与之相匹配的项目，因此笔者选择了 NIKON（尼康）D90 相机 +10.5mm 鱼眼镜头的配置文件，得到了如图 10.23 所示的处理结果。

图10.22　素材图像

图10.23　校正后的效果

6. 参数设置区——自定

如果选择"自定"选项卡，在此区域提供了大量用于调整图像的参数，可以手动进行调整。下面分别对其中的参数进行讲解：

- 设置：在该下拉菜单中可以选择预设的镜头校正调整参数。单击该下拉菜单后面的管理设置按钮 ，在弹出的菜单中可以执行存储、载入和删除预设等操作。

提示

> 只有自定义的预设才可以被删除。

- 移去扭曲：在此输入数值或拖动滑块，可以校正图像的凸起或凹陷状态，其功能与扭曲工具 相同，但更容易进行精确的控制。
- 修复红 / 青边：在此输入数值或拖动滑块，可以去除照片中的红色或青色色痕。

- 修复绿/洋红边：在此输入数值或拖动滑块，可以去除照片中的绿色或洋红色痕。
- 修复蓝/黄边：在此输入数值或拖动滑块，可以去除照片中的蓝色或黄色色痕。
- 数量：在此输入数值或拖动滑块，可以减暗或提亮照片边缘的晕影，使之恢复正常。例如图 10.24 所示为原图像，如图 10.25 所示是增加晕影后的效果。

图10.24　素材图像　　　　　　　　　　　　　　图10.25　增加晕影后的效果

- 中点：在此输入数值或拖动滑块，可以控制晕影中心的大小。
- 垂直透视：在此输入数值或拖动滑块，可以校正图像的垂直透视。
- 水平透视：在此输入数值或拖动滑块，可以校正图像的水平透视。
- 角度：在此输入数值或拖动表盘中的指针，可以校正图像的旋转角度，其功能与拉直工具相同，但更容易进行精确的控制。
- 比例：在此输入数值或拖动滑块，可以对图像进行缩小和放大。需要注意的是，当对图像进行晕影参数设置时，最好调整参数后单击"确定"退出对话框，然后再次应用该命令对图像大小进行调整，以免出现晕影校正的偏差。

▶▶ 10.2.4　自适应广角

在 Photoshop CS6 中，新增了专用于校正广角透视及变形问题的功能，即"自适应广角"命令，使用它可以自动读取照片的 EXIF 数据，并进行校正，也可以根据使用的镜头类型（如广角、鱼眼等）来选择不同的校正选项，配合约束工具和多边形约束工具的使用，达到校正透视变形问题的目的。

选择"滤镜"|"自适应广角"命令，将弹出如图 10.26 所示的对话框。

- 对话框按钮：单击此按钮，在弹出的菜单中选择可以设置"自适应广角"命令的"首选项"，也可以"载入约束"或"存储约束"。
- 校正：在此下拉菜单中，可以选择不同的校正选项，其中包括了"鱼眼""透视""自动"以及"完整球面"等 4 个选项，选择不同的选项时，下面的可调整参数也各不相同。
- 缩放：此参数用于控制当前图像的大小。当校正透视后，会在图像周围形成不同大小范围的透视区域，此时就可以通过调整"缩放"参数，来裁剪掉透视区域。
- 焦距：在此可以设置当前照片在拍摄时所使用的镜头焦距。
- 裁剪因子：在此处可以调整照片裁剪的范围。
- 细节：在此区域中，将放大显示当前光标所在的位置，以便于进行精细调整。

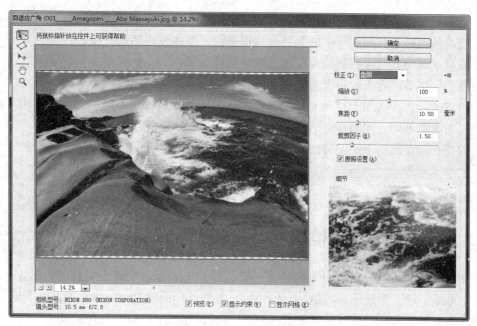

图10.26 "自适应广角"对话框

除了右侧基本的参数设置外,还可以使用约束工具 和多边形约束工具 针对画面的变形区域进行精细调整,前者可绘制曲线约束线条进行校正,适用于校正水平或垂直线条的变形,后者可以绘制多边形约束线条进行校正,适用于具有规则形态的对象。

10.2.5 油画

"油画"滤镜是 Photoshop CS6 中新增的功能,使用它可以快速、逼真地处理出油画的效果。选择"滤镜"|"油画"命令,弹出如图 10.27 所示的对话框。

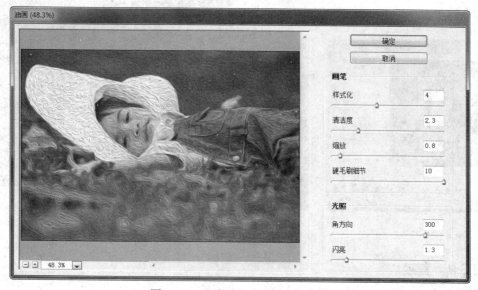

图10.27 "油画"对话框中的参数

- 样式化:此参数用于控制油画纹理的圆滑程度。数值越大,则油画的纹理显得越平滑。

- 清洁度：此参数用于控制油画效果表面的干净程度，数值越大，画面显得越干净，反之，数值越小，则画面中的黑色会变得越浓，整体显得笔触较重。
- 缩放：此参数用于控制油画纹理的缩放比例。
- 硬毛刷细节：此参数用于控制笔触的轻重。数值越小，则纹理的立体感就越小。
- 角方向：此参数用于控制光照的方向，从而使画面呈现出不同的光线从不同方向进行照射时的不同方向的立体感。
- 闪亮：此参数用于控制光照的强度。此数值越大，则光照的效果越强，得到的立体感效果也越强。

10.3　重要内置滤镜讲解

在 Photoshop 中滤镜可以分为两类，一类是随 Photoshop 安装而安装的内部滤镜，共 9 大类近 100 个，第二类是外部滤镜，它们由第三方软件厂商按 Photoshop 标准的开放插件结构编写，需要单独购买，比较著名的有 KPT 系列滤镜和 Eye Candy 系列滤镜。

正是由于这些功能强大、效果绝佳的滤镜，才使得 Photoshop 具有了超强的图像处理功能，并进一步拓展了设计人员的创意空间。

下面具体介绍 Photoshop 中内置滤镜的用法及效果。

10.3.1　马赛克

使用"滤镜"|"像素化"|"马赛克"滤镜可以将图像的像素扩大，从而得到马赛克的效果，如图 10.28 所示是"马赛克"滤镜对话框及使用此滤镜的效果图。

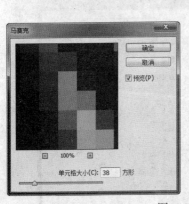

图10.28　"马赛克"滤镜对话框及应用示例

10.3.2　置换

使用"滤镜"|"扭曲"|"置换"滤镜可以用一张 Psd 格式的图像作为位移图，使当前操作的图像根据位移图产生弯曲。"置换"滤镜对话框如图 10.29 所示。

- 在"水平比例""垂直比例"的文本框中，可以设置水平与垂直方向上图像发生位移变形的程度。
- 选中"伸展以适合"选项，在位移图小于当前操作图像的情况下拉伸位移图，使其与当前操作图像的大小相同。
- 选中"拼贴"选项，在位移图小于当前操作图像的情况下，拼贴多个位移图，以适合当前操作图像的大小。
- 选中"折回"选项，则用位移图的另一侧内容填充未定义的图像。

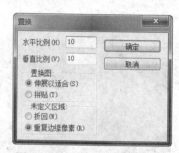

图10.29　"置换"滤镜对话框

- 选中"重复边缘像素"选项，将按指定的方向沿图像边缘扩展像素的颜色。

图 10.30 所示为原图效果，图 10.31 所示为位移图，图 10.32 所示为应用"置换"命令后的效果。

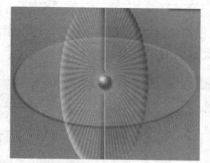

图10.30　原图　　　　　　　图10.31　位移图　　　　　　　图10.32　效果图

≫ 10.3.3　极坐标

使用"极坐标"滤镜，可以将图像的坐标类型从直角坐标转换为极坐标或从极坐标转换为直角坐标，从而使图像发生变形，如图 10.33 所示为使用"极坐标"滤镜命令的前后对比效果。

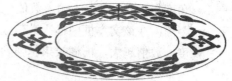

图10.33　原图及应用"极坐标"滤镜后的效果

≫ 10.3.4　高斯模糊

使用"高斯模糊"滤镜可以得到模糊效果，使用此滤镜既可以取得轻微柔化图像边缘的效果，又可以取得完全模糊图像甚至无细节的效果，如图 10.34 所示为原图及使用此滤镜的效果图。

在"高斯模糊"对话框的"半径"文本框中输入数值或拖动其下的三角形滑块，可以控制模糊程度，数值越大则模糊效果越明显。

图10.34　原图及此滤镜的应用效果图

▶▶10.3.5　动感模糊

"动感模糊"滤镜可以模拟拍摄运动物体产生的动感模糊效果，如图 10.35 所示是"动感模糊"滤镜对话框及使用此滤镜的效果图。

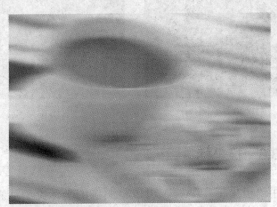

图10.35　"动感模糊"滤镜对话框及应用示例

- 角度：在该文本框中输入数值，或调节其右侧的圆周角度，可以设置动感模糊的方向。
- 距离：在该文本框中输入数值或拖动其下的三角形滑块，可以控制"动感模糊"的强度，数值越大，模糊效果越强烈。

▶▶10.3.6　径向模糊

使用"径向模糊"滤镜可以生成旋转模糊或从中心向外辐射的模糊效果，如图 10.36 所示为"径向模糊"滤镜对话框及使用此滤镜的效果图。

"径向模糊"的操作说明如下。

- 拖动"中心模糊"预览框的中心点可以改变模糊的中心位置。
- 在"模糊方法"选项组中选择"旋转"选项，可以得到旋转模糊的效果；选择"缩放"选项，可以得到图像由中心点向外放射的模糊效果。
- 在"品质"选项组中，可以选择模糊的质量，选择"草图"单选按钮，执行得快，但质量不够完美；选择"最好"单选按钮，执行速度慢但能够创建光滑的模糊效果；选择"好"单选按钮所创建的效果介于"草图"与"最好"之间。

图10.36　"径向模糊"滤镜对话框及应用示例

10.3.7　镜头模糊

使用镜头模糊可以为图像应用模糊效果以产生更窄的景深效果，以便使图像中的一些对象在焦点内，而使另一些区域变得模糊。

"镜头模糊"滤镜使用深度映射来确定像素在图像中的位置，可以使用 Alpha 通道和图层蒙版来创建深度映射，Alpha 通道中的黑色区域被视为图像的近景，白色区域被视为图像的远景。

图 10.37 所示为原图像及"通道"面板中的通道 Alpha 1，图 10.38 所示为"镜头模糊"对话框，如图 10.39 所示为应用"镜头模糊"命令后的效果。

图10.37　原图像及通道Alpha 1

此对话框中的重要参数与选项说明如下。

- 更快：在该预览模式下，可以提高预览的速度。
- 更加准确：在该预览模式下，可以看到图像在应用该命令后所得到的效果。
- 源：在该下拉列表框中可以选择 Alpha 通道。

- 模糊焦距：拖动该滑块可以调节位于焦点内的像素深度。
- 反相：选择该选项后，模糊的深度将与"源"（选区或通道）的作用正好相反。
- 形状：在该下拉列表框中，可以选择自定义的光圈数量，默认情况下为 6。
- 半径：该参数可以控制模糊的程度。
- 叶片弯度：该参数用来消除光圈的边缘。
- 旋转：拖动该滑块，可以调节光圈的角度。
- 亮度：拖动该滑块，可以调节图像高光处的亮度。
- 阈值：拖动该滑块可以控制亮度的截止点，使比该值亮的像素都被视为镜面高光。
- 数量：控制添加杂色的数量。
- 平均、高斯分布：选择这两个选项，决定杂色分布的形式。
- 单色：选择该选项，使在添加杂色的同时不影响原图像中的颜色。

图10.38　"镜头模糊"对话框

图10.39　应用"镜头模糊"命令后的效果

10.3.8　场景模糊

在 Photoshop CS6 中，使用新增的"场景模糊"滤镜，默认情况下可以对整幅照片进行模糊处理，通过添加并调整模糊图钉及其参数，可以调整模糊的范围及效果。图 10.40 所示为原图及应用"场景模糊"滤镜命令后的效果图。

10.3.9　光圈模糊

在 Photoshop CS6 中，使用新增的"光圈模糊"滤镜可用于限制一定范围的塑造模糊效果，以图 10.41 所示的图像为例，图 10.42 所示是选择"滤镜"|"模糊"|"光圈模糊"命令后的调出的光圈模糊图钉。

图10.40 "场景模糊"滤镜应用示例

图10.41 素材图像　　　　　　　图10.42 光圈模糊的控制框

- 拖动模糊图钉中心的位置，可以调整模糊的位置。
- 拖动模糊图钉周围的 4 个白色圆点◎可以调整模糊渐隐的范围。若按住 Alt 键拖动某个白色圆点，可单独调整其渐隐范围。
- 模糊图钉外围的圆形控制框可调整模糊的整体范围，拖动该控制框上的 4 个控制句柄◎，可以调整圆形控制框的大小及角度。
- 拖动圆形控制框上的◎控制句柄，可以等比例绽放圆形控制框，以调整其模糊范围。

图 10.43 所示是编辑各个控制句柄及相关模糊参数后的状态，图 10.44 所示是确认模糊后的效果。

▶▶10.3.10 倾斜偏移

在 Photoshop CS6 中，使用新增的"倾斜偏移"滤镜，可用于模拟移轴镜头拍摄出的改变画面景深的效果。图 10.45 所示为原图及应用"倾斜偏移"滤镜命令后的效果图。

提示　　场景模糊、光圈模糊及倾斜偏移 3 种模糊效果均无法应用于智能对象图层。

图10.43　调整各控制句柄及参数时的状态　　　　　　图10.44　最终效果

图10.45　"倾斜偏移"滤镜应用示例

▶▶10.3.11　云彩

使用"云彩"滤镜,可将前景色和背景色之间变化的随机像素值转换为柔和的云彩图案,所以要得到逼真的云彩效果,需要将前景色和背景色设置为想要的云彩颜色与天空颜色。

▶▶10.3.12　镜头光晕

使用"镜头光晕"滤镜可以创建类似太阳光的光晕效果。

在"镜头光晕"对话框的"亮度"文本框中输入数值或拖动三角滑块,可以控制光源的强度;在图像缩略图中单击可以选择光源的中心点,如图 10.46 所示为原图及应用"镜头光晕"滤镜命令后的效果图。

▶▶10.3.13　锐化

"USM 锐化"滤镜常用来校正边缘模糊的图像,此滤镜通过调整图像边缘对比度的方法强调边缘效果,从而在视觉上产生更清晰的图像效果,如图 10.47 所示为原图像及应用此滤镜后的效果图。

图10.46 "镜头光晕"滤镜应用示例

图10.47 原图及应用"USM锐化"滤镜后的效果

此对话框中的重要参数与选项说明如下。

- 拖动"数量"调节滑块，可以设置图像总体的锐化程度。
- 拖动"半径"调节滑块，可以设置图像轮廓被锐化的范围，数值越大，则在锐化时图像边缘的细节被忽略得越多。
- 拖动"阈值"调节滑块，可以设置相邻的像素间达到一定数值时才进行锐化。数值越高，锐化过程中忽略的像素就越多，其数值范围为 0 ~ 255。

10.4 智能滤镜

　　智能滤镜是 Photoshop CS3 版本中新增的一个强大功能。在使用 CS3 版本之前的 Photoshop 时，如果要对智能对象图层应用滤镜，就必须将智能对象图层栅格化，此时智能对象图层将失去其智能对象的特性。

　　CS6 版本中的智能滤镜功能就是为了解决这一难题而产生的，通过为智能对象使用智能滤镜，不仅可以使图像具有应用滤镜命令后的效果，而且还可以对所添加的滤镜进行反复的修改。下面讲解智能滤镜的使用方法。

10.4.1 添加智能滤镜

要添加智能滤镜可以按照下面的步骤操作。

① 选中要应用智能滤镜的智能对象图层。在"滤镜"菜单中选择要应用的滤镜命令，并设置适当的参数。

② 设置完毕后，单击"确定"按钮退出对话框即可生成一个对应的智能滤镜图层。

③ 如果要继续添加多个智能滤镜，可以重复②～③的操作，直至得到满意的效果为止。

 提示　如果选择的是没有参数的滤镜（例如查找边缘、云彩等），则可直接对智能对象图层中的图像进行处理，并创建对应的智能滤镜。

图 10.48 所示为原图像及对应的"图层"面板，图 10.49 所示是利用"滤镜"|"像素化"|"马赛克"滤镜对图像进行处理后的效果，以及对应的"图层"面板，此时可以看到，在原智能对象图层的下方多了一个智能滤镜图层。

图10.48　素材图像及对应的"图层"面板

图10.49　应用"马赛克"滤镜处理后的效果及对应的"图层"面板

可以看出在一个智能对象图层中，主要是由智能蒙版以及智能滤镜列表构成，其中智能蒙版主要是用于隐藏智能滤镜对图像的处理效果，而智能滤镜列表则显示了当前智能滤镜图层中所应用的滤镜名称。

10.4.2 编辑智能滤镜蒙版

使用智能滤镜蒙版，可以使滤镜应用到智能对象图层的局部，其操作原理与图层蒙版的原理相同，即使用黑色来隐藏图像，白色显示图像，而灰色则产生一定的透明效果。

要编辑智能蒙版，可以按照下面的步骤进行操作。

① 打开随书所附光盘中的文件"d10z\10-4-2- 素材 .psd"选中要编辑的智能蒙版。

② 选择绘图工具，例如画笔工具✐、渐变工具▦等。

③ 根据需要设置适当的颜色，然后在蒙版中涂抹即可。

图 10.50 所示为智能蒙版中绘制蒙版后得到的图像效果，以及对应的"图层"面板，可以看出，由于蒙版黑色遮盖，导致了该智能滤镜的部分效果被隐藏，即滤镜命令仅被应用于局部图像中。

图10.50　编辑智能蒙版后的效果

本例最终效果为随书所附光盘中的文件"d10z\10-4-2.psd"。
提示

如果要删除智能滤镜蒙版，可以直接在蒙版缩览图中"智能滤镜"的名称上单击右键，在弹出的菜单中选择"删除滤镜蒙版"命令，如图 10.51 所示，或者选择"图层"|"智能滤镜"|"删除滤镜蒙版"命令。

在删除智能滤镜蒙版后，如果要重新添加蒙版，则必须在"智能滤镜"这4个字上单击右键，在弹出的菜单中选择"添加滤镜蒙版"命令，如图 10.52 所示，或选择"图层"|"智能滤镜"|"添加滤镜蒙版"命令。

图10.51　删除滤镜蒙版　　　　图10.52　添加滤镜蒙版

▶▶10.4.3 编辑智能滤镜

智能滤镜的突出优点之一是允许操作者反复编辑所应用的滤镜的参数，其操作方法非常简单，直接在"图层"面板中双击要修改参数的滤镜名称即可。如图 10.53 所示是将"马赛克"滤镜参数由 8 改为 15 后的效果及"图层"面板。

图10.53　修改智能滤镜参数后的效果

需要注意的是在添加多个智能滤镜的情况下，如果编辑了先添加的智能滤镜，将会弹出类似如图 10.54 所示的提示框，此时，需要修改参数后才能看到这些滤镜叠加在一起应用的效果。

图10.54　提示框

▶▶10.4.4 编辑智能滤镜混合选项

通过编辑智能滤镜的混合选项，可以让滤镜所生成的效果与原图像进行混合。

要编辑智能滤镜的混合选项，可以双击智能滤镜名称后面的 ≡ 图标，调出类似如图 10.55 所示的对话框。

图 10.56 所示为应用了"马赛克"智能滤镜后的效果，图 10.57 所示是按上面的方法操作后，将该智能滤镜的混合模式设置成为"点光"后得到的效果。

图10.55　智能滤镜的"混合选项"对话框　　　　图10.56　原图像效果

图10.57 设置混合选项及生成的效果

可以看出，通过编辑每一个智能滤镜命令的混合选项，将具有更大的操作灵活性。

10.4.5 删除智能滤镜

如果要删除一个智能滤镜，可直接在该滤镜名称上单击右键，在弹出的菜单中选择"删除智能滤镜"命令，或者直接将要删除的滤镜拖至"图层"面板底部的删除图层按钮 🗑 上。

如果要清除所有的智能滤镜，可在智能滤镜上（即智能蒙版后的名称）单击右键，在弹出的菜单中选择"清除智能滤镜"，或直接选择"图层"|"智能滤镜"|"清除智能滤镜"命令。

习　题

一、选择题

1. 滤镜不能应用于（　　）。
　A. 位图　　　　　　B. 索引　　　　　　C. 16 位通道　　　　D. 快速蒙版
2. 下列选项中哪些属于特殊滤镜？
　A. 液化　　　　　　B. "消失点"命令　　C. 镜头校正　　　　D. 镜头光晕
3. 下列选项中哪些属于模糊滤镜？（　　　）
　A. 动感模糊　　　　B. 高斯模糊　　　　　C. 进一步模糊　　　D. 模糊化

二、填空题

1. 在 Photoshop 中，液化命令可以通过涂抹的方式使图像产生 _____。
2. _____ 、_____ 及 _____ 3 种模糊滤镜为 Photoshop CS6 新增的功能。

三、简答题

1. 滤镜库的作用及其特点有哪些？主要由哪几个区域组成？
2. 怎样简单快捷地将一根羽毛从背景中分离出来？
3. 如果扫描的图像不够清晰，可以使用哪种滤镜来修补图像？
4. 如果需要制作一幅素描图像，应该应用滤镜库中的哪些滤镜？
5. 怎样将一幅图像制作出风驰飞越的效果？需用哪些滤镜？
6. 如何将一幅图像得到它扩大的像素块效果？
7. 使用什么滤镜后图像会呈现一种放射状的效果？

第 11 章

掌握动作和自动化的应用

本章主要讲解 Photoshop 中动作的应用、录制、编辑等操作的方法，及几个常用的自动化命令的使用方法，其中包括批处理、制作全景图像等。掌握这些知识并熟练其使用技巧，可以大幅度提高工作效率。

 学习重点

● "动作" 面板

● 创建录制并编辑动作

● 设置选项

● 使用自动命令

● 图像处理器

● 将图层复合导出到 PDF

很多 Photoshop 用户在使用此软件时，容易忽视"动作"和自动化命令的应用，但实际上这两个命令是非常有用的，在进行大量有重复性的工作时使用动作及自动化命令能大大提高工作效率。

学习本章后，读者将会掌握"动作"面板的基本操作以及如何设置动作选项，掌握创建并记录动作的方法、编辑动作的方法，及使用批处理命令对大量文件进行各类操作、使用 Photomerge 命令制作全景图像等几项常见任务的操作方法。

11.1 "动作"面板

选择"窗口"|"动作"或直接按快捷键 F9，将显示如图 11.1 所示的"动作"面板，在"动作"面板中有 Photoshop 自带的默认动作，可以应用这些动作快速制作出一些特殊效果，也可以进行新动作的录制、编辑等操作。

此面板各按钮的功能说明如下。

- 创建新动作按钮 ▣：单击此按钮，可以创建一个新动作。
- 删除按钮 ▣：单击此按钮，可以删除当前选择的动作。
- 创建新组按钮 ▣：单击此按钮，可以创建一个新动作组。
- 播放选定的动作按钮 ▶：单击此按钮，可以应用当前选择的动作。
- 开始记录按钮 ●：单击此按钮，开始录制动作。
- 停止播放 / 记录按钮 ■：单击此按钮，停止录制动作。

图11.1 "动作"面板

"动作"面板中保存了两类对象，即动作及动作组，两者的关系类似于文件与文件夹的关系。即为了方便管理动作，可以将同一类动作保存在一个动作组中。

例如，用于创建文字效果的动作，可以保存在命名为"文字效果"的动作组中；用于创建画框效果的动作，可以保存在命名为"画框"的动作组中，如图 11.2 所示。

当需要使用哪一类动作时，只需展开该动作组从中进行选择即可，如图 11.3 所示。

图11.2 分类保存动作

图11.3 展开后的"动作"面板

11.2 创建录制并编辑动作

11.2.1 创建并记录动作

要创建新的动作，可以按下面步骤操作。

① 单击"动作"面板底部的创建新组按钮 📁。

② 在弹出的对话框中为新组输入名称后单击"确定"按钮，建立一个新组。

③ 单击"动作"面板中的创建新动作按钮 🔲，或在"动作"面板弹出菜单中选择"新建动作"命令，弹出如图 11.4 所示的对话框。

图11.4 "新建动作"对话框

图 11.4 所示的对话框中的重要参数及选项说明如下。

经过上述步骤，在停止录制动作前在图像文件中所做的操作均将被记录在新动作中。

* 组：在此下拉菜单中列有当前"动作"面板中所有动作的名称，在此可以选择一个将要放置新动作的组名称。

* 功能键：为了更快捷地播放动作，可以在该下拉菜单中选择一个功能键。从而在播放新动作时，直接按功能键播放动作。

* 颜色：在该下拉菜单中，可以选择一种颜色作为在按钮显示模式下新动作的颜色。

④ 设置"新建动作"对话框中各参数后，单击"记录"按钮，即可创建一个新动作。此时面板中的开始记录按钮显示为红色 🔴，表示已进入动作的录制阶段。

⑤ 执行需要录制在动作中的命令。

⑥ 所有命令操作完毕后，单击停止播放 / 记录按钮 ■，即可停止录制动作。

提示

在录制命令的过程中，仅当用户单击对话框中的"记录"按钮时该命令才被记录，单击"取消"按钮，该命令不被记录。在录制状态中应该尽量避免执行无用操作，例如在执行某个命令后虽然可按 Ctrl+Z 键回退以取消此命令，但"动作"面板仍然将记录此命令。另外，并非所有操作都可以被记录在动作中，所有使用工具箱中的工具进行的绘制类操作及改变图像的视图比例、操作界面等操作均不可以被记录在动作中。

11.2.2 改变某命令参数

通过修改动作中的参数，可以不必重新录制一个动作，就可以完成新的工作任务。

要修改动作中命令的参数，可以在"动作"面板中双击需要改变参数的命令，在弹出的对话框中输入新的数值，确定后即可改变此命令的参数。

11.2.3 插入停止

由于在动作的录制过程中，某些操作无法被录制，因此在某些情况下，需要在动作中插入一个提示对话框，以提示用户在应用动作的过程中执行某种不可记录的操作。

要插入停止，可以选择"动作"面板弹出菜单中的"插入停止"命令，弹出的对话框如图 11.5 所示，即可插入停止的提示框。

图11.5 "记录停止"对话框

在"信息"文本框中输入提示信息，如果选择"允许继续"复选框，在"信息"对话框中将出现"继续"按钮，单击该按钮，则继续进行下一步操作，如图 11.6 所示，否则只有一个"停止"按钮，如图 11.7 所示。

图11.6 选择"允许继续"复选框后的提示框

图11.7 未选择"允许继续"复选框后的提示框

11.2.4 存储和载入动作集

将动作集保存起来可以在以后的工作中重复使用，或共享给他人使用。

1．存储动作集

要保存动作集，首先在"动作"面板中选择该动作集名称，然后在面板弹出菜单中选择"存储动作"命令，在弹出的对话框中为该动作集输入名称并选择合适的存储位置。

2．载入动作集

要载入已经保存成为文件的动作集，可以从"动作"面板中选择"载入动作"命令，在弹出的对话框中选择动作集文件夹，单击"载入"按钮即可。

在"动作"面板下拉菜单的底部有 Photoshop 默认动作集，如图 11.8 所示，直接单击所需要的动作集名称，即可载入该动作集所包含的动作。

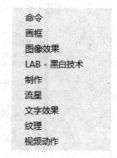

图11.8 Photoshop默认动作

11.3 设置选项

选择"动作"面板菜单中的"回放选项"命令，可以设置动作的播放速度，以改变动作的运行速度，选择此命令后弹出如图 11.9 所示的对话框。

"回放选项"对话框中的选项说明如下。

图11.9 "回放选项"对话框

- 选择"加速"选项，将以正常的速度播放动作。
- 选择"逐步"选项，重绘图像再按顺序运行下一个命令。
- 选择"暂停"选项，可以在其后的文本框中输入运行动作时每两个命令间暂停的时间值，数值越大每执行两个命令间的暂停时间越长。

11.4 使用自动命令

在 Photoshop 中的"自动"命令就是将任务运用电脑计算自动进行，通过将复杂的任务组合到一个或多个对话框中，简化了这些任务，从而避免了繁重的重复性工作，提高了工作效率。

下面讲解所有 Photoshop 提供的自动命令中最为常用的 3 个自动化命令。

11.4.1 使用"批处理"成批处理文件

选择"批处理"命令，可对某个文件夹中的所有文件（包含子文件夹）应用动作。选择"文件"|"自动"|"批处理"命令，弹出如图 11.10 所示的对话框。

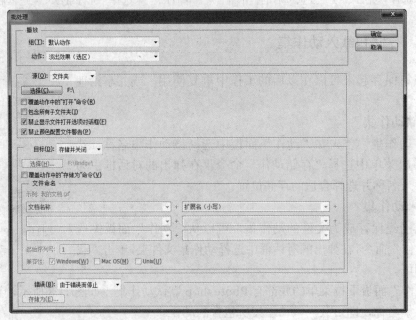

图11.10 "批处理"对话框

"批处理"对话框中的参数及选项说明如下。

- 组：此下拉菜单中显示"动作"面板中的所有组，应用此命令时应该在此选择包含需要应用动作的组名称。
- 动作：在此显示指定组中的所有动作，在此需要选择要应用的动作的名称。
- 源：在源下拉菜单中有 4 个选项，即"文件夹""导入""打开的文件"和"Bridge"。如果选择"文件夹"选项，可以单击其下的"选择"按钮，在弹出的"浏览文件夹"对话框中选择需要进行批处理的文件夹。选择"导入"选项，可以对来自数码相机或扫描仪的图像应用动作。选择"打开的文件"选项，可以对所有打开的图像文件应用动作。选择"Brige"选项，可以对显示于 Brige 中的文件应用在此对话框中指定的动作。
- 覆盖动作中的"打开"命令：如果需要动作中的打开命令处理在此对话框中指定的文件，应选中此复选框。

- 包含所有子文件夹：选择此复选框，指定动作处理用户指定的文件夹中所有子文件夹及其中的所有文件。
- 禁止显示文件打开选项对话框：隐藏"文件打开选项"对话框。
- 禁止颜色配置文件警告：选择此复选框，可以关闭当打开图像的颜色方案与当前使用的颜色方案不一致时弹出的提示信息。
- 目标：在此下拉列表框中可以选择处理后文件的去向，选择"无"选项，可使文件保持打开而不存储更改（除非动作中包括存储命令）；选择"存储并关闭"选项，可以将文件存储在它们的当前位置，并覆盖原来的文件；选择"文件夹"选项，可以将处理的文件存储到另一个位置，选择此选项应该单击"选择"按钮，在弹出的文件选择对话框中指定文件保存的位置。
- 覆盖动作中的"存储为"命令：选择此复选框，则被处理的文件仅能够通过动作中的"储存为"命令保存在指定的文件夹中，如果没有"储存""储存为"命令，则执行动作后，不会保存任何文件。
- 文件命名：如果需要对执行批处理后生成的图像命名，可以在 6 个下拉列表框中选择合适的命名方式。
- 错误：在此下拉列表框中可以选择处理错误的选项。选择"由于错误而停止"选项，可以挂起处理，直至用户确认错误信息为止。选择"将错误记录到文件"选项，可以将每个错误记录至一个文本文件中并继续处理，因此必须单击"存储为"按钮为文本文件指定要存储的文件夹位置，并为该文件命名。

提示

> 执行批处理命令进行批处理时，若要中止它，可以按下 Esc 键。

》11.4.2 使用批处理命令修改图像模式

下面以一个实例讲解使用此命令的操作步骤。本例的目标任务是将某文件夹中所有图像转换成为 CMYK 颜色模式，然后以"sj-"＋组号＋扩展名的形式命名保存为 .tif 格式文件。

要完成此操作任务，可以按下述步骤操作。

① 任意打开文件夹中的一幅图像。

② 显示"动作"面板并新建一个名为"批处理动作"的组，如图 11.11 所示。

③ 新建一个动作，并设置"新建动作"对话框，如图 11.12 所示。

图11.11 新建组   图11.12 "新建动作"对话框

④ 单击"新建动作"对话框中"记录"按钮，开始记录动作。

⑤ 选择"图像"|"模式"|"CMYK 颜色"模式，将图像改变为 CMYK 颜色模式。

⑥ 选择"文件"|"存储为"命令，在弹出对话框的"格式"下拉菜单中选择 .tif，单击"保存"按钮，设置随后弹出的"TIFF 选项"对话框，单击"确定"按钮，退出对话框。

⑦ 在"动作"面板中单击停止播放/记录按钮 ■ ，此时"动作"面板如图 11.13 所示。

⑧ 选择"文件"|"自动"|"批处理"命令，设置其对话框如图 11.14 所示。

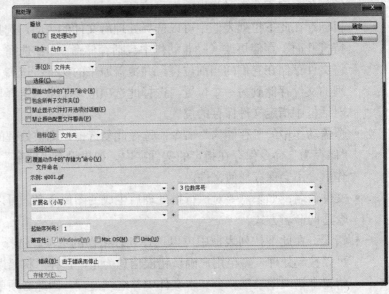

图11.13 "动作"面板

图11.14 "批处理"对话框

提示

在记录动作的过程中，如果应用了"存储为"命令，在使用批处理命令时，想忽略此命令，可以在批处理对话框中选择"覆盖动作中的'存储为'命令"选项，此时批处理过的文件将以对话框"目标"下拉列表框中指定的文件夹来保存文件。

执行批处理命令后，可以看出，使用此命令得到的图像存放在批处理对话框中指定的文件夹中，而且其名称按对话框所指定的命名方式进行命名，如图 11.15 所示。

图11.15 重命名的文件

⟫⟫11.4.3 使用批处理命令重命名图像

下面练习利用"批处理"命令为文件夹里面的文件重命名，其操作步骤如下。

① 启动 Photoshop 选择"动作"面板，单击创建新动作按钮 ，设置如图 11.16 所示的"新建动作"对话框，单击"记录"按钮，此时的"动作"面板状态如图 11.17 所示。

图11.16 "新建动作"对话框

图11.17 "动作"面板

② 选择"文件"|"打开"命令，打开一幅素材图像，如图 11.18 所示。

③ 选择"文件"|"存储为"命令，在弹出的对话框中选择存储位置，同时设置其存储的格式，如图 11.19 所示，设置完毕后单击"保存"按钮并在弹出的对话框中单击"确定"按钮。

图11.18 素材图像

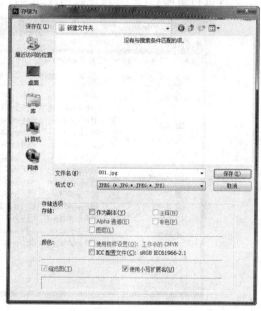

图11.19 "存储为"对话框

④ 关闭打开的素材文件，选择"动作"面板，单击停止播放 / 记录按钮 ，结束动作的录制，得到如图 11.20 所示的"动作"面板。

⑤ 选择"文件"|"自动"|"批处理"命令，设置弹出的批处理对话框，如图 11.21 所示。

提示

　　"动作"选项框中的"动作 1"为上面步骤中所录制的动作；在"源"选项中选取"文件夹"选项并单击"源"下边的"选择"按钮选择源文件的位置，在"目标"选项中选取"文件夹"选项并单击"目标"下边的"选择"按钮，选择重命名后的目标文件的存放位置。

图11.20 "动作"面板

图11.21 "批处理"对话框

⑥ 设置完成后单击"确定"按钮，Photoshop 将按上面录制的动作对选取的源文件中的文件进行重命名，并将其存放到目标文件的存放位置，重命名后的效果如图 11.22 所示。

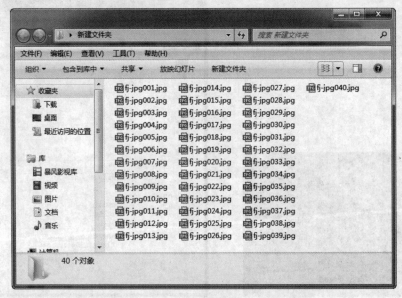

图11.22 对文件进行重命名后的效果

提示

本例所用到的素材图像为随书所附光盘中的文件夹"d11z\ 11-4-3- 素材"中的文件。

11.4.4 制作全景图像

Photomerge 命令能够拼合具有重叠区域的连续拍摄照片，如图 11.23 所示为源图像，图 11.24 所示为使用 Photomerge 命令拼合后的全景图。

图11.23 素材图

图11.24 组成后的全景图

要合成图像可以按照如下步骤进行操作：

① 选择"文件"|"自动"|"Photomerge"命令，弹出如图 11.25 所示的对话框。

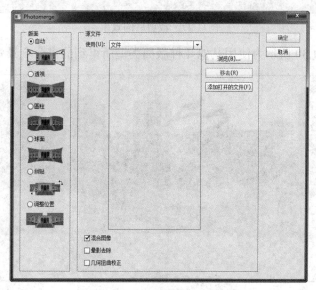

图11.25 "Photomerge"对话框

② 从"使用"下拉列表框中选择一个选项。如果希望使用已经打开的文件，单击"添加打开的文件"按钮。

- 文件：可使用单个文件生成 Photomerge 合成图像。
- 文件夹：使用存储在一个文件夹中的所有图像来创建 Photomerge 合成图像。该文件夹中的文件会出现在此对话框中。

③ 在对话框的左侧选择一种图片拼接类型，在此笔者选择了"自动"选项。

④ 单击"确定"按钮退出此对话框，即可得到 Photoshop 按图片拼接类型生成的全景图像，如图 11.26 所示。

图11.26　合成的效果

⑤ 使用裁剪工具 进行图像进行裁切，并使用仿制图章工具 进行修补，直即可得到满意效果，如图 11.27 所示。

图11.27　裁剪后的效果

图 11.28 ～图 11.30 所示为使用其他几种版面类型所得到的拼合全景效果。

图11.28　选择"圆柱"选项效果

图11.29 选择"透视"选项效果

图11.30 选择"调整位置"选项效果

提示

本例用到的素材图像为随书所附光盘中的文件"d11z\11-4-4-素材 1.tif ～ 11-4-4-素材 5.tif"，最终效果为随书所附光盘中的文件"d11z\11-4-4.psd"。

11.4.5 合并到HDR Pro

在本书第 5.4.10 节中讲解了一个"HDR 色调"功能，它可用于对单张图像进行 HDR 处理，但实际上，这也仅仅是一种模拟而已，而真正的 HDR 照片合成就需要使用本节讲解的"文件"|"自动"|"合并到 HDR Pro"命令了，其对话框如图 11.31 所示。

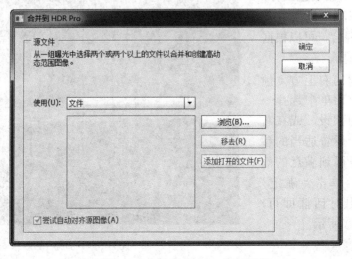

图11.31 "合并到HDR Pro"对话框

下面通过一个实例讲解此命令的使用方法。

① 在"合并到 HDR PRO"对话框中，执行下列方法之一，添加要处理的文件：

- 在"使用"下拉菜单中选择"文件"选项，单击右侧的"浏览"按钮，在弹出的对话框中可以选择要合成的照片文件。
- 在"使用"下拉菜单中选择"文件夹"选项，单击右侧的"浏览"按钮，在弹出的对话框中可以选择要合成的照片所在的文件夹。
- 如果要合成的照片已经在 Photoshop 中打开，可以单击右侧的"添加打开的文件"按钮，从而将已打开的文件添加到列表中。
- 在添加的文件列表中，选中一个或多个照片文件，单击右侧的"移去"按钮即可将其移除。

② 为了让 Photoshop 自动对齐各幅图像，可以在对话框底部选中"尝试自动对齐源图像"选项。

③ 单击"确定"按钮后，将弹出"手动设置曝光值"对话框，在此，可以在对话框中选择分别设置不同曝光时间或通过增减曝光补偿（EV）的方式，读取照片的 EXIF 原始信息，如果照片不包括 EXIF 原始信息，也可以手动为每张照片进行设置。例如在本例中，就是按照顺序分别将曝光补偿（EV）值设置为 –2、0 和 2，如图 11.32 所示。

图11.32 "手动设置曝光值"对话框

④ 设置曝光参数后，单击"确定"按钮，即可调出"合并到 HDR Pro"对话框。

观察此对话框不难看出，它与"图像"|"调整"|"HDR 色调"命令有着极大的相似之处，而实际上，这些相同参数的功能也是完全相同的，因此介绍二者并不重合的部分。

- 移去重影：选中此选项后，可以自动移除前面自动对齐源图像时可能产生的重影。
- 模式：此处可以选择输出图像的位深度。

单击照片左下角的☑图标，使之变为☐状态，则代表取消该图像的 HDR 混合，可以根据混合的需要进行选择。

⑤ 在对话框的右上方"预设"下拉菜单中选择一个合适的预设，或在右侧区域中设置适当的参数，直至得到满意的效果，然后单击"确定"按钮退出对话框即可，如图 11.33 所示。

图11.33 合成后的效果

提示　　本例用到的素材图像为随书所附光盘中的文件"d11z\11-4-5-素材 1.tif～11-4-5-素材 3.tif"，最终效果为随书所附光盘中的文件"d11z\11-4-5.psd"。

11.4.6 镜头校正

使用"文件"|"自动"|"镜头校正"命令，可以对批量的照片进行镜头的畸变、色差以及暗角等属性进行校正，其对话框如图 11.34 所示。

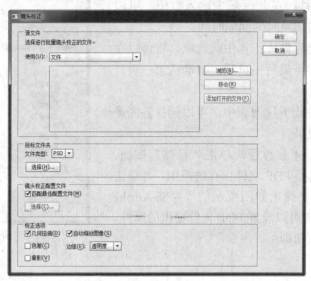

图11.34 "镜头校正"对话框

在此对话框中，可以参考"滤镜"|"镜头校正"命令的功能进行学习，而实际上，这个命令就相当于是一个"批处理版"的"镜头校正"滤镜，其功能甚至智能到只需要轻点几下鼠标就可以对批量照片进行统一的校正处理，其中当然也包括了"匹配最佳配置文件"选项，"校正选项"区域中的几何扭曲、色差以及晕影等选项设置，然后单击"确定"按钮进行处理即可。

11.4.7 PDF演示文稿

使用"PDF 演示文稿"命令，可以将图像转换为一个 PDF 文件，并可以通过设置参数，使生成的 PDF 具有演示文稿的特性，如设置页面之间的过渡效果、过渡时间等特性。

选择"文件"|"自动"|"PDF 演示文稿"命令，将弹出如图 11.35 所示的对话框。

- 添加打开的文件：选择此选项，可以将当前已打开的照片添加至转为 PDF 的范围。
- 浏览：单击此按钮，在弹出的对话框中可以打开要转为 PDF 的图像。
- 复制：在"源文件"下面的列表框中，选择一个或多个图像文件，单击此按钮，可以创建选中图像文件的副本。
- 移去：单击此按钮，可以将图像文件从"源文件"下面的列表框中移除。
- 存储为：在此选择"多页文档"选项，则仅将图像转换为多页的 PDF 文件；选择"演示文稿"选项，则底部的"演示文稿选项"区域中的参数将被激活，并可在其中设置演示文稿的相关参数。

- 背景：在此下拉列表中可以选择 PDF 文件的背景颜色。
- 包含：在此可以选择转换后的 PDF 中包含哪些内容，如"文件名""标题"等。
- 字体大小：在此下拉列表中选择数值，可以设置"包含"参数中文字的大小。
- 换片间隔 __ 秒：在此区域中输入数值，可以设置演示文稿切换时的间隔时间。
- 在最后一页之后循环：选中此选项，将可以在演示文稿播放至最后一页后，自动从第一页开始重新播放。
- 过渡效果：在此下拉列表中，可以选择各图像之间的过渡效果。

根据需要设置上述参数后，单击"存储"按钮，在弹出的对话框中选择 PDF 文件保存的范围，并单击"保存"按钮，然后会弹出如图所示的"存储 Adobe PDF"对话框，在其中可以设置 PDF 文件输出的属性，单击"创建 PDF"按钮即可。

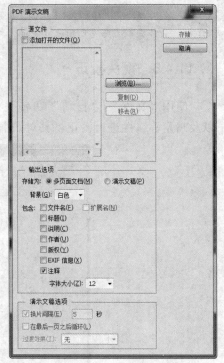

图11.35 "PDF演示文稿"对话框

11.5 图像处理器

图像处理器是脚本命令，此命令的强大之处就在于它不仅提供重命名图像文件的功能，还允许用户将其转换为 JPEG、PSD 或 TIFF 格式之一，或者将文件同时转换为以上 3 种格式，也可以使用相同选项来处理一组相机原始数据文件，以及调整图像大小，使其适应指定的大小。下面讲解"图像处理器"的使用方法。

① 选择"文件"|"脚本"|"图像处理器"，弹出如图 11.36 所示的对话框。
② 选择要处理的图像文件，可以通过选中"使用打开的图像"复选框以处理任何打开的文件；也可以通过单击"选择文件夹"按钮，在弹出的对话框中选择处理一个文件夹中的文件。
③ 选择处理后的图像文件保存的位置，可以通过选中"在相同位置存储"复选框在相同的文件夹中保存文件；也可以通过单击"选择文件夹"按钮，在弹出的对话框中选择一个文件夹用于保存处理后的图像文件。

提示

如果多次处理相同文件并将其存储到同一目标文件夹，每个文件都将以其自己的文件名存储，而不进行覆盖。

④ 选择要存储的文件类型和选项，在此区域可以选择将处理的图像文件保存为 JPEG、PSD、TIFF 中的一种或几种。如果选中"调整大小以适合"复选框，则可以分别在"W"和"H"中输入的尺寸，使处理后的图像恰合此尺寸。

⑤ 设置其他处理选项，如果还需要对处理的图像运行动作中定义的命令，选择"运行动作"复选框，并在其右侧选择要运行的动作。选择"包含 ICC 配置文件"可以在存储的文件中嵌入颜色配置文件。

⑥ 设置完所有选项后，单击"运行"按钮即可。

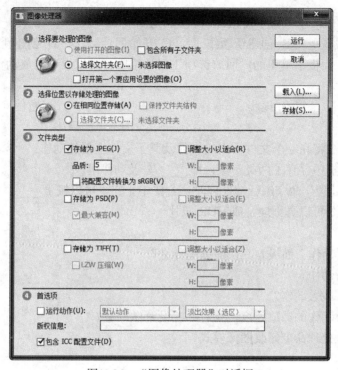

图11.36 "图像处理器"对话框

11.6 将图层复合导出到PDF

使用"将图层复合导出到 PDF"命令，可以将当前文件中的图层复合导出成为 PDF 文件，以便于浏览，尤其在制作了多个设计方案时，常使用此方法，将不同的方案导出，然后展示给客户审阅。

选择"文件"|"脚本"|"将图层复合导出到 PDF"命令，将弹出如图 11.37 所示的对话框。

图11.37 "将图层复合导出到
PDF"对话框

- 浏览：单击此按钮，在弹出的对话框中选择要保存 PDF 的位置。

- 仅限选中的图层复合：选中此选项后，将仅导出在"图层复合"面板中选中的图层复合为 PDF。

- 换片间隔 __ 秒：在此区域中输入数值，可以设置演示文稿切换时的间隔时间。

- 在最后一页之后循环：选中此选项，将可以在演示文稿播放至最后一页后，自动从第一页开始重新播放。

习 题

一、选择题

1. 在下列选项中，单击哪个按钮可以创建新动作？（ ）

    A. 创建新设置　　　B. 创建新动作　　　C. 开始记录　　　　D. 创建新的图层

2. 在"动作"面板菜单里的"回放选项"对话框中，可以设置播放动作的哪几种播放速度模式？（ ）

    A. 加速　　　　　　B. 逐步　　　　　　C. 快速　　　　　　D. 暂停

二、填空题

1. ＿＿＿＿＿命令将在一个文件夹内的文件及其子文件上播放动作。

2. "动作"面板中保存了两类对象，即＿＿＿＿＿及动作组。

3. 执行"批处理"命令进行批处理时，若要中止它，可以按下＿＿＿＿＿键。

4. ＿＿＿＿＿命令可以真正地合成 HDR 照片。

三、简答题

1. 怎样打开"动作"面板？其快捷键是什么？

2. 怎样录制新动作？

3. 如何存储、载入动作？

4. 如果需更改动作的播放速度，要对哪些设置做调整？

5. 如何应用批处理命令修改图像模式？

第 12 章

综合案例

在前面的 11 章中已经讲解了 Photoshop CS6 的基础知识，本章讲解了 8 个综合案例，每个案例都有不同的知识侧重点，希望通过练习这些案例，能够帮助读者融会贯通前面所学习的工具、命令与重要概念。

● "一帘幽梦"视觉表现

● 古典视觉艺术图像处理

● 动感特效表现

● 吉普车广告

● 演唱会海报设计

● 黑芝麻糊包装设计

● 健康生活 2001 书封设计

● 爱情如空气

12.1 "一帘幽梦"视觉表现

例前导读：

本例是以"一帘幽梦"为主题的视觉表现作品，柔美的人物图像与极富现代感的曲线图形被完美地融合在了一起。整幅画面清新、自然、亮丽，给人以眼前一亮的感觉。

核心技能：

- 利用素材图像并添加图层蒙版，制作融合背景图像效果。
- 结合"照片滤镜"调整图层，调整人物图像的色调。
- 利用"创建剪贴蒙版"命令调整图像的显示效果。
- 应用路径工具绘制路径。
- 结合"色调分离"调整图层，分离图像的色调。
- 利用素材图像，添加图层蒙版并应用调整图层，调整人物图像及场景。
- 结合钢笔工具 绘制路径并进行描边操作以及添加图层样式等功能，制作环绕在主体图像上的发光线效果。
- 结合图层蒙版隐藏不需要的图像内容。
- 利用混合模式融合各部分图像内容。

➤➤ 第1部分　制作背景及主体图像

① 按 Ctrl+N 键新建一个文件，设置弹出的"新建"对话框，如图 12.1 所示，单击"确定"按钮退出对话框，以创建一个新的空白文件。

> 💬 下面利用素材图像制作背景图像效果。
> 提示

② 打开随书所附光盘中的文件"d12z\12-1\ 素材 1.psd"，使用移动工具 ⊕ 将其移至当前图像中，按 Ctrl+T 键调出自由变换控制框，调整图像的大小及位置，按 Enter 键确认变换操作，得到"图层 1"，得到如图 12.2 所示的效果。

图12.1　"新建"对话框

图12.2　调整图像

③ 单击添加图层蒙版按钮 ▢ 为"图层 1"添加蒙版，设置前景色为黑色。选择画笔工具 ✏，在其工具选项条中设置适当的画笔大小及不透明度，在当前图像的周围位置

进行涂抹，以将其隐藏起来，直至得到如图 12.3 所示的效果。此时蒙版中的状态如图 12.4 所示。

图12.3 添加图层蒙版后的效果

图12.4 蒙版中的状态

④ 打开随书所附光盘中的文件"d12z\12-1\素材 2.psd"，使用移动工具 将其移至当前图像下方的位置，得到"图层 2"，结合自由变换控制框，调整图像的大小、位置，得到如图 12.5 所示的效果。

⑤ 单击创建新的填充或调整图层按钮 ，在弹出的菜单中选择"照片滤镜"命令，得到图层"照片滤镜 1"，按 Ctrl+Alt+G 键执行"创建剪贴蒙版"操作，然后设置面板中的参数，如图 12.6 所示，得到如图 12.7 所示的效果。

图12.5 调整人物图像

> 提示 下面通过"照片滤镜"调整图层，调整人物图像的色调。

图12.6 设置面板参数

图12.7 应用"照片滤镜"命令后的效果

> 提示 在"照片滤镜"面板中，颜色块的颜色值为 03f6ff。下面开始制作附在展台上的图案效果。

⑥ 打开随书所附光盘中的文件"d12z\12-1\素材 3.psd"，使用移动工具 将其移至人物下面的展台上，得到"图层 3"，结合自由变换控制框，调整图像的大小和位置，以

制作展台上的图案。按 Ctrl+Alt+G 键执行"创建剪贴蒙版"操作，得到如图 12.8 所示的效果。

> **提示**　下面通过绘制路径并进行渐变填充、添加图层蒙版、设置混合模式等功能，制作人物上身裙子的环境光效果。

⑦ 选择钢笔工具 ✐，在工具选项条上选择"路径"选项，沿着人物上身裙子边缘绘制路径，如图 12.9 所示。

图12.8　制作展台上的图案　　　　　　　　图12.9　绘制路径

⑧ 单击创建新的填充或调整图层按钮 ◯．，在弹出的菜单中选择"渐变"命令，然后在弹出的"渐变填充"对话框中单击渐变选择框，设置"渐变编辑器"对话框中的参数，单击"确定"按钮返回到"渐变填充"对话框，参数设置如图 12.10 所示，单击"确定"按钮确认设置，得到"渐变填充 1"，效果如图 12.11 所示。

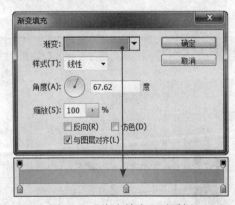

图12.10　"渐变填充"对话框　　　　　　　　图12.11　应用"渐变"命令后的效果

> **提示**　在"渐变编辑器"对话框中，各色标的颜色值从左至右分别为 abf76b、afd8c6 和 60ccfa。若读者对绘制的渐变效果不满意的话，可以在保持"渐变填充"对话框不关闭的情况下，向需要的方向拖动滑块，然后单击"确定"按钮即可。下面要进行这样操作的话，仍然可以采用此方法。

⑨ 下面将渐变融合到裙子中，设置"渐变填充 1"的混合模式为"正片叠底"，得到如图 12.12 所示的效果。

⑩ 单击添加图层蒙版按钮 ▢ 为"渐变填充 1"添加蒙版，按 D 键将前景色和背景色恢复为默认的黑色和白色。

⑪ 选择渐变工具，并在工具选项条中选择线性渐变按钮，单击渐变显示框，在弹出的"渐变编辑器"对话框中选择"前景色到背景色渐变"选项，在当前画布中从右上角至左下角绘制渐变，得到如图 12.13 所示的效果，蒙版中的状态如图 12.14 所示。此时"图层"面板的状态如图 12.15 所示。

图12.12　设置混合模式后的效果

图12.13　绘制渐变后的效果

图12.14　蒙版中的状态

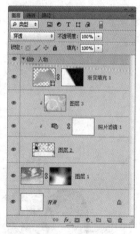

图12.15　"图层"面板

提示　　　为了方便读者管理图层，故将制作人物及展台的图层编组。选中要进行编组的图层，按 Ctrl+G 键执行"图层编组"操作，得到"组 1"，并将其重命名为"人物"。下面在制作其他部分图像时，也进行编组操作，笔者不再重复讲解操作过程。下面通过绘制路径并进行渐变填充、添加图层样式等功能制作流线型图像。

▶▶ 第2部分　制作流线型曲线及装饰元素

① 选择"图层 1"，然后选择钢笔工具，在工具选项条上选择"路径"选项，在头部上方绘制路径，如图 12.16 所示。

② 单击创建新的填充或调整图层按钮，在弹出的菜单中选择"渐变"命令，在弹出的"渐变填充"对话框中设置各参数，实现路径内的渐变效果，如图 12.17 所示。

提示　　　在"渐变编辑器"对话框中，渐变类型为"从 a0de91 到 bbdbb2"。

图12.16 绘制路径

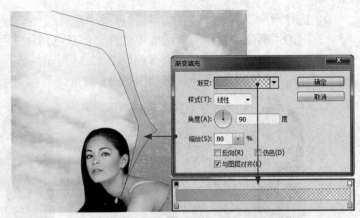

图12.17 应用"渐变"命令后的效果

③ 通过复制"渐变填充 2"4 次，分别得到其 4 个副本图层，并分别更改渐变颜色值及位置，直至得到如图 12.18 所示的效果。此时"图层"面板的状态如图 12.19 所示。

图12.18 制作其他彩条图像

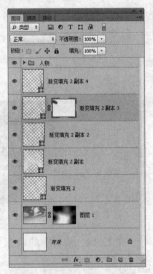

图12.19 "图层"面板

提示　　在此还为"渐变填充 2 副本 3"添加了图层蒙版，方法前面都讲解过，具体的状态可参照本例效果文件相关图层。下面为图像添加图层样式，以制作投影及发光效果，如图 12.20 和图 12.21 所示。

提示　　在"投影"图层样式对话框中，颜色块的颜色值为 7cd9ff；在"内发光"图层样式对话框中，颜色块的颜色值为 ffffbe，添加图层样式后的效果如图 12.22 所示。下面制作人物与流线图形之间的衔接颜色块。

④ 利用椭圆工具 ⬭ 绘制正圆路径，并进行渐变填充，得到"渐变填充 3"，设置其混合模式为"正片叠底"，得到如图 12.23 所示的效果。

⑤ 在人物头部绘制正圆渐变，得到"渐变填充 4"，并得到如图 12.24 所示的效果。

提示

关于渐变填充的参数及颜色值设置，读者可以参照本例效果文件中的相关图层，并可以根据画面的需要自行设置颜色，力求画面效果统一即可，故不再重复讲解操作过程。下面在设置相关颜色值时，具体设置可参照本例效果文件。

⑥ 按住 Alt 键单击添加图层蒙版按钮｜■｜，为其添加黑色蒙版。设置前景色为白色，选择画笔工具 ✐，并在工具选项条中设置适当的画笔大小及不透明度，然后在靠近头部以外的位置进行涂抹，以将其显示出来，得到如图 12.25 所示的效果。

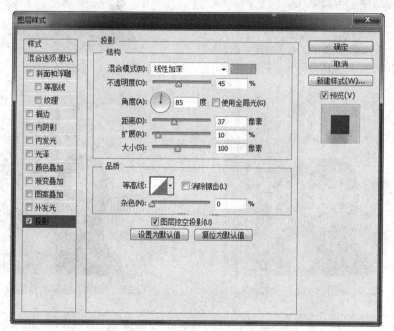

图12.20 "投影"图层样式对话框

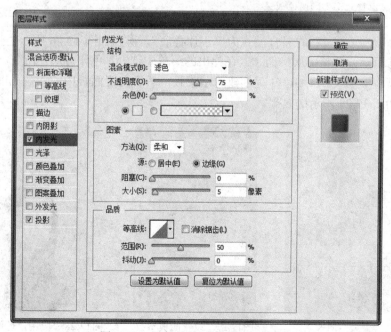

图12.21 "内发光"图层样式对话框

图12.22 添加图层样式后的效果

图12.23 制作链接颜色

图12.24 制作头部的正圆渐变

图12.25 添加图层蒙版后的效果

提示

　　由于在为"渐变填充 4"添加蒙版时，添加的是黑色蒙版，会将所有的图像全部隐藏掉，根本看不见图像，因此要想显示部分图像，就要不断地更改画笔的大小、不透明度及黑白色，然后进行涂抹以得到需要的图像效果。

⑦ 设置"渐变填充 4"的混合模式为"正片叠底"，得到如图 12.26 所示的效果。单击创建新的填充或调整图层按钮 ，在弹出的菜单中选择"色调分离"命令，得到图层"色调分离 1"，按 Ctrl+Alt+G 键创建剪贴蒙版，然后设置面板中的参数如图 12.27 所示，得到如图 12.28 所示的效果。

图12.26 设置混合模式后的效果

图12.27 设置面板参数

图12.28 应用"色调分离"命令后
的效果

⑧ 在当前画布右上方及上方位置绘制路径并进行渐变填充，分别得到"渐变填充 5"和 "形状 1"，效果如图 12.29 所示。此时"图层"面板的状态如图 12.30 所示。图 12.31 所示为单独显示组"流线型曲线"后的图像效果。

图12.29　制作画布上方及右上方的装饰元素

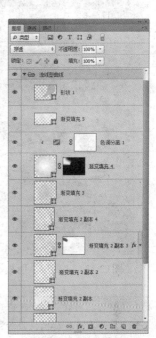

图12.30　"图层"面板

提示

设置"渐变填充 5"的混合模式为"正片叠底"。下面制作缠绕在人物身上的图形。

⑨ 选择组"人物"，通过绘制路径并进行渐变填充、添加图层蒙版，绘制形状、添加图 层样式及设置图层属性，制作缠绕在人物身上的图形，得到如图 12.32 所示的效果， 此时"图层"面板的状态如图 12.33 所示。图 12.34 所示为单独显示组"缠绕曲线" 后的图像效果。

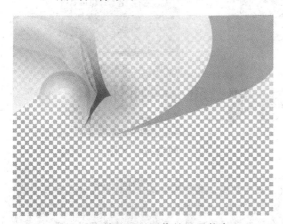

图12.31　单独显示图像的显示状态

图12.32　制作人物身上的图形

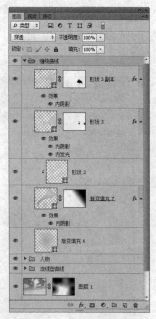

图12.33 "图层"面板

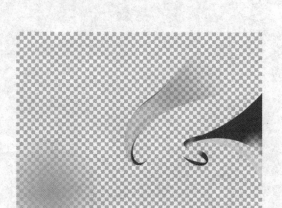

图12.34 单独显示缠绕曲线的显示状态

提示　　制作"形状2"用到的素材为随书所附光盘中的文件"d12z\12-1\ 素材 4.psd",还对个别图层进行了设置图层属性、添加图层蒙版及图层样式等操作,所有用到的颜色及参数设置,读者可以参照本例效果文件中的相关图层,在这里不再详细解说操作步骤。

⑩ 制作主体文字及装饰元素,直至得到如图 12.35 所示的最终效果,此时"图层"面板的状态如图 12.36 所示。

图12.35 最终效果

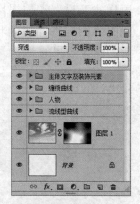

图12.36 "图层"面板

提示　　1. 在制作主体文字及装饰元素时,无非就是使用路径工具绘制路径并进行颜色填充和渐变填充,使用形状工具绘制形状,使用文字工具输入文字,以及添加图层样式、设置混合模式和图层属性、路径描边等操作,由于方法很简单,故不再重复讲解其操作过程,具体设置读者可以参照本例效果文件中的相关图层。

　　2. 本例最终效果为随书所附光盘中的文件"d12z\12-1\12-1.psd"。

12.2 古典视觉艺术图像处理

例前导读：

本例是以古典视觉艺术为主题的图像处理作品。在制作的过程中，主要结合了图层蒙版以及混合模式的功能来融合各部分图像，达到一种古典的韵味。

核心技能：

- 利用图层蒙版功能隐藏不需要的图像。
- 通过设置图层属性以混合图像。
- 应用"渐变映射"调整图层调整图像的色彩。
- 利用混合颜色带融合图像。
- 利用剪贴蒙版限制图像的显示范围。

① 打开随书所附光盘中的文件"d12z\12-2\ 素材 .psd"。该文件中包括了在本例操作中将用到的素材图像内容，其"图层"面板如图 12.37 所示。显示"素材 1"并将其重命名为"图层 1"，该素材中的图像状态如图 12.38 所示。

② 由于"图层 1"的素材中存在着生硬的边缘，下面利用蒙版将其隐藏。单击添加图层蒙版按钮 ⬚ 为其添加蒙版，设置前景色为黑色，选择画笔工具 ✐，在其工具选项条中设置适当的画笔大小及不透明度，在生硬边缘上进行涂抹，得到如图 12.39 所示的效果。

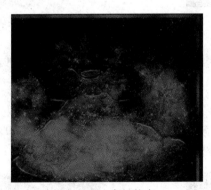

图12.37 "图层"面板　　　图12.38 素材状态　　　图12.39 隐藏背景图像后的效果

③ 显示"素材 2"并将其重命名为"图层 2"。单击添加图层蒙版按钮 ⬚ 为"图层 2"添加蒙版，设置前景色为黑色，选择画笔工具 ✐，在其工具选项条中设置适当的画笔大小及不透明度，在人物图像的周围进行涂抹以将其隐藏起来，直至得到如图 12.40 所示的效果。

④ 设置"图层 2"的混合模式为"强光"，以增强图像的对比度以及颜色的饱和度，得到如图 12.41 所示的效果。在设置了混合模式后，图像中的细节也损失了很多，所以

下面利用蒙版功能恢复一部分细节图像。

图12.40 隐藏人物图像后的效果

图12.41 设置混合模式后的效果

⑤ 复制"图层 2"得到"图层 2 副本",并恢复该副本图层的混合模式为"正常",然后选择其蒙版缩览图,使用画笔工具☑对蒙版进行编辑,结合下面的图像内容,显示出更多的细节,如图 12.42 所示。

⑥ 下面来为图像整体叠加色彩。单击创建新的填充或调整图层按钮 ⊙,在弹出的菜单中选择"渐变映射"命令,设置弹出的面板如图 12.43 所示,得到如图 12.44 所示的效果,同时得到图层"渐变映射 1"。

图12.42 隐藏图像

图12.43 "渐变映射"面板

提示

在"渐变映射"面板中，渐变类型各色标值从左至右分别为 000000、988565 和 f9f9d6。

⑦ 显示"素材 3"并将其重命名为"图层 3",然后拖至"渐变映射 1"的下方。设置"图层 3"的混合模式为"线性减淡（添加）","填充"数值为 60%，然后使用移动工具 ⊞ 将其移至画布的下半部分位置，如图 12.45 所示。

图12.44 调色后的效果

图12.45 设置混合模式后的效果

⑧ 下面来对花纹图像进行细节的调整处理。双击"图层 3"的缩览图以调出"混合选项"对话框，在底部的"混合颜色带"区域中，按住 Alt 键拖动右半个三角滑块，如图 12.46 所示，从而去除图像中的部分黑色像素，得到如图 12.47 所示的效果。

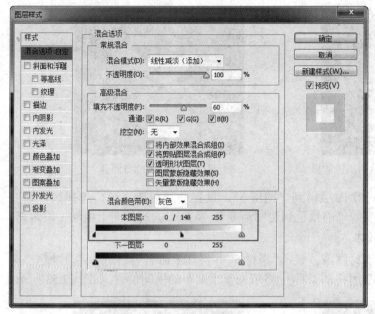

图12.46　设置混合选项

图12.47　调整后的效果

⑨ 此时花纹图像仍然存在着生硬的图像边缘，下面将利用蒙版将其隐藏。单击添加图层蒙版按钮 □ 为"图层 3"添加蒙版，设置前景色为黑色，选择画笔工具 ✎ ，在其工具选项条中设置适当的画笔大小及不透明度，在图像的生硬边缘进行涂抹以将其隐藏，得到如图 12.48 所示的效果，对应的"图层"面板如图 12.49 所示。

图12.48　隐藏图像

图12.49　"图层"面板

⑩ 下面再来添加另外的花朵图像。显示"素材 4"并将其重命名为"图层 4"，拖至"渐变映射 1"下方并设置其混合模式为"滤色"，得到如图 12.50 所示的效果。

⑪ 单击添加图层蒙版按钮 □ 为"图层 4"添加蒙版，设置前景色为黑色，选择画笔工
具 ✐ ，在其工具选项条中设置适当的画笔大小及不透明度，在图层蒙版中进行涂抹，
将与人物重叠的花图像隐藏起来，直至得到如图 12.51 所示的效果。

图12.50　设置混合模式后的图像效果

图12.51　隐藏部分图像

⑫ 在"图层 4"上方新建一个图层得到"图层 5"，设置前景色为黑色，选择线性渐变
工具 ▣ 并设置其渐变类型为"前景色到透明渐变"，从画布的底部向上拖动一段距离，
得到如图 12.52 所示的效果。

⑬ 下面再来添加一个炫光素材图像。显示"素材 5"并将其重命名为"图层 6"，并拖至"渐
变映射 1"的下方，然后使用移动工具 ⊕ 将炫光置于画布的中间位置，如图 12.53 所示。

图12.52　绘制渐变

图12.53　添加炫光图像

⑭ 显示"素材 6"并将其重命名为"图层 7"，设置该图层的混合模式为"滤色"，按
Ctrl+T 键调出自由变换控制框，按住 Shift 键缩小图像并置于画布的右上角位置，如
图 12.54 所示，按 Enter 键确认变换操作。

⑮ 复制"图层 7"两次，然后按照上一步的操作方法，分别再将两个副本图层中的鸽子
图像进行变换和旋转，并摆放到画布的中间和左上方位置，如图 12.55 所示。

图12.54　变换图像

图12.55　变换得到其他图像

⑯ 按住 Shift 键将"图层 7"及其两个副本图层选中,按 Ctrl+E 键将其合并,并重命名为"图层 7"。

⑰ 复制"渐变映射 1"得到"渐变映射 1 副本",然后将其拖至"图层 7"上方,按 Ctrl+Alt+G 键执行"创建剪贴蒙版"操作,并设置其不透明度 40%,得到如图 12.56 所示的效果,此时的"图层"面板如图 12.57 所示。

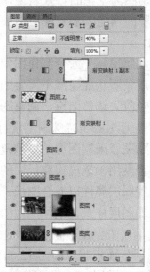

图12.56 为图像着色　　　　　　图12.57 "图层"面板

⑱ 结合横排文字工具 T 和直线工具 ∕,在画布的底部输入两行英文,并在中间绘制一条直线,结合图层蒙版功能将其处理成为两端渐隐的图像效果,如图 12.58 所示,由于操作方法较为简单,故不再详述,可以直接打开本例的最终效果文件进行查看,此时的"图层"面板如图 12.59 所示。

图12.58 最终效果　　　　　　图12.59 "图层"面板

提示　　本例最终效果为随书所附光盘中的文件"d12z\12-2\12-2.psd"。

12.3 动感特效表现

例前导读：

本例是以动感为主题的特效表现作品。在制作的过程中，主要结合了模糊命令、混合模式以及图层蒙版的功能，来实现动感效果，在视觉上引人注目。

核心技能：

- 应用"动感模糊"命令制作图像的动感效果。
- 利用图层蒙版功能隐藏不需要的图像。
- 应用"色阶"调整图层，调整图像的亮度、对比度。
- 结合画笔工具 及特殊画笔素材绘制图像。
- 利用剪贴蒙版限制图像的显示范围。
- 结合路径及用画笔描边路径中的"模拟压力"选项，制作两端细中间粗的图像效果。
- 通过设置图层属性以混合图像。
- 通过添加图层样式，制作图像的投影、发光等效果。

① 打开随书所附光盘中的文件"d12z\12-3\ 素材 1.psd"。该文件中共包括 3 幅素材图像，其"图层"面板状态如图 12.60 所示。选择"背景"图层并隐藏其他图层，新建一个图层得到"图层 1"，设置前景色为黑色，按 Alt+Delete 键填充。

② 显示"素材 1"，并将其重命名为"图层 2"，选择"滤镜"|"模糊"|"动感模糊"命令，弹出的对话框如图 12.61 所示，得到如图 12.62 所示的效果。

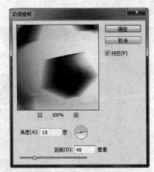

图12.60　"图层"面板　　图12.61　"动感模糊"对话框　　图12.62　应用"动感模糊"命令后的效果

③ 显示"素材 2"，并将其重命名为"图层 3"，复制"图层 3"得到"图层 3 副本"，选择"滤镜"|"模糊"|"动感模糊"命令，弹出的对话框如图 12.63 所示，得到如图 12.64 所示的效果。

④ 单击添加图层蒙版按钮 为"图层 3 副本"添加蒙版，设置前景色为黑色，选择画笔工具 ，在其工具选项条中设置适当的画笔大小及不透明度，在图层蒙版中进行涂抹，以将模糊的人物头部及身体隐藏起来，直至得到如图 12.65 所示的效果。

⑤ 下面通过复制图层，以使人物边缘更加动感、模糊。复制"图层 3 副本"得到"图层 3 副本 2"，得到的效果如图 12.66 所示，此时的"图层"面板状态如图 12.67 所示。

⑥ 调整整体图像的明暗调。单击创建新的填充或调整图层按钮 ◎.,在弹出的菜单中选择"色阶"命令,弹出的面板如图 12.68 所示,得到的效果如图 12.69 所示,同时得到图层"色阶 1"。

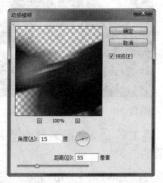

图12.63 "动感模糊"对话框

图12.64 模糊后的效果

图12.65 添加图层蒙版后的效果

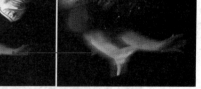

图12.66 复制图像后的效果

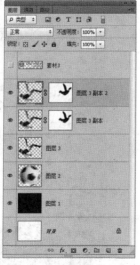

图12.67 "图层"面板

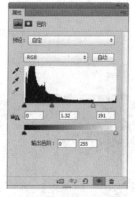

图12.68 "色阶"面板

⑦ 下面开始制作环境光背景。选择"图层 1"为当前操作图层,新建一个图层得到"图层 4",设置前景色的颜色值为 c21e3b,选择画笔工具 ✐,并在其工具选项条上设置适当的画笔大小及不透明度,在足球右上方涂抹,直至得到如图 12.70 所示的效果。

图12.69　应用"色阶"命令后的效果

图12.70　使用画笔工具涂抹后的效果

⑧ 接着设置前景色的颜色值为 f6a919，选择画笔工具 ，设置柔角画笔大小为 256 像素，在足球的右上方单击，得到如图 12.71 所示的效果。

⑨ 设置前景色的颜色值分别为 0f417c，6796b2，2d605d 和 4d4950，按照 ⑦ ～ ⑧ 的操作方法，分别在当前图像的左上角、右上角、左下方及右下方进行涂抹，直至得到如图 12.72 所示的效果。图 12.73 所示为暂时只显示"图层 4"的效果。此时的"图层"面板状态如图 12.74 所示。

图12.71　接着使用画笔工具涂抹后的效果

图12.72　继续使用画笔工具涂抹后的效果

图12.73　隐藏部分图层后的效果

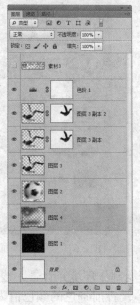

图12.74　"图层"面板

⑩ 下面为足球添加颜色，使其与整体效果统一。复制"图层 4"得到"图层 4 副本"，并将其拖至"图层 2"的上方，按 Ctrl+Alt+G 键执行"创建剪贴蒙版"操作，并设置其混合模式为"颜色"，得到如图 12.75 所示的效果。

⑪ 接着为人物添加颜色，使其与整体色调相互匹配。复制"图层 4 副本"得到"图层 4 副本 2"，将其拖至"图层 3 副本 2"的上方，并创建剪贴蒙版，得到如图 12.76 所示的效果。此时的"图层"面板状态如图 12.77 所示。

⑫ 下面绘制类似地面轨道的路径。选择钢笔工具 ，在足球下方绘制路径，如图 12.78 所示，选择"图层 4"为当前操作图层，新建一个图层得到"图层 5"。

图12.75　为足球添加颜色后的效果

图12.76　为人物添加颜色后的效果

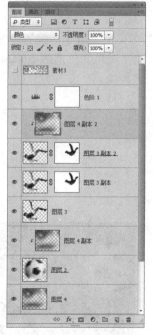

图12.77　"图层"面板

图12.78　绘制路径

⑬ 设置前景色为白色，选择画笔工具 ，并在其工具选项条上设置尖角画笔大小为 1 像素，切换至"路径"面板，按 Alt 键单击用画笔描边路径按钮 ，在弹出的对话框中，勾选"模拟压力"选项，单击"路径"面板空白处以隐藏路径，得到如图 12.79 所示的效果。

⑭ 返回至"图层"面板。并设置"图层 5"的混合模式为"叠加",得到如图 12.80 所示的效果。

图12.79　描边后的效果

图12.80　设置混合模式后的效果

⑮ 为了使地面轨道具有透视效果,复制"图层 5"得到"图层 5 副本",单击添加图层样式按钮 ，在弹出的菜单中选择"投影"命令,设置弹出的对话框如图 12.81 所示,得到如图 12.82 所示的效果。此时的"图层"面板状态如图 12.83 所示。

⑯ 选择"色阶 1"为当前操作图层,新建一个图层得到"图层 6",选择钢笔工具 ，在轨道上方绘制路径,如图 12.84 所示,选择画笔工具 ，设置尖角画笔大小为 5 像素,按照第 13 步的操作方法,制作中间粗两端细的线,得到如图 12.85 所示的效果。

提示
在制作路径过程中,可以参照本例"路径"面板中的"路径 2"。

⑰ 单击添加图层样式按钮 ，在弹出的菜单中选择"外发光"命令,设置弹出的对话框如图 12.86 所示,得到如图 12.87 所示的效果,设置外发光颜色值为 ff0026。

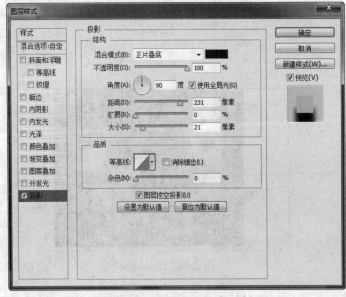

图12.81　"投影"对话框

图12.82　应用"投影"命令后的效果

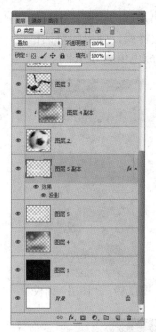

图12.83 "图层"面板

图12.84 绘制路径

图12.85 描边后的效果

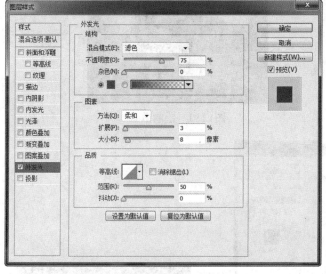

图12.86 "外发光"对话框

图12.87 应用"外发光"命令后的效果

⑱ 新建一个图层得到"图层 7"，按照⑫～⑬的操作方法，绘制路径，并制作中间粗两端细的线，设置尖角画笔大小为 4 像素，得到如图 12.88 所示的效果。此时的"图层"面板状态如图 12.89 所示。

提示

在制作路径过程中，可以参照本例"路径"面板中的"路径3"。

⑲ 新建一个图层得到"图层 8"，选择画笔工具，打开随书所附光盘中的文件"d12z\12-3\素材 2.abr"，在画布中单击右键，在弹出的画笔显示框中选择刚刚打开的画笔，如图12.90 所示。

⑳ 设置前景色为白色，在足球与人物之间绘制散点，以得到踢出足球的轨迹，得到如图 12.91 所示的效果，按照⑰的操作方法，添加"外发光"图层样式，弹出的对话框设置如图 12.92 所示，得到如图 12.93 所示的效果，设置外发光颜色值为 d27c88。

图12.88　制作另一个轨迹线的效果　　　　　　图12.89　"图层"面板

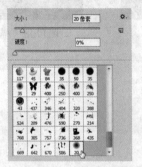

图12.90　"画笔"面板　　　　　　图12.91　绘制散点

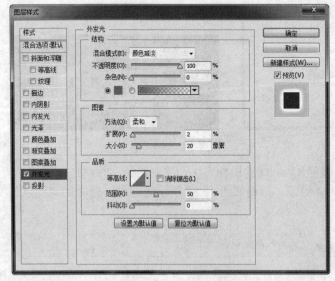

图12.92　"外发光"对话框　　　　　　图12.93　应用"外发光"命令后的效果

㉑ 新建一个图层得到"图层 9"，按照⑫～⑬的操作方法，绘制路径，并制作中间粗两端细的线，设置尖角画笔大小为 12 像素，并添加图层样式，得到如图 12.94 所示的效果。

㉒ 继续制作其他发光轨迹线，按照上一步的操作方法，得到如图 12.95 所示的效果，其中设置尖角画笔大小为 5 像素。此时的"图层"面板状态如图 12.96 所示。

图12.94　制作轨迹线

图12.95　制作其他发光轨迹线

㉓ 显示"素材 3"，并将其重命名为"图层 11"，显示效果如图 12.97 所示。图 12.98 所示为最终整体效果，"图层"面板状态如图 12.99 所示。

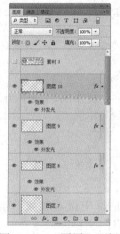

图12.96　"图层"面板

图12.97　素材图像效果

图12.98　最终整体效果

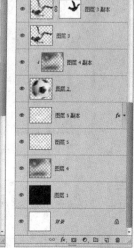

图12.99　"图层"面板

中文版 Photoshop CS6 标准教程

提示

本例最终效果为随书所附光盘中的文件"d12z\12-3\12-3.psd"。

12.4 吉普车广告

例前导读：

本例是以吉普车为主题的广告设计作品。在制作的过程中，用流畅的线条、和谐的图片、配以精美的底图，全方位立体展示产品的风貌、理念以及品牌形象。与多数图片与文字堆砌组合的普通设计形成鲜明的对比，具有非常强的营销力。

核心技能：

- 结合路径以及渐变填充图层功能制作图像的渐变效果。
- 利用再次变换并复制操作制作规则的图像。
- 通过设置图层属性以混合图像。
- 通过添加图层样式，制作图像的阴影、描边等效果。
- 结合路径及用画笔描边路径中的"模拟压力"选项，制作两端细中间粗的图像效果。
- 应用"盖印"命令合并可见图层中的图像。
- 结合画笔工具 及特殊画笔素材绘制图像。
- 使用形状工具绘制形状。
- 应用"色相/饱和度"调整图像的色相及饱和度。

① 按 Ctrl+N 键新建一个文件，在弹出的"新建"对话框中设置参数，如图 12.100 所示，单击"确定"按钮退出对话框，以创建一个新的空白文件。

② 单击创建新的填充或调整图层按钮 ，在弹出的菜单中选择"渐变"命令，在弹出的"渐变填充"对话框中设置参数，如图 12.101 所示，得到如图 12.102 所示的效果，同时得到图层"渐变填充 1"。

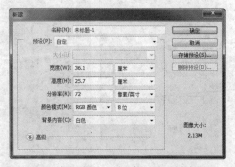

图12.100 设置"新建"对话框参数

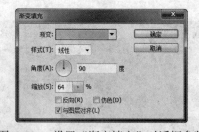

图12.101 设置"渐变填充"对话框参数

提示

在"渐变填充"对话框中，渐变类型的颜色值为"从 f7e40f 到 9fd8d2"。下面结合路径、渐变填充以及变换功能，制作背景中的透视图案及发射线图像。

③ 打开随书所附光盘中的文件"d12z\12-4\ 素材 1.csh"，选择自定形状工具 ，并在其工具选项条上选择"路径"选项，在画布中右键单击，在弹出的形状显示框中选择刚

刚打开的形状（一般在最后一个），在画布中绘制如图 12.103 所示的路径。

图12.102 应用"渐变"命令后的效果

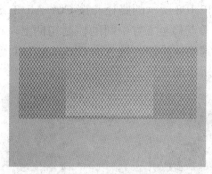

图12.103 绘制路径

④ 单击创建新的填充或调整图层按钮 ，在弹出的菜单中选择"渐变"命令，在弹出的"渐变填充"对话框中设置参数，如图 12.104 所示，单击"确定"按钮退出对话框，隐藏路径后的效果如图 12.105 所示，同时得到图层"渐变填充 2"。

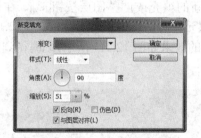

图12.104 设置"渐变填充"对话框参数

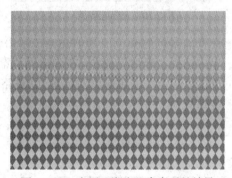

图12.105 应用"渐变"命令后的效果

> **提示**
>
> 在"渐变填充"对话框中，渐变类型的颜色值为"从 ebba02 到 f4560d"。

⑤ 按 Ctrl+T 键调出自由变换控制框，将下方中间的控制句柄向上移动直至与画布底部并齐，然后在控制框内右键单击，在弹出的菜单中选择"透视"命令，向左水平拖动右下角的控制句柄及移动位置，状态如图 12.106 所示，按 Enter 键确认操作，隐藏路径后的状态如图 12.107 所示。

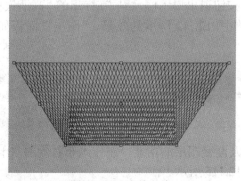

图12.106 变换状态

图12.107 变换后的图像状态

⑥ 选择钢笔工具 ，在工具选项条上选择"路径"选项，在画布的上方绘制如图 12.108 所示的路径。按 Ctrl+Alt+T 键调出自由变换并复制控制框，将控制框内中心参考点移至下方中间的控制句柄上，在工具选项条中设置旋转的角度为 8.3°，按 Enter 键确认操作。按 Alt+Ctrl+Shift+T 键多次执行再次变换并复制操作，得到如图 12.109 所示的效果。

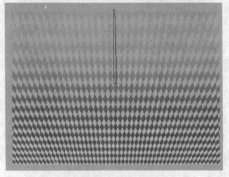
图12.108　绘制路径

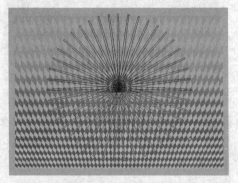
图12.109　执行再次变换并复制后的效果

⑦ 设置前景色的颜色值为 ffe573，单击创建新的填充或调整图层按钮 ●，在弹出的菜单中选择"渐变"命令，在弹出的"渐变填充"对话框中设置参数，如图 12.110 所示，单击"确定"按钮退出对话框，隐藏路径后的效果如图 12.111 所示，同时得到图层"渐变填充 3"。

图12.110　设置"渐变填充"对话框参数

图12.111　应用"渐变"命令后的效果

⑧ 复制"渐变填充 3"，得到"渐变填充 3 副本"，选择"滤镜"|"模糊"|"高斯模糊"命令，在弹出的提示框中直接单击"确定"按钮退出提示框，然后在弹出的"高斯模糊"对话框中设置"半径"数值为 7.6，得到如图 12.112 所示的效果，"图层"面板如图 12.113 所示。

💬 提示　　本步中，为了方便图层的管理，在此将制作背景的图层选中，按 Ctrl+G 键执行"图层编组"操作得到"组 1"，并将其重命名为"背景"。在下面的操作中，笔者也对各部分进行了编组的操作，在步骤中不再叙述。下面制作主题图像。

⑨ 根据前面所讲解的操作方法，结合路径以及渐变图层的功能，制作画布右侧的主干图像，如图 12.114 所示，"图层"面板如图 12.115 所示。

图12.112 应用"高斯模糊"命令后的效果

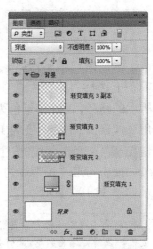

图12.113 "图层"面板

图12.114 制作主干图像

图12.115 "图层"面板

提示

本步中，关于"渐变填充"对话框中的参数设置，请参考最终效果源文件。在下面的操作中，会多次应用到渐变填充图层的功能，不再做相关参数的提示。下面增强主干的立体感。

⑩ 根据前面所讲解的操作方法，结合路径以及渐变图层的功能，制作主干上的白色渐变效果，如图 12.116 所示，同时得到"渐变填充 6"。设置此图层的混合模式为"叠加"，不透明度为 30%，以混合图像，得到的效果如图 12.117 所示。

⑪ 单击添加图层蒙版按钮 ▣ 为"渐变填充 6"添加蒙版，设置前景色为黑色，选择渐变工具，在其工具选项条中单击线性渐变按钮 ▣，在画布中右键单击，在弹出的渐变显示框中选择渐变类型为"前景色到透明渐变"，从白色渐变的左侧至右侧绘制渐变，得到的效果如图 12.118 所示。

⑫ 根据前面所讲解的操作方法，结合路径以及渐变图层的功能，制作主干右上方的小支干图像，如图 12.119 所示，同时得到"渐变填充 7"和"渐变填充 8"。

⑬ 选择"渐变填充 7"作为当前的工作层，单击添加图层样式按钮 fx，在弹出的菜单中选择"内阴影"命令，设置内阴影参数，如图 12.120 所示，然后在"图层样式"对话框中继续选择"描边"命令设置其描边参数，如图 12.121 所示，得到的效果如图 12.122 所示。

提示　设置描边参数,渐变类型的颜色值为"从859913到透明"。制作下面逼真的叶子图像。

⑭ 单击添加图层蒙版按钮 ⊡ 为"渐变填充8"添加蒙版,选择钢笔工具 ✐ ,在工具选项条上选择"路径"选项以及"合并形状"选项 ⊡ ,在叶子图像上绘制如图12.123所示的路径,设置前景色为黑色,选择画笔工具 ✓ ,并在其工具选项条设置画笔为"尖角3像素",不透明度为100%。

⑮ 切换至"路径"面板,按住Alt键单击用画笔描边路径按钮 ○ 。在弹出的"描边路径"对话框中勾选"模拟压力"复选框,单击"确定"按钮退出对话框,隐藏路径后的效果如图12.124所示。

提示　勾选"模拟压力"复选框的目的就在于,让描边路径后得到的线条图像具有两端细中间粗的效果。但需要注意的是,此时必须在"画笔"面板的"形状动态"区域中,设置"大小抖动"下方"控制"下拉菜单中的选项为"钢笔压力",否则将无法得到这样的效果。

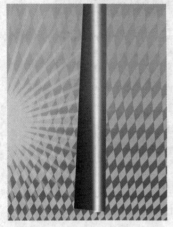

图12.116　制作白色渐变效果

图12.117　设置图层属性后的效果

图12.118　添加蒙版后的效果

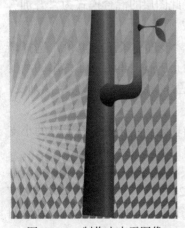

图12.119　制作小支干图像

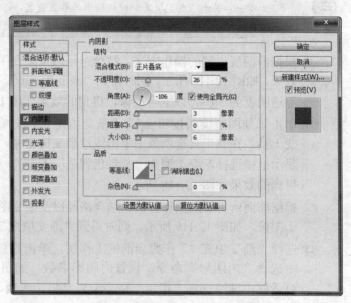

图12.120　设置"内阴影"参数

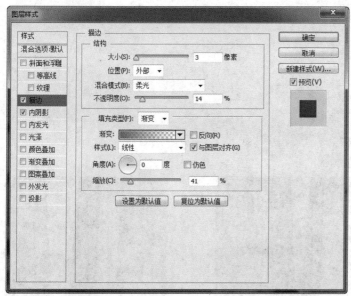

图12.121　设置"描边"参数　　　　　　　图12.122　添加图层样式后的效果

⑯ 切换回"图层"面板，根据前面所讲解的操作方法，结合路径、渐变填充、图层样式以及模糊的功能，制作小主干上方的黑色图像，如图 12.125 所示，"图层"面板如图 12.126 所示。

图12.123　绘制路径　　　　　图12.124　描边后的效果　　　　　图12.125　制作黑色图像

提示
　　关于描边参数设置，请参考最终效果源文件。带有灰色标识的图层是备份图层，以方便读者查看原始图像状态；关于模糊的参数请参见图层名称上的文字信息。另外，在制作的过程中，还需要注意各个图层间的顺序。下面制作红色主干图像。

⑰ 选择组"背景"作为当前操作对象，根据前面所讲解的操作方法，结合路径、渐变填充以及混合模式的功能，制作绿色主干左侧的红色主干图像，如图 12.127 所示，同时得到"渐变填充 11"和"渐变填充 12"。

提示
　　本步中，设置了"渐变填充 12"的混合模式为"滤色"。

⑱ 选中图层"渐变填充 7"和"渐变填充 8"，按 Ctrl+Alt+E 键执行"盖印"操作，从而将选中图层中的图像合并至一个新图层中，并将其重命名为"图层 1"。将此图层

拖至"渐变填充 12"的上方，利用自由变换控制框调整图像的方向、角度以及位置，如图 12.128 所示。

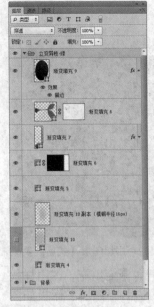

图12.126 "图层"面板

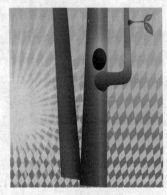

图12.127 制作红色主干

图12.128 盖印及调整图像

⑲ 单击创建新的填充或调整图层按钮 ⊘.，在弹出的菜单中选择"色相/饱和度"命令，得到图层"色相/饱和度 1"，按 Ctrl+Alt+G 键执行"创建剪贴蒙版"操作，然后设置面板中的参数，如图 12.129 所示，得到如图 12.130 所示的效果。

⑳ 根据前面所讲解的操作方法，结合盖印、复制图层以及变换功能，制作另外两组小红色支干图像，如图 12.131 所示，"图层"面板如图 12.132 所示。

图12.129 设置"色相/
饱和度"参数

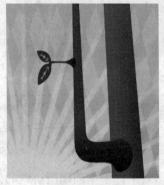

图12.130 应用"色相/饱和度"
命令后的效果

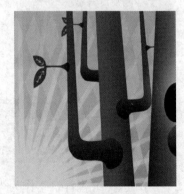

图12.131 制作多组小支
干图像

提示

在制作的过程中，需要注意各个图层间的顺序。下面制作主题汽车图像。

㉑ 打开随书所附光盘中的文件"d12z\12-4\素材 2.psd"，根据前面所讲解的操作方法，结合变换以及"色相/饱和度"调整图层等功能，制作主干下方的汽车图像，如图

12.133 所示,"图层"面板如图 12.134 所示。

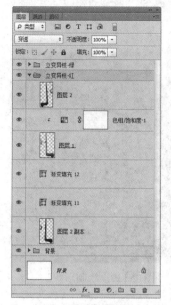

图12.132 "图层"面板1

图12.133 制作汽车图像

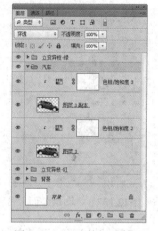

图12.134 "图层"面板2

 提示　关于"色相/饱和度"的参数设置,请参考最终效果源文件。下面利用素材图像制作右侧的其他装饰物。

㉒ 打开随书所附光盘中的文件"d12z\12-4\ 素材 3.psd",如图 12.135 所示。按住 Shift 键并使用移动工具 ⊕ 将其拖至上一步制作的文件中,通过调整组间的顺序,得到的效果如图 12.136 所示,"图层"面板如图 12.137 所示。

图12.135 素材图像

图12.136 拖入图像

 提示　本步中,笔者是以组的形式给的素材,由于并非本例讲解的重点,读者可以参考最终效果源文件进行参数设置,展开组即可观看到操作的过程。下面制作右上角的装饰图像。

㉓ 选择组"背景"作为当前的操作对象,设置前景色的颜色值为 eb8403,选择钢笔工具 ✎,在工具选项条上选择"形状"选项,在画布的右上角绘制如图 12.138 所示的形状,得到"形状 1"。

㉔ 按 Esc 键使"形状 1"路径处于未选中的状态，设置前景色的颜色值为 ed450f，应用钢笔工具 在画布的右上角绘制如图 12.139 所示的形状，得到"形状 2"。

图12.137 "图层"面板　　　　图12.138 绘制形状1　　　　图12.139 绘制形状2

提示　　　　完成一个形状后，如果想继续绘制另外一个不同颜色的形状，必须要确认前一形状的路径处于未选中的状态。

㉕ 选择路径选择工具 ，将上一步绘制的形状选中，按住 Alt 键进行复制操作多次及移动位置，得到的效果如图 12.140 所示。

㉖ 新建"图层 4"，设置前景色的颜色值为 fdeb0a，打开随书所附光盘中的文件"d12z\12-4\素材 4.abr"，选择画笔工具 ，在画布中右键单击，在弹出的画笔显示框中选择刚刚打开的画笔（一般在最后一个），在画布的右上方进行涂抹，得到的效果如图 12.141 所示，"图层"面板如图 12.142 所示。

图12.140 复制形状　　　　图12.141 涂抹后的效果　　　　图12.142 "图层"面板

提示　　　　至此，右上角的装饰图像已制作完成。下面制作画布左侧、下方以及前方的图像内容，完成制作。

㉗ 选择组"猫头"作为当前的操作对象，打开随书所附光盘中的文件"d12z\12-4\ 素材 5.psd"，按住 Shift 键并使用移动工具 将其拖至上一步制作的文件中，得到的最终 效果如图 12.143 所示，"图层"面板如图 12.144 所示。

图12.143　最终效果

图12.144　"图层"面板

提示

本例最终效果为随书所附光盘中的文件"d12z\12-4\12-4.psd"。

12.5　演唱会海报设计

例前导读：

本例是以演唱会为主题的海报设计作品。在制作的过程中，主要以处理画面中的人体画面为核心内容。与以往的个人演唱会不同的是，本例在构图上别具一格，以主题人物的形体轮廓为基础，从而展开构图，加上背景中的烟雾效果，带您走进激情澎湃的场景。

核心技能：

- 应用渐变工具 绘制渐变。
- 使用形状工具绘制形状。
- 通过设置图层属性以混合图像。
- 利用剪贴蒙版限制图像的显示范围。
- 利用图层蒙版功能隐藏不需要的图像。
- 应用"高斯模糊"命令制作图像的模糊效果。
- 结合画笔工具 及特殊画笔素材绘制图像。

① 按 Ctrl+N 键新建一个文件，在弹出"新建"对话框中设置参数，如图 12.145 所示，单击"确定"按钮退出对话框，以创建一个新的空白文件。

② 设置前景色的颜色值为 ffffff，背景色的颜色值为 723e9a，选择渐变工具 ，并在其工具选项条中单击线性渐变按钮 ，在画布中右键单击，在弹出的渐变显示框中选择渐变类型为"前景色到背景色渐变"，从画布的上方至下方绘制渐变，得到的效果如图 12.146 所示。

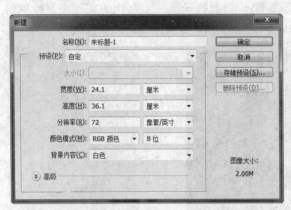

图12.145　设置"新建"对话框中的参数　　　　图12.146　绘制渐变

提示

至此，背景中的基本内容已制作完成。下面利用形状工具制作人物轮廓。

③ 设置前景色为黑色，选择自定形状工具，并在其工具选项条上选择"形状"选项，打开随书所附光盘中的文件"d12z\12-5\ 素材 1.csh"，在画布中右键单击，在弹出的形状显示框中选择刚刚打开的形状（一般在最后一个），在画面中绘制如图 12.147 所示的形状，同时得到"形状 1"。

④ 按 Esc 键使"形状 1"的路径处于未选中的状态，设置前景色的颜色值为 337c74，选择钢笔工具，在其工具选项条上选择"形状"选项，在裤脚两侧绘制如图 12.148 所示的形状，同时得到"形状 2"。

图12.147　绘制形状　　　　　　　图12.148　在裤脚两侧绘制形状

提示

1. 完成一个形状后，如果想继续绘制另外一个不同颜色的形状，必须要确认前一形状的路径处于未选中的状态。

2. 在绘制第 1 个图形后，将会得到一个对应的形状图层，为了保证后面所绘制的图形都是在该形状图层中进行，所以在绘制其他图形时，需要在工具选项条中单击适当的运算模式，如减去顶层形状等。

⑤ 按照上一步的操作方法，分别设置前景色的颜色值为 240700 和 632615，应用钢笔工具 ✍ 绘制人物的鞋子形状，如图 12.149 所示；同时得到"形状 3"和"形状 4"。

⑥ 设置"形状 4"的混合模式为"颜色减淡"，以混合图像，得到的效果如图 12.150 所示，"图层"面板如图 12.151 所示。

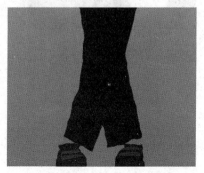
图12.149　绘制鞋子形状

图12.150　设置混合模式后的效果

提示

下面依据人物的轮廓，结合素材图像、剪贴蒙版以及图层蒙版等功能，制作主题图像。

⑦ 选择"形状 1"作为当前的工作层，打开随书所附光盘中的文件"d12z\12-5\ 素材 2.psd"，如图 12.152 所示。使用移动工具 ⊹ 将其拖至上一步制作的文件中，得到"图层 1"。按 Ctrl+Alt+G 键执行"创建剪贴蒙版"操作，以确定与其下层图层的剪贴关系。

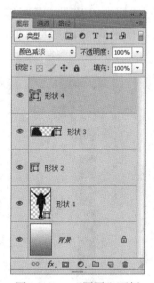
图12.151　"图层"面板

图12.152　素材图像

⑧ 按 Ctrl+T 键调出自由变换控制框，按住 Shift 键向内拖动控制句柄以缩小图像并移动位置，如图 12.153 所示，按 Enter 键确认操作。

⑨ 按照 ③ ~ ⑦ 的操作方法，利用随书所附光盘中的文件"d12z\12-5\ 素材 3.psd"，结合移动工具 ⊹ 及变换功能，制作左腋处的图像，如图 12.154 所示，同时得到"图层 2"。

⑩ 单击添加图层蒙版按钮 ▣，为"图层 2"添加蒙版，设置前景色为黑色，选择画笔工具 ✐，在其工具选项条中设置适当的画笔大小及不透明度，在图层蒙版中进行涂抹，

以将四周生硬的边缘隐藏，直至得到如图 12.155 所示的效果，此时蒙版中的状态如图 12.156 所示。

图12.153　变换状态

图12.154　制作左腋处的图像

图12.155　添加图层蒙版后的效果

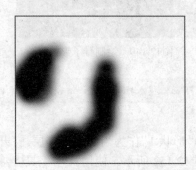

图12.156　蒙版中的状态

⑪ 根据前面所讲解的操作方法，利用素材图像、变换、图层属性以及图层蒙版等功能，制作人物轮廓内的其他图像，如图 12.157 所示。"图层"面板如图 12.158 所示，局部效果如图 12.159 和图 12.160 所示。

图12.157　制作人物轮廓内的其他图像

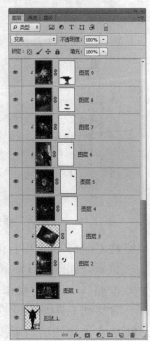

图12.158　"图层"面板

图12.159 局部效果1

图12.160 局部效果2

提示

本步中，所应用到的素材图像为随书所附光盘中的文件"d12z\12-5\素材 4.psd~素材 19.psd"；关于图层属性的设置，请参考最终效果源文件。此时，人物腿部的发射光线过于强烈，下面利用"高斯模糊"命令来处理这个问题。

⑫ 选择"图层 16"图层缩览图（发射光线），选择"滤镜"|"模糊"|"高斯模糊"命令，在弹出的"高斯模糊"对话框中设置"半径"数值为 2，如图 12.161 所示为模糊前后的对比效果。

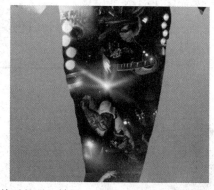

图12.161 模糊前后的对比效果

提示

下面结合画笔工具 ✎ 以及混合模式功能，制作脚部的光感效果。

⑬ 在所有图层上方新建"图层 19"，设置此图层的混合模式为"滤色"，然后设置前景色的颜色值为 f4372b，选择画笔工具 ✎，并在其工具选项条中设置画笔为"柔角 150 像素"，在脚中间位置涂抹，得到的效果如图 12.162 所示。

⑭ 按 Ctrl+Alt+A 键选择除"背景"图层以外的所有图层，按 Ctrl+G 键将选中的图层编组，得到"组 1"，并将此组重命名为"海报主体"。

提示

至此，主体图像已制作完成。下面制作背景中的烟雾效果。

⑮ 选择"背景"图层作为当前的工作层，新建"图层 20"，设置前景色为白色。打开随书所附光盘中的文件"d12z\12-5\ 素材 20.abr"，选择画笔工具▣，在画布中右键单击，在弹出的画笔显示框中选择刚刚打开的画笔，在画布中进行涂抹，得到的效果如图 12.163 所示。

图12.162　涂抹后的效果1　　　　　　图12.163　涂抹后的效果2

⑯ 按照⑩的操作方法，为"图层 20"添加蒙版，应用画笔工具▣在蒙版中进行涂抹，以将左上方及右下方过亮的区域隐藏，得到的效果如图 12.164 所示，对应的蒙版中的状态如图 12.165 所示。

⑰ 新建"图层 21"，设置前景色为白色，设置画笔大小为"柔角 300 像素"，在脚底部进行涂抹，得到的效果如图 12.166 所示。

图12.164　添加蒙版后的效果　　图12.165　蒙版中的状态　　图12.166　涂抹后的效果

⑱ 最后，利用文字工具，制作画布上方的相关文字信息，完成制作。最终效果如图 12.167 所示，"图层"面板如图 12.168 所示。

提示

本例最终效果为随书所附光盘中的文件"d12z\12-5\12-5.psd"。

图12.167　最终效果

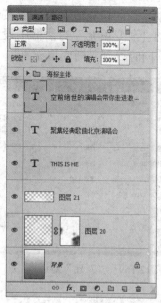

图12.168　"图层"面板

12.6　黑芝麻糊包装设计

例前导读：

本例是以黑芝麻糊为主题的包装设计作品。在制作的过程中，主要以处理碗中的黑芝麻糊为核心。通过黑芝麻糊的光泽、周围的核桃、红枣以及碗中冒出的香气等饰物勾起人们的食欲，从而激起消费者购买的欲望。

核心技能：

* 应用渐变填充图层功能制作图像的渐变效果。
* 应用自由变换控制框调整图像的大小、角度及位置。
* 利用钢笔工具 ⬚ 绘制路径。
* 应用"高斯模糊"命令制作模糊的图像效果。
* 通过添加图层蒙版隐藏不需要的图像。
* 应用颜色填充图层的功能，为图像添加色彩。
* 利用形状工具绘制形状。
* 通过设置图层属性以融合图像。
* 应用"盖印"命令合并可见图层中的图像。
* 应用画笔工具 ⬚ 绘制图像。

① 按 Ctrl+N 键新建一个文件，在弹出的"新建"对话框中设置参数，如图 12.169 所示，单击"确定"按钮退出对话框，创建一个新的空白文件。

提示

> 下面利用渐变填充图层功能以及素材图像，制作背景图像。

② 单击创建新的填充或调整图层按钮 ●，在弹出的下拉菜单中选择"渐变"命令，在弹出的"渐变填充"对话框中设置参数，如图 12.170 所示，得到如图 12.171 所示的效果，同时得到"渐变填充 1"。

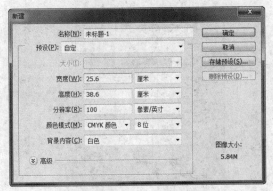

图12.169　"新建"对话框

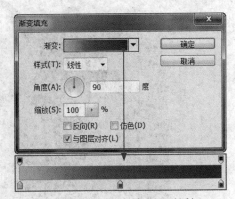

图12.170　"渐变填充"对话框

提示　在"渐变填充"对话框中，渐变类型各色标值从左至右分别为 fbc808、e71f19 和 831c21。

③ 打开随书所附光盘中的文件"d12z\12-6\ 素材 1.psd"，使用移动工具 ►+ 将其拖至刚制作的文件中，得到"图层 1"。按 Ctrl+T 键调出自由变换控制框，按 Shift 键向外拖动控制句柄以放大图像及移动位置，按 Enter 键确认操作。设置此图层的不透明度为 20%，得到的效果如图 12.172 所示。

④ 选中"渐变填充 1"和"图层 1"，按 Ctrl+G 键执行"图层编组"操作，得到"组 1"，并将其重命名为"背景"。"图层"面板如图 12.173 所示。

图12.171　渐变效果

图12.172　摆放图像

图12.173　"图层"面板

提示　为了方便图层的管理，在此对制作背景的图层进行编组操作。在下面的操作中，对各部分也进行了编组的操作，在步骤中不再赘述。下面制作主题芝麻糊碗图像。

⑤ 选择组"背景"。打开随书所附光盘中的文件"d12z\12-6\ 素材 2.psd"，使用移动工具 ►+ 将其拖至刚制作的文件中，并置于文件的底部，如图 12.174 所示，同时得到"图层 2"。

⑥ 打开随书所附光盘中的文件"d12z\12-6\ 素材 3.psd"，使用移动工具 ►+ 将其拖至刚制作的文件中，并置于碗图像的上面，如图 12.175 所示，同时得到"图层 3"。

提示 此时观看碗的透视效果不正确，下面将应用图层蒙版的功能来处理这个问题。

⑦ 隐藏"图层 3"，选择钢笔工具 ，在工具选项条上选择"路径"选项，在碗内绘制如图 12.176 所示的路径。

图12.174 摆放图像1

图12.175 摆放图像2

图12.176 绘制路径

提示 本步所绘制的路径可参考"路径"面板中的"路径1"。

⑧ 显示并选择"图层 3"，按 Ctrl+Enter 键将路径转换为选区，单击添加图层蒙版按钮 ，得到的效果如图 12.177 所示。设置前景色为白色，选择画笔工具 ，在其工具选项条中设置适当的画笔大小及不透明度，在图层蒙版中进行涂抹，将隐藏的勺子显示出来。再设置前景色为黑色，应用画笔工具 在蒙版中继续涂抹，将下方部分边缘图像隐藏起来，直至得到如图 12.178 所示的效果，此时蒙版中的状态如图 12.179 所示。

图12.177 添加蒙版后的效果

图12.178 编辑蒙版后的效果

图12.179 蒙版中的状态

提示 在涂抹蒙版的过程中，需不断地改变画笔的大小及不透明度，从而得到需要的效果。下面将完善碗内芝麻糊图像。

⑨ 显示"路径 1"，选择"图层 2"，单击创建新的填充或调整图层按钮 ，在弹出的下拉菜单中选择"纯色"命令，然后在弹出的"拾色器（纯色）"对话框中设置其颜色

值为 0a0f19，隐藏路径后的效果如图 12.180 所示，同时得到 "颜色填充 1"。

⑩ 按 Ctrl 键单击"颜色填充 1"图层缩览图以载入其选区，单击添加图层蒙版按钮 ▣ 为"颜色填充 1"添加图层蒙版。设置前景色为黑色，在其工具选项条中设置适当的画笔大小及不透明度，在蒙版中进行涂抹，将左侧部分边缘图像隐藏起来，直至得到类似如图 12.181 所示的效果。"图层"面板如图 12.182 所示。

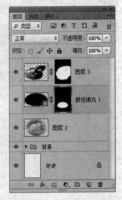

图12.180　设置颜色值并隐藏路径后的效果　　图12.181　添加蒙版后的效果　　图12.182　"图层"面板

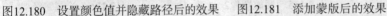

💬 提示　　下面制作碗内冒出的蒸气图像。

⑪ 选择"图层 3"，设置前景色为白色，选择钢笔工具 ✐，在工具选项条上选择"形状"选项，在碗内的上方绘制如图 12.183 所示的形状，得到"形状 1"。

⑫ 复制"形状 1"得到"形状 1 副本"，应用自由变换控制框调整图像的大小及位置，隐藏路径后的效果如图 12.184 所示。

图12.183　绘制形状　　　　图12.184　复制及调整图像

⑬ 下面制作图像的模糊效果。选择"形状 1"，选择"滤镜"|"模糊"|"高斯模糊"命令，直接单击"确定"按钮退出该对话框，接着在弹出的"高斯模糊"对话框中设置"半径"数值为 5.7，得到如图 12.185 所示的效果。设置此图层的不透明度为 65%。

⑭ 选择"形状 1 副本"，按照上一步的操作方法，应用"高斯模糊"命令模糊图像，并设置当前图层的不透明度为 55%，得到如图 12.186 所示的效果。

💬 提示　　本步设置了"高斯模糊"对话框中的"半径"数值为 5.1。

图12.185　模糊后的效果1　　　　　　图12.186　模糊后的效果2

⑮ 选中"形状 1"及其副本，按 Ctrl+Alt+E 键执行"盖印"操作，从而将选中图层中的图像合并至一个新图层中，并将其重命名为"图层 4"。应用自由变换控制框调整图像的大小、角度及位置，并设置当前图层的不透明度为 60%，得到如图 12.187 所示的效果。

提示　　下面制作碗的投影效果。

⑯ 选择钢笔工具 ✍，在工具选项条上选择"路径"选项，沿着碗的轮廓绘制如图 12.188 所示的路径。选择组"背景"，新建"图层 5"，设置前景色为 231815，按 Ctrl+Enter 键将路径转换为选区，按 Alt+Delete 键以前景色填充选区，按 Ctrl+D 键取消选区。

图12.187　盖印及调整图像　　　　　　图12.188　绘制路径

⑰ 选择"滤镜"|"模糊"|"高斯模糊"命令，在弹出的"高斯模糊"对话框中设置"半径"数值为 10，得到如图 12.189 所示的效果。设置"图层 5"的混合模式为"正片叠底"，不透明度为 60%，以加深图像，得到的效果如图 12.190 所示。

⑱ 单击添加图层蒙版按钮 ▢ 为"图层 5"添加蒙版，按 D 键将前景色和背景色恢复为默认的黑、白色。选择渐变工具 ▣，在工具选项条中选择线性渐变按钮▣，单击渐变显示框，设置类型为"前景色到背景色渐变"，从碗的中心至碗的底部绘制一条渐变，隐藏碗上部分的投影效果，得到的效果如图 12.191 所示。

⑲ 新建"图层 6"，设置前景色为 322923。选择画笔工具 ☑，在其工具选项条中设置适当的画笔大小及不透明度，在碗底进行涂抹，得到的效果如图 12.192 所示。设置当

前图层的混合模式为"正片叠底",不透明度为60%,以融合图像,得到的效果如图12.193 所示。"图层"面板如图 12.194 所示。

图12.189 模糊后的效果

图12.190 设置图层属性后的效果

图12.191 添加蒙版后的效果

图12.192 涂抹效果

图12.193 设置图层属性后的效果

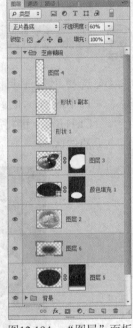
图12.194 "图层"面板

提示

下面制作碗上方的黄色光效果,使碗与背景相融合。

⑳ 选择"图层 1",新建"图层 7",设置前景色为 fede00。选择画笔工具 ✍,在其工具选项条中设置适当的画笔大小及不透明度,在碗的上方进行涂抹,直至得到类似如图12.195 所示的效果。

提示

下面制作碗周围的装饰图像、画面中相关文字信息以及包装的立体感。

㉑ 选择组"背景",分别打开随书所附光盘中的文件"d12z\12-6\ 素材 4.psd"、"d12z\12-6\素材 5.psd",使用移动工具 ⊕ 将其拖至刚制作的文件中,并按如图 12.196 所示的位

置进行摆放。"图层"面板如图 12.197 所示。

图12.195　涂抹效果

图12.196　摆放图像

图12.197　"图层"面板

 提示

　　本步笔者是以组的形式给出的素材，由于其操作非常简单，在叙述上略显烦琐，读者可以参考最终效果文件进行参数设置，展开组即可观看到操作的过程。在制作的过程中，注意组的顺序。

㉒ 选择组"文字及装饰"，打开随书所附光盘中的文件"d12z\12-6\ 素材 6.psd"，使用移动工具 ⊕ 将其拖至刚制作的文件中，并与当前画布吻合。得到本例的包装立体效果，如图 12.198 所示。"图层"面板如图 12.199 所示。

图12.198　最终效果

图12.199　"图层"面板

 提示

　　本步是以智能对象的形式给出的素材，读者可以参考最终效果文件进行参数设置，双击智能对象缩览图即可观看到操作的过程。智能对象控制框的操作方法与普通的自由变换控制框相似。本例最终效果为随书所附光盘中的文件"d12z\12-6\12-6.psd"。

12.7 健康生活2001书封设计

例前导读：

本案例制作的是以《健康生活 2001》为主题的书籍封面设计作品。在制作的过程中，了解封面中各个区域的划分，从图像的表现上来说，设计师以绿色调作为主色调，再加上些许白色，都体现出健康的韵味，还用到了大量的健康食品的素材，这些都能表达出此书是一本对人体健康有益的食物的系列丛书。

核心技能：

- 结合标尺及辅助线划分封面中的各个区域。
- 应用"色彩平衡"调整图层，调整图像的色彩。
- 利用剪贴蒙版限制图像的显示范围。
- 利用矢量蒙版功能隐藏不需要的图像。
- 应用形状工具绘制形状。
- 通过添加图层样式，制作图像的投影、描边等效果。

① 按 Ctrl+N 键新建一个文件，设置弹出的对话框如图 12.200 所示，单击"确定"按钮退出对话框，以创建一个新的空白文件。

提示　　在"新建"对话框中，封面的宽度数值为正封宽度（140mm）+ 书脊宽度（30mm）+ 封底宽度（140mm）+ 左右出血（各 3mm）=316mm，封面的高度数值为上下出血（各 3mm）+ 封面的高度（203mm）=209mm。

② 按 Ctrl+R 键显示标尺，按照上面的提示内容在画布中添加辅助线以划分封面中的各个区域，如图 12.201 所示。再次按 Ctrl+R 键以隐藏标尺。

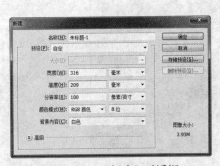
图12.200　"新建"对话框

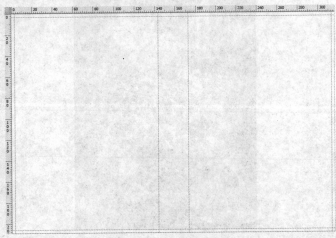
图12.201　添加辅助线

提示　　下面利用素材图像，制作正封底图效果。

③ 打开随书所附光盘中的文件"d12z\12-7\ 素材 1.psd",使用移动工具 将其拖至当前画布右侧（正封位置），得到"图层 1"。按 Ctrl+T 键调出自由变换控制框，调整图像大小及位置，按 Enter 键确认操作，得到的效果如图 12.202 所示。

④ 选择矩形工具 ▣，在工具选项条上选择"路径"选项，沿着辅助线绘制路径，如图 12.203 所示，选择"图层"|"矢量蒙版"|"当前路径"命令，将路径以外的图像隐藏（正封以外位置的图像隐藏），得到如图 12.204 所示的效果。

图12.202　调整图像

图12.203　绘制路径

> 提示　下面利用调整图层调整图像的色调。

⑤ 单击创建新的填充或调整图层按钮 ，在弹出的菜单中选择"色彩平衡"命令，按 Ctrl+Alt+G 键执行"创建剪贴蒙版"操作，然后设置面板中的参数如图 12.205、图 12.206 和图 12.207 所示，得到如图 12.208 所示的效果，同时得到"色彩平衡 1"。此时的"图层"面板状态如图 12.209 所示。

图12.204　将路径以外的图像隐藏

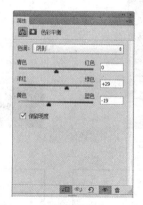

图12.205　"色彩平衡"面板1

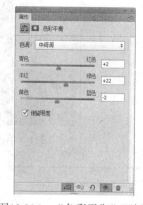

图12.206　"色彩平衡"面板2

> 提示　为了方便读者管理图层，在此对制作正封底图的图层进行编组操作，选中要进行编组的图层，按 Ctrl+G 键将选中的图层编组，得到"组 1"，并将其重命名为"正封底图"。在下面的操作中，对各部分也进行了编组的操作，在步骤中不再叙述。下面利用形状工具制作正封、书脊及封底上的图形效果。

图12.207　"色彩平衡"
面板3

图12.208　应用"色彩平衡"后的效果

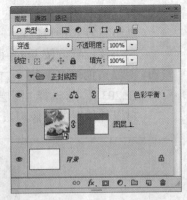

图12.209　"图层"面板

⑥ 设置前景色的颜色值为 7cad05，选择矩形工具⬛，在工具选项条上选择"形状"选项，在正封上方位置绘制形状，得到"矩形 1"，并选择添加锚点工具✎，在形状的左下角添加两个锚点，如图 12.210 所示。

⑦ 接着选择删除锚点工具✎，在左下角上的锚点上如图 12.211 所示的位置单击，得到如图 12.212 所示的效果，图 12.213 所示为隐藏路径后的效果，按 Ctrl+J 键复制

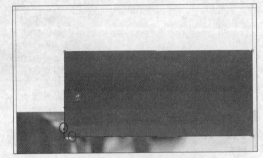

图12.210　添加两个锚点

"矩形 1"得到"矩形 1 副本"，并将其拖至"矩形 1"的下方，使用移动工具▶┼向下移动位置，并更改前景色的颜色值为 f7fece，直至得到如图 12.214 所示的效果。

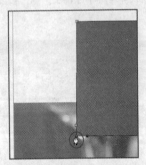

图12.211　单击的状态

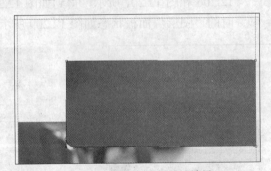

图12.212　删除锚点后的效果

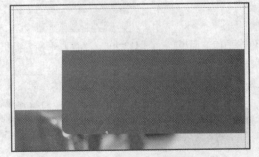

图12.213　隐藏路径后的效果

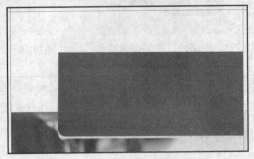

图12.214　复制、更改颜色并调整位置

下面通过选中"矩形1"图层缩览图，结合矩形工具 及圆角矩形工具 ，接着制作书脊及封底上的形状，直至得到如图 12.215 所示的效果。

提示

　　1. 在同一个形状图层中，绘制形状，为了保证后面所绘制的图形都是在该形状图层中进行，所以在绘制其他图形时，需要在工具选项条上选择适当的运算模式，例如合并形状或减去顶层形状等。

　　2. 如对绘制的形状不能一步到位，结合路径选择工具 ，选中路径结合变换功能调整形状的大小及位置即可进行单独调整形状。

　　3. 书脊上的圆角形状，使用圆角矩形工具 ，在其工具选项条上设置"半径"数值为 20 即可得到。

⑨ 下面按照上面绘制形状的方法，接着在书封上绘制相应的形状，得到相应图层，要注意图层的顺序，直至得到如图 12.216 所示的效果。此时的"图层"面板状态如图 12.217 所示。

提示

　　绘制形状的颜色设置，读者可以查看本例源文件相关图层，这里不再一一赘述。下面开始制作正封上的内容。

⑩ 选择横排文字工具 ，设置前景色的颜色值为 d8d8d8，并在其工具选项条上设置适当的字体和字号，在正封上方输入书名，直至得到如图 12.218 所示的效果。

图12.215　制作书脊及封底上的形状

图12.216　在书封上绘制相应的形状

图12.217　"图层"面板

图12.218　输入书名

⑪ 接着输入主题文字及相关信息，得到相应文字图层，直至得到如图 12.219 所示的效果。
选择"四季养生食谱"，单击添加图层样式按钮 *fx*，在弹出的菜单中选择"投影"命令，设置弹出的对话框如图 12.220 所示，添加投影效果，得到如图 12.221 所示的效果。

⑫ 接着选择"2001 例"，单击添加图层样式按钮 *fx*，在弹出的菜单中选择"描边"命令，设置弹出的对话框如图 12.222 所示，设置颜色值为 f7fece，添加描边效果，得到如图 12.223 所示的效果。此时的"图层"面板状态如图 12.224 所示。

⑬ 下面按照前面的操作方法，通过绘制形状、输入文字、添加图层样式，以制作主题文字上方的说明信息，得到相应图层，要注意图层的顺序，直至得到如图 12.225 所示的效果。此时的"图层"面板状态如图 12.226 所示。

图12.219 输入主题文字及相关信息

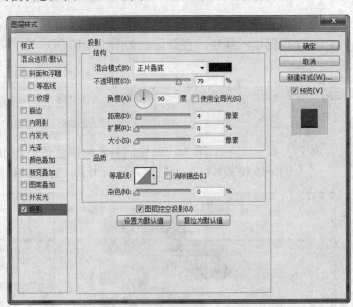

图12.220 "投影"对话框

图12.221 应用"投影"后的效果

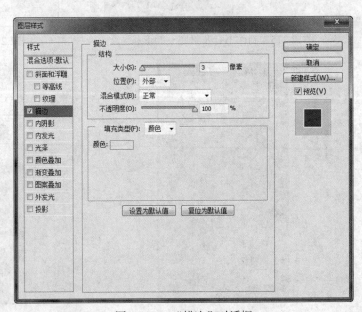

图12.222 "描边"对话框

图12.223　应用"描边"后的效果

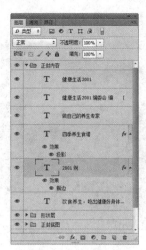

图12.224　"图层"面板

图12.225　制作主题文字上方的说明信息

图12.226　"图层"面板

提示

　　图层样式具体的参数设置及颜色，读者可以查看本例源文件相关图层进行参数设置，这里不再一一赘述。下面有类似的操作时，不再加以提示。

⑭ 选择组"形状层"，下面接着使用文字工具，在正封的最下方，输入出版社名称及说明文字，直至得到如图 12.227 所示的效果。

⑮ 下面在所有组的最上方，利用随书所附光盘中的文件"d12z\12-7\ 素材 2.psd"和"d12z\12-7\ 素材 3.psd"图像，将其分别调整到封底及书脊上，并结合变换功能调整图像的大小及位置，得到"封底内容"及"书脊文字"，以制作封底及书脊中的内容，得到如图 12.228 和图 12.229 所示的效果。此时的"图层"面板状态如图 12.230 所示。

提示

　　1. 本步笔者是以智能对象的形式给的素材，由于其操作方法，前面都有过详细的讲解，若要查看具体的设置，读者可以双击智能对象缩览图，在弹出的对话框中单击"确定"即可观看到操作的过程，这里不再一一赘述。

　　2. 本例最终效果为随书所附光盘中的文件"d12z\12-7\12-7.psd"。

图12.227 输入出版社名称及说明文字

图12.228 制作封底中的内容

图12.229 最终效果

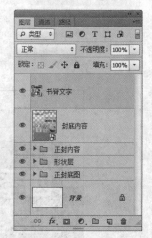

图12.230 "图层"面板

12.8 爱情如空气

例前导读：

在本例的婚纱设计效果中，以充满浪漫幻想的浅蓝色为主色调，图像中到处充满了爱的气泡，新郎和新娘被爱情的空气包围着，到处是浓情蜜意的气息。在案例的制作过程中，特殊画笔的使用，起了非常重要的作用，再配合图层样式、路径描边等功能，使看似复杂的图像，操作起来方法简单了很多。

核心技能：

- 结合画笔工具✍及特殊画笔素材绘制图像。
- 结合路径及用画笔描边路径的功能，为所绘制的路径进行描边。
- 应用"外发光"命令，制作图像的发光效果。

- 利用图层蒙版功能隐藏不需要的图像。
- 通过设置图层属性以混合图像。
- 利用剪贴蒙版限制图像的显示范围。

① 按 Ctrl+N 键新建一个文件，设置弹出的对话框如图 12.231 所示，单击"确定"按钮退出对话框，以创建一个新的空白文件。设置前景色的颜色值为 3f9cd2，按 Alt+Delete 键填充前景色，得到图 12.232 所示的效果。

图12.231 "新建"对话框

图12.232 填充前景色后的效果

> 首先，填充的蓝色的背景色后，下面用画笔为图像添加一些白色的朦胧色块，以增加图像的层次感。

② 新建一个图层得到"图层 1"，设置前景色为白色，选择画笔工具 ✐，在工具选项条上设置画笔大小为 1000 像素，且"硬度"为 0%，并设置不透明度为 60%，在图像中单击或者拖动，直至得到如图 12.233 所示的效果。

> 在绘制过程中，画笔大小和不透明度的设置并不是固定的，而是根据需要随时变换的，而点击或者拖动后的效果，也不用完全与案例中的一直，只要是随机分布，并且美观、能保持画面的平衡感即可。下面绘制渐隐的线条图像。

③ 新建一个图层得到"图层 2"，选择钢笔工具 ✐，切换到"路径"面板，新建一个路径得到"路径 1"，在图像中绘制路径如图 12.234 所示。

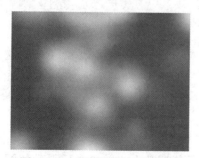

图12.233 用画笔涂抹后的效果

图12.234 绘制路径

④ 设置前景色为白色，选择画笔工具 ✐，在工具选项条上设置画笔大小为 1 像素，且"硬度"为 100%，单击用画笔描边路径按钮 ○，然后单击"路径"面板中的空白区域以隐藏路径，得到如图 12.235 所示的效果。

⑤ 切换回"图层"面板,单击添加图层样式按钮 *fx*,在弹出的菜单中选择"外发光"命令,设置弹出的对话框如图 12.236 所示,单击"确定"按钮退出对话框。

图12.235 用画笔描边路径后的效果

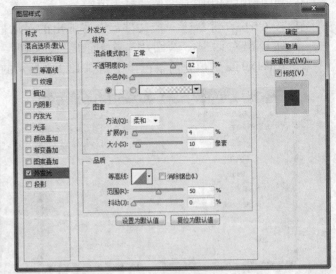
图12.236 "外发光"对话框

⑥ 单击添加图层蒙版按钮 为"图层 2"添加蒙版,设置前景色为黑色,选择画笔工具,在其工具选项条中设置适当的画笔大小及不透明度,在图层蒙版中进行涂抹,以将线条两端的边缘隐藏起来,制作出渐隐的效果,直至得到如图 12.237 所示的效果。

> **提示** 接下来,使用特殊画笔,为图像添加一些泡泡的图像。

⑦ 新建一个图层得到"图层 3"。选择画笔工具,设置工具选项条上不透明度尾100%,打开随书所附光盘中的文件"d12z\12-8\ 素材 1.abr",在画布中单击右键,在弹出的画笔显示框中选择刚刚打开的画笔,如图 12.238 所示。

图12.237 添加图层蒙板后的效果

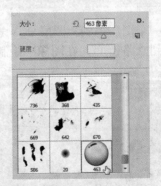
图12.238 选择打开的画笔

⑧ 设置前景色为白色,在图像上进行单击,反复调整大小并单击后得到如图 12.239 所示的效果。

> **提示** 此处使用画笔单击的方法与②类似,也同样不要求与案例中单击的一模一样。下面绘制两条弧线,为图像的整体结构做基础的划分。

⑨ 按照③～⑤的方法，使用钢笔工具 绘制路径，再对路径进行描边，然后添加相应的图层样式，绘制出图像中央的半圆的线条图像，同时得到"图层 4"和"路径 2"，其中"路径 2"的状态如图 12.240 所示，"外发光"参数的设置如图 12.241 所示，得到如图 12.242 所示的效果。

提示　其中画笔描边路径时画笔大小的定义为 14 像素。

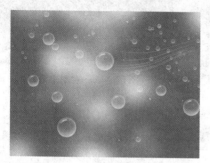

图12.239　绘制泡泡图像

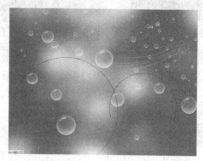

图12.240　绘制路径

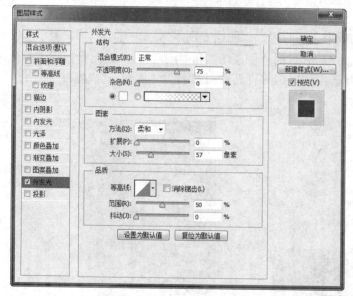

图12.241　"外发光"对话框

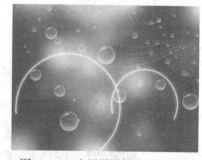

图12.242　应用图层样式后的效果

⑩ 新建一个图层得到"图层 5"，选择椭圆工具 ，切换到"路径"面板，新建一个路径得到"路径 3"，按住 Shift 键在图像中绘制正圆路径，如图 12.243 所示；然后按照④～⑤的方法为路径描边，并添加"外发光"图层样式，得到如图 12.244 所示的效果。

提示　其中的画笔描边路径和"外发光"图层样式的设置与步骤 9 中的参数设置相同。下面为图像的上下边缘绘制堆叠的圆圈图像，这是一个类似相框作用的效果。

⑪ 新建一个图层得到"图层 6"，按照⑦～⑧的方法，打开随书所附光盘中的文件"d12z\12-8\素材 2.abr"，并结合画笔工具 和打开的"圆圈"素材画笔，在图像的下面沿着边缘多次单击，绘制堆叠起来的圆圈图像，绘制完成后为"图层 6"添加"外

发光"图层样式，得到如图 12.245 所示的效果。

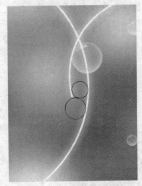

图12.243　绘制圆形路径

图12.244　为圆形添加图层
样式后的效果

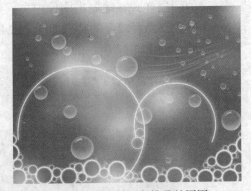

图12.245　绘制下方堆叠的圆圈

提示

绘制圆圈和添加"外发光"图层样式的方法在前面已经用过多次，此处不再做过多的讲解。

⑫ 按 Ctrl+Alt+T 键调出自由变换并复制控制框，在图像中右键单击，选择弹出快捷菜单中的"垂直翻转"命令，然后将控制框移动到图像的上方，按 Enter 键确认变换操作后得到如图 12.246 所示的效果。同时得到"图层 6 副本"。

⑬ 按住 Ctrl 键单击"图层 6"的名称，这时"图层 6"和"图层 6 副本"两个图层处于选中状态，按 Ctrl+E 键合并选中图层，并将其重新命名为"图层 6"。此时"图层"面板的状态如图 12.247 所示。

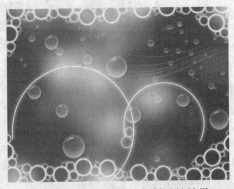

图12.246　自由变换并复制后的效果

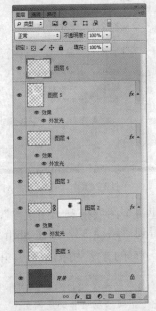

图12.247　"图层"面板

提示

下面利用素材图像，制作背景照片效果，并使其融入底图。

⑭ 打开随书所附光盘中的文件"d12z\12-8\素材 3.psd"。选择移动工具 将其拖入正在制作的图像中，并移动到如图 12.248 所示的位置，同时得到"图层 7"。按 Ctrl+J 键复制"图层 7"得到"图层 7 副本"，隐藏"图层 7 副本"，选择"图层 7"。

⑮ 设置"图层 7"的混合模式为"叠加"，单击添加图层蒙版按钮 为其添加蒙版，设置前景色为白色，背景色为黑色，选择渐变工具 ，在工具选项条上单击径向渐变按

图12.248 素材图像的位置

钮 ，并单击渐变显示框，在弹出的"渐变编辑器"对话框中选择"前景色到背景色渐变"，在图层蒙版中由人物图像向外绘制一条渐变。

⑯ 再设置前景色为白色，选择画笔工具 ，在其工具选项条中设置适当的画笔大小及不透明度，在图层蒙版中进行涂抹，以将人物周边多余的图像隐藏起来，直至得到如图 12.249 所示的效果，此时蒙版中的状态如图 12.250 所示。

图12.249 添加图层蒙板后的效果

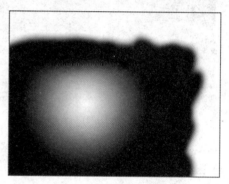

图12.250 图层蒙板的状态

提示

下面在图像中绘制两块圆形图像，为后面置入新娘新郎的照片做准备工作。

⑰ 设置前景色为白色，选择椭圆工具 ，在工具选项条上选择"形状"选项，在图像中绘制如图 12.251 所示的正圆形状，同时得到"椭圆 1"。在工具选项条上选择"合并形状"选项 ，继续绘制正圆形状如图 12.252 所示。

图12.251 绘制左边正圆

图12.252 绘制右边正圆

⑱ 设置"椭圆 1"的填充数值为 47%，按照**⑨**的操作方法，添加"外发光"和"描边"图层样式，得到如图 12.253 所示的效果。

提示　　本步中关于图层样式对话框中的参数设置请参考最终效果源文件。在下面的操作中，会多次应用到图层样式的操作，不再做相关参数的提示。

⑲ 设置前景色为白色，选择椭圆工具 ，在工具选项条上选择"形状"选项，在"椭圆 1"左下角的圆形中绘制正圆形状，如图 12.254 所示，同时得到"椭圆 2"。按照上一步的操作方法，添加"外发光"图层样式，得到如图 12.255 所示的效果。

提示　　在"外发光"对话框中，发光的颜色值设置为 73cadc。

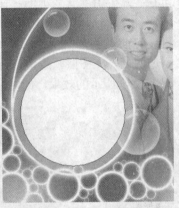

图12.253　应用图层样式后的效果　　　　图12.254　绘制正圆

提示　　下面要做的是将新娘新郎的照片置入到绘制好的正圆图形中去。

⑳ 显示并选择"图层 7 副本"。按 Ctrl+T 键调出自由变换控制框，在图像中单击右键，选择弹出快捷菜单中的"水平翻转"命令，然后等比缩小并移动图像，直至调整到如图 12.256 所示的状态，按 Enter 键确认操作，按 Ctrl+Alt+G 键执行"创建剪贴蒙版"操作，得到如图 12.257 所示的效果。

图12.255　应用图层样式后的效果　　　图12.256　变换图像　　　图12.257　执行"创建剪贴蒙版"
　　　　　　　　　　　　　　　　　　　　　　　　　　　　　　　　　　　后的效果

㉑ 打开随书所附光盘中的文件"d12z\12-8\ 素材 4.psd",按照 ⑲ ～ ⑳ 的方法,使用椭圆工具 绘制形状,并对形状添加外发光图层样式,调整素材图像,直至得到如图 12.258 所示的效果,同时得到"椭圆 3"和"图层 8"。

💬 **提示** 最后利用素材图像,为制作的图像添加艺术文字,并添加图层样式,得到最终图像效果。

㉒ 选择"图层 8",按住 Shift 键单击"图层 7"的图层名称以将二者之间的图层选中,按 Ctrl+G 键将选中的图层编组,并将其重新命名为"人像"。打开随书所附光盘中的文件"d12z\12-8\ 素材 5.psd",选择移动工具 ,将其拖入正在制作的图像中如图 12.259 所示的位置,同时得到"图层 9"。

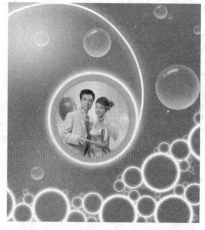

图12.258 制作右边的照片图像

图12.259 素材图像的位置

㉓ 按照 ⑨ 的操作方法,添加"外发光"和"颜色叠加"图层样式,得到如图 12.260 所示的效果。

㉔ 此时图像的整体效果如图 12.261 所示,最终"图层"面板的状态如图 12.262 所示。

💬 **提示** 本例最终效果为随书所附光盘中的文件"d12z\12-8\12-8.psd"。

图12.260 应用图层样式后的效果

图12.261 最终图像效果

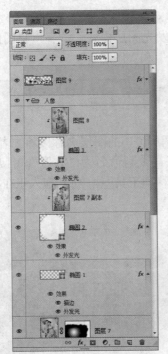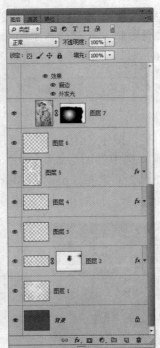

图12.262 "图层"面板